“十三五”中等职业教育部委级规划教材

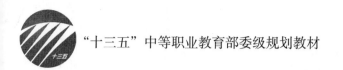

服装立体造型

王　薇　主编

中国纺织出版社

内 容 提 要

本书为“十三五”中等职业教育部委级规划教材。全书以模块任务式编写，分为绪论、服装立体造型基础及准备、基础服装立体造型、各种领型款式与造型、变化上衣立体造型和服装立体造型综合运用六大模块，涵盖各种领型、上衣、裙装和部分礼服的详细步骤讲解。

全书图文并茂、由浅入深、通俗易懂，步骤解析详细，适合职业院校纺织服装专业学生学习使用，也可供服装爱好者自学参考。

图书在版编目（CIP）数据

服装立体造型 / 王薇主编 -- 北京：中国纺织出版社，2020.10

“十三五”中等职业教育部委级规划教材

ISBN 978-7-5180-5624-8

Ⅰ.①服… Ⅱ.①王… Ⅲ.①服装—造型设计—中等专业学校—教材 Ⅳ.① TS941.2

中国版本图书馆 CIP 数据核字（2018）第 261064 号

责任编辑：张晓芳　　特约编辑：何丹丹

责任校对：王花妮　　责任印制：何　建

中国纺织出版社出版发行

地址：北京市朝阳区百子湾东里A407号楼　邮政编码：100124

销售电话：010—67004422　传真：010—87155801

http：//www.c-textilep.com

中国纺织出版社天猫旗舰店

官方微博 http：//weibo.com/2119887771

三河市宏盛印务有限公司印刷　各地新华书店经销

2020年10月第1版第1次印刷

开本：787 × 1092　1/16　印张：12

字数：200千字　定价：49.80元

目录

模块一　绪论

立体造型是有别于服装平面制图的一种裁剪方式，是完成服装款式造型的重要方式之一，另外，在国家职业资格鉴定中也作为服装设计定制工考核的常见方式之一。本书所涉及的内容主要为服装设计制作工有关于国家职业资格四级考核所必须掌握的技能。通过本章的学习，会对立体造型的历史、现状以及未来发展趋势有更为全面的了解。同时，希望通过学习了解现代企业对打板师综合素质要求，明确立体造型学的学习目标。

【知识目标】

通过本项目学习，应该知道：

1. 初步了解立体造型与平面裁剪在服装制板中各自优势。
2. 了解学习立体造型所需知识与修养。

任务一　服装立体造型概述

一、立体造型概念

立体造型是有别于服装平面制图的一种裁剪方式，它在法国被称为“抄近裁剪（Cauge）”，在美国和英国被称为“覆盖裁剪（Dyapiag）”，在日本则称为“立体裁断”。立体裁剪是一种将布料覆盖在人台或人体上，利用面料特性（例如伸缩性、悬垂性等），通过定位符号，运用分割、折叠、抽缩、转移、拉伸等技术手法直接在人台上进行裁剪，从而获得理想的服装造型。立体造型主要运用在高级时装定制业，而现代工业化生产中利用立体裁剪主要是作为将三维的立体结构转化为二维的平面纸样再制成服装的技术手段。

二、立体造型起源

说起立体造型的起源，可以追溯到古希腊、古罗马时期。根据苏格拉底人“美善合一”的哲学思想，古希腊、古罗马人便开始讲究服装的比例、匀称、平衡、和谐等整体效果，至中世纪，基督教开始强调人性的解放，也直接影响到美学上，确立了以人为主体、宇宙空间为客体的立体空间意识。

13世纪中期，欧洲服装在经过自身的发展，并吸收、融合了外来服装文化之后，在人体的立体造型方面的感悟逐步加深，在服装上表现为对三围立体造型的认识，从15世纪哥特时期的耸胸、卡腰、蓬松裙身的立体型服装的产生，至18世纪洛可可服装风格的确立，强调三围差别，注重立体效果的立体型服装就此兴起，历经兴衰直至今日，虽然现如今的服装整体风格不再过分强调夸张造型，但婚纱、礼服仍然承袭着这种造型设计的思维。

这种立体造型服装的产生促进了立体裁剪技术的发展，而现代立体造型便是从中世纪开始的立体裁剪技术的积累和发展。

在东方，特别是东亚，由于受儒家、道家的哲学思想支配，服饰文化表现较含蓄，强调“天人合一”（即抽象空间形式）意象。自中国周朝的章服至近代的旗袍、长衫，乃至日本的和服等，在服装构成上均偏向于平面裁剪技术，而随着现代服饰文化与服装工业化的发展，人们生活条件逐渐改善，审美观念也随之发生改变，并对服装款式、质量、品味的要求越来越高。时至今日，世界服饰文化通过碰撞、互补、交融，促进了服装裁剪技术的不断提高和完善。因此，立体裁剪与平面裁剪的交替互补使用，成了世界范围的服装构成技术。

任务二　立体造型的技术特征与应用

一、立体造型的技术特征

（一）直观性

立体造型具有造型直观、准确的特点，这是由立体造型方式决定的。无论什么造型的款式，在人台上巧妙地别几针，布在人台呈现的空间形态、结构特点、服装廓型便会直接、清楚地展现在面前。由视觉观察体型与服装构成关系的处理，立体造型是最直接、最简便的裁剪手段。

（二）实用性

立体造型不仅适用于结构简单的基本款，也适用于款式多变的时装。以往服装都是以平面裁剪法为主进行裁剪。但仔细想想看，无论什么体型、多大年龄，都用相同的公式来裁剪，做出的服装便是极其相似的，千篇一律，缺乏个性。如果用立体人台裁剪，按人体体型的实际需要来“调剂余缺”，便可以产生比平面裁剪更好的服装效果。

（三）适应性

立体裁剪不但适合初学者，也适合专业设计与技术人员技能的提高。对于初学者，即使不会量体，不懂计算公式，但如果掌握立体裁剪的操作程序和基本要领，便能裁剪衣服。至于专业设计与技术人员想设计、创造出更好的成衣与艺术作品，更应该学习和掌握立体裁剪技术。

（四）灵活性

掌握立体裁剪的基本要领后，可以边设计、边裁剪、边改进。随时观察效果，及时完善不足之处，直至满意为止。除了基本的设计裁剪，有时还可以进行与布料的材质风格恰恰相反的设计，或创造某种情趣和效果。

（五）易学性

立体裁剪是以实践为主的技术，其原理是依照人台进行的设计与操作，没有太深的理论，更没有繁杂的计算公式，不受经验多少等因素的限制，因而是一种简单易学、快捷有效的裁剪方法。

二、立体造型的应用

立体造型技术广泛运用在服装生产、服装展示和服装教学中。

（一）用于服装生产的立体造型

用于服装生产的立体造型分为两种不同的形式，即产量化成衣生产和单件度身定制形式。因此，立体造型在服装生产中也常常因生产性质的不同而采用的技术方式不同。具体有以下两种方式：

立体裁剪与平面裁剪相结合，利用平面结构制图获得基本板型，再利用立体裁剪进行试样、修正。

直接在标准人台上获得款式造型和纸样。立体造型在服装生产中要求技术操作的严谨性。

（二）用于服装展示的立体造型

立体造型因其在造型手段上的可操作性，除用于生产外也较多地运用于服装展示设计，如橱窗展示、面料陈列设计、大型的展销会的会场布置等，在灯光、道具和配饰的衬托下，其夸张、个性化的造型将款式与面料的流行感性地呈现在观者眼前，体现了商业与艺术的完美结合。

（三）用于服装教学的立体造型

在服装教学中，除了上述两方面的学习与运用外，应更加注重对造型能力和材料的运用能力的潜能的开发，通过设计、材料、裁剪和制作等环节的研究，逐步掌握立体造型的思维方式和手工操作的各种技能，从而熟练地将创作构想完美地表达出来。在教学实践中应鼓励学生拓展思维，大胆实践，从造型到材料的选择都应具有一定的独创性，同时建立造型、材料和缝制间的相互联系，并对其进行相关评价。

任务三　服装立体造型与平面造型各自的优势

一、平面结构的优势

平面结构是实践经验总结后的升华，因此，具有很强的理论性。平面结构尺寸较为固定，比例分配相对合理，具有较强的操作稳定性和广泛的可操作性。

由于平面结构的可操作性，对于一些定型产品而言是一个提高生产效率的有效方式，如西装、夹克、衬衫以及职业装等的制作。

另外，平面结构在松量的控制上，能够有据可依，例如，公式$1/4B+5$，其中5即为松量，此种将复杂的松量设置转化为对数字大小的斟酌，便于初学者掌握与运用。

二、立体造型的优势

立体造型是以人台或模特为操作对象，是一种具象操作，所以具有较高的适体性和科学性。

立体造型的整个过程实际上是二次设计、结构设计以及裁剪的集合体，操作的过程实质就是一个美感体验的过程，因此立体裁剪有助于设计的进一步完善。

立体造型是直接对布料进行操作的一种方式，所以，对面料的性能应有更强的感受，在造型表达上更加多样化，许多富有创造性的造型都是运用了立体裁剪完成的。

任务四　服装设计定制工职业标准

一、服装设计定制工职业定义

人社部颁布的《国家职业标准》中对职业能力要求的分析中明确指出：国家职业资格鉴定服装设计定制工需要具有服装款式设计、平面款式图绘制、服装结构设计及样板制作、服装工艺制作及设备使用等能力，其中四级服装设计定制工必须具有立体裁剪的能力。

二、服装设计定制工职业能力特征

对服装设计定制工的要求：必须具有较强的形体知觉能力（觉察物体、图画或图形资料中有关细部）；分析判断能力；辨别颜色的能力；手指、手臂灵活性及动作协调性；空间感。

三、服装设计定制工（四级）工作要求

（一）服装款式设计及款式图绘制

（1）了解人体比例、人体和服装之间的对应关系。

（2）了解一般式样服装（女外套、男休闲装等）效果图的绘制方法和要求。

（3）能绘制一般式样服装平面款式图。

（二）服装部件造型设计

（1）了解服装部件造型设计原理。

（2）能对服装部件造型进行设计。

（三）熟悉服装常用面料大类识别方法

（1）了解辅料选用知识。

（2）能识别服装常用面料大类。

（3）能根据服装效果选用辅料。

（四）了解服装色彩基本要素

能进行服装色彩基本搭配。

（五）立体裁剪能力

（1）能识别和把握坯布丝缕。

（2）能进行基础上衣及变化裙装的立体裁剪。

（3）了解立体裁剪的作用和基本特点。

（4）了解立体裁剪的基本操作步骤和手法。

（5）了解坯布的物理特性。

在此希望通过本教材的实践与理论学习，能够顺利通过四级服装设计定制工能力考试。

模块二　服装立体造型基础及准备

【技能目标】

通过本项目学习，应该做到：

1. 对立裁人台选择分类的认识：上衣和上下装专用、常见人台种类。
2. 对立体裁剪主要工具的认识：针包、软尺、放码尺、滚轮、拷贝纸、别针、珠针、手缝针、大小剪刀、剪口钳、褪色笔、标示带等。
3. 立体裁剪常用材料的认识：各种坯布或与正式面料相近的替代材料。
4. 熟悉立体造型操作步骤与要领。
5. 掌握双针固定、单针固定、抓缝针、折缝针、叠缝针等几种基本立体裁剪针法。

【知识目标】

通过本项目学习，应该知道：

1. 初步认识各种立体裁剪过程中所使用到的工具。
2. 了解常用工具的名称和其基本作用。
3. 掌握相关立体裁剪理论知识。

【模块导读】

在立体裁剪制作过程中，各种辅助工具的齐全与规范与否将直接影响到生产效率高低和成品质量好坏，只有注重服装立体造型基础及准备的熟练程度和技术质量，才能拥有扎实的基本功。

服装立体造型基础及准备包括立体裁剪的工具、人台的选择标记与补正、人台标志线、针扎制作、布纹整理、基础针法。在立体裁剪中，人台、布料、剪刀、大头针是最基本的材料和工具。除此之外，还有手臂模型、打板及缝纫用具、熨烫工具等。

通过本章节的学习，可以了解到多种工具在立体造型中的作用与使用技巧，希望能在实践中养成合理规范的使用方式与工作态度。

任务一　认识立体裁剪专用工具人台

技能目标

1. 了解常用立体裁剪专用人台。
2. 能根据不同用途选择适合的人台。
3. 能对不同人台进行质量检查。

知识目标

1. 了解常用人台的品牌。
2. 了解人台材质特点。
3. 能根据款式需要选择合适的人台。

一、任务描述

人台（人体模型）是在进行立体裁剪时所使用的最主要的工具之一，其规格、尺寸、质量都应基本符合真实人体的各种要素，人台的标准比例是否准确，将直接影响最后完成的服装成品的质量好坏。

二、必备知识

目前，使用最广的立体裁剪专用半身人台，有上衣专用型（图2–1–1）和上下装兼用型（图2–1–2）两种。

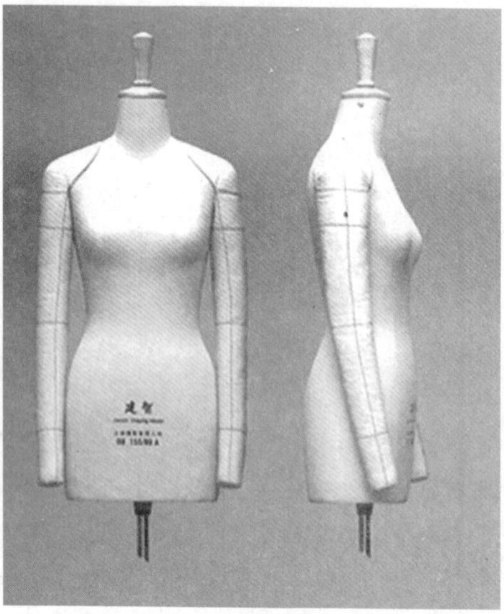

图2–1–1　上衣专用型

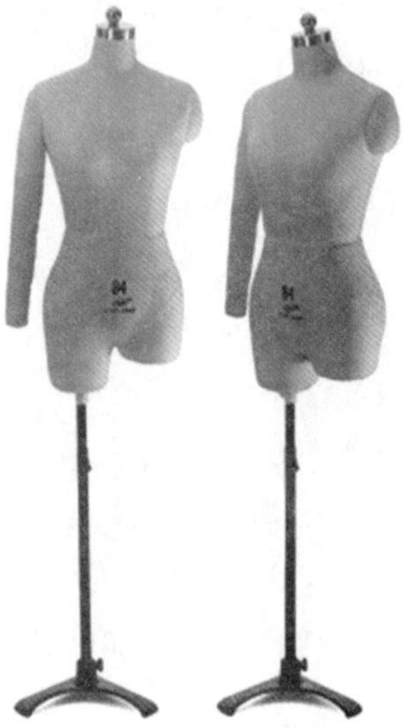

图2–1–2　上下装兼用型

上衣专用型人台因臀部造型较为抽象，臀围线以下为圆柱形，因此不适合作为裙摆收缩的鱼尾旗袍裙的立体裁剪用，只适合作为上衣立体裁剪。上下装兼用型人台因臀部造型具象，所以既可以作为上衣立体裁剪用，也可以作为各种裙装的立体裁剪。除此以外，我们还可以根据需求，选择不同类型的人台，以下是常见人台种类介绍。

（一）按用途分类

1. 立体裁剪用

立体裁剪使用裸体规格人台，是按照人体真实比例和形态仿造出来的，其棉质布料表面下是用泡沫塑料实体制成，人台各部位都能插针，使得在立体裁剪时可以轻松地将布料固定在人台上，从而进行上衣、外套、礼服等多种款式的立体裁剪（图2–1–3）。

2. **成品检验用**

成品检验多使用玻璃钢制人台，根据用途在人台的胸、腰、臀及肩颈部位加放松量，主要用于成品检验或成品展示（图2–1–4）。

3. **服装展示用**

服装展示多使用玻璃钢制人台，为突出展示效果，其局部比例常进行适当夸张，发型、姿势、五官等都可以根据服装风格进行选择与协调，较适合用于橱窗展示（图2–1–5）。

（二）按性别与年龄分类

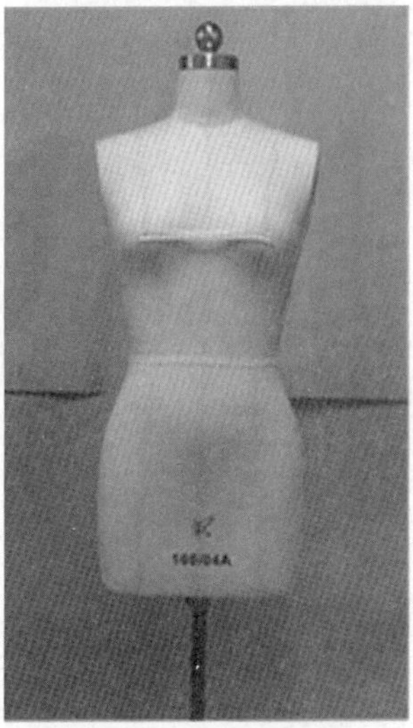

图2–1–3　立体裁剪用人台

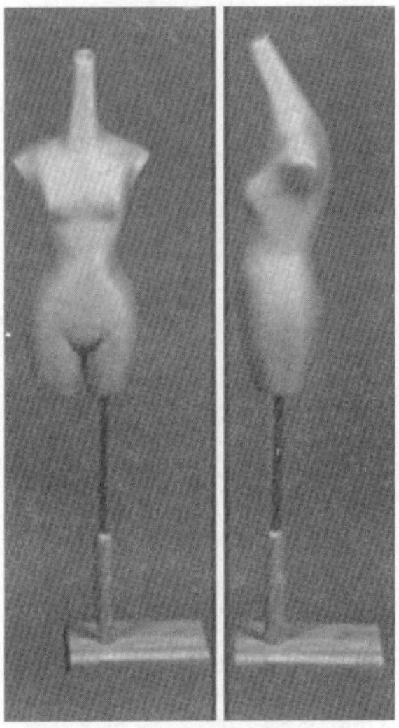

图2–1–4　成品检验用人台

图2–1–5　服装展示用人台

人台按性别与年龄可分为童装人台、男装人台和女装人台（图2–1–6 ~ 图2–1–8）。

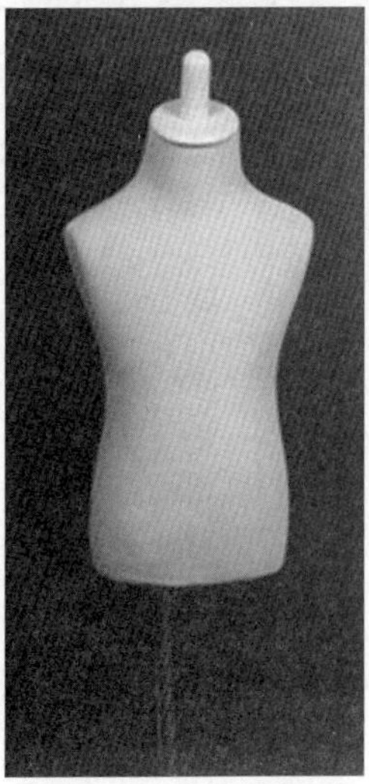

图2–1–6　童装人台

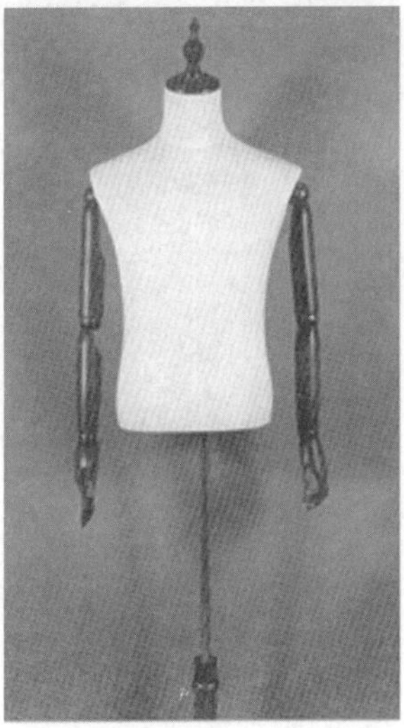

图2–1–7　男装人台

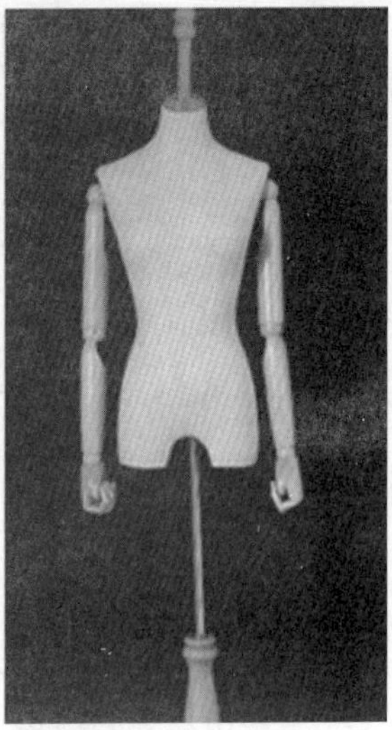

图2–1–8　女装人台

（三）按长度分类

人台按长度可分为半身长人台、2/3人台和全身长人台（图2-1-9～图2-1-11）。

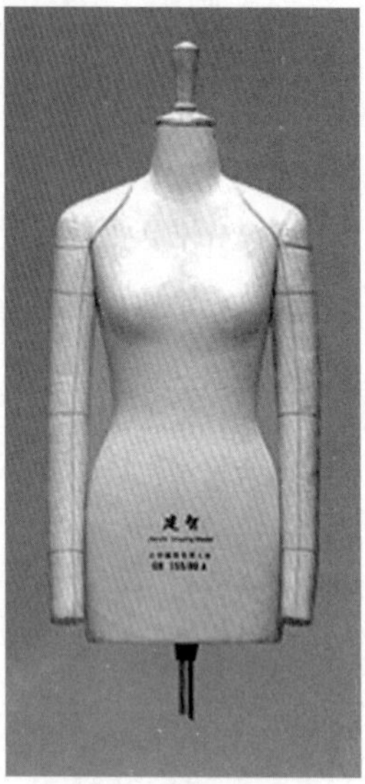

图2-1-9　半身长人台

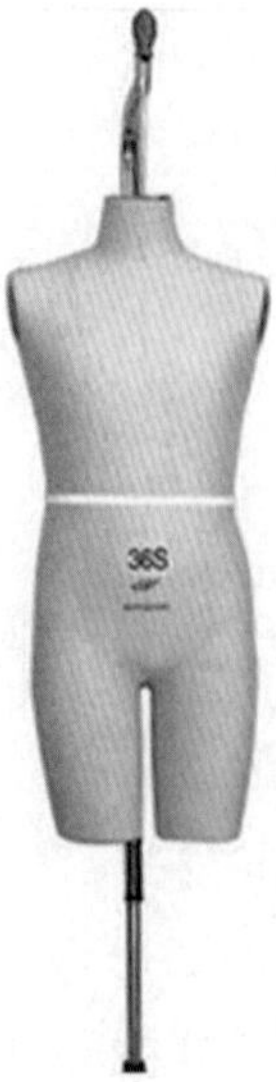

图2-1-10　2/3人台

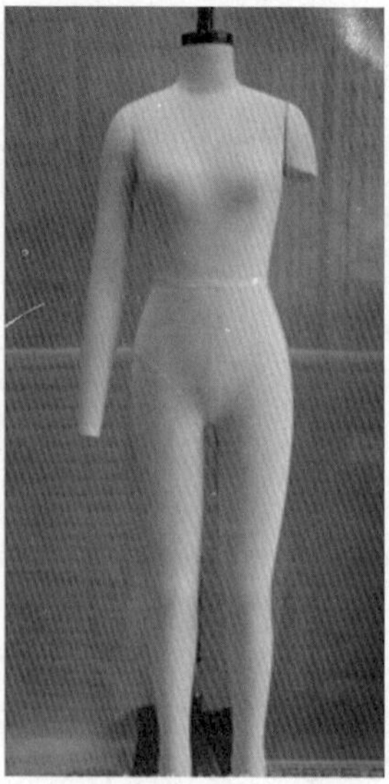

图2-1-11　全身长人台

（四）按部位分类

人台按部位可分为躯干人台、手臂模型和下肢模型等（图2-1-12～图2-1-14）。

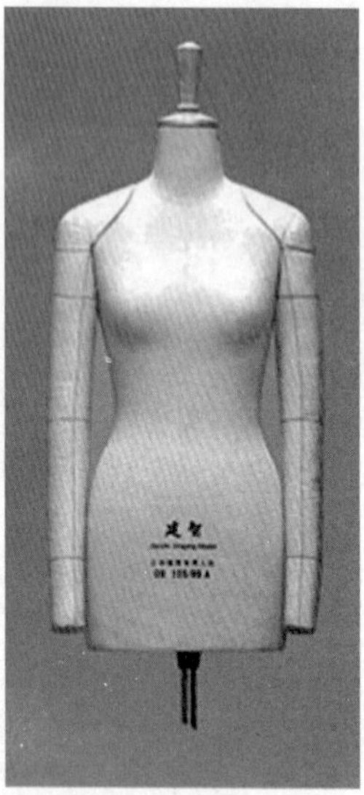

图2-1-12　躯干人台

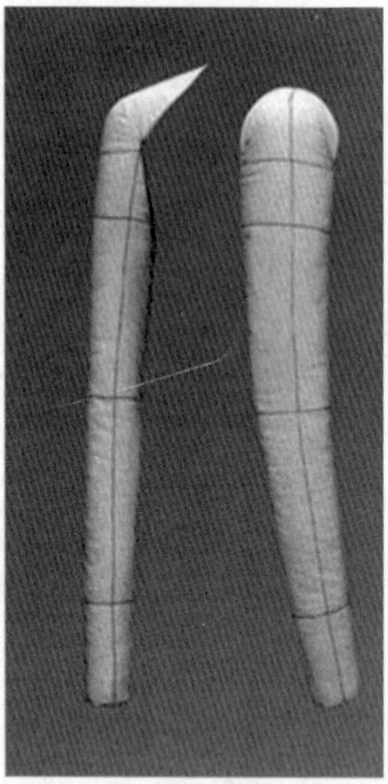

图2-1-13　手臂模型

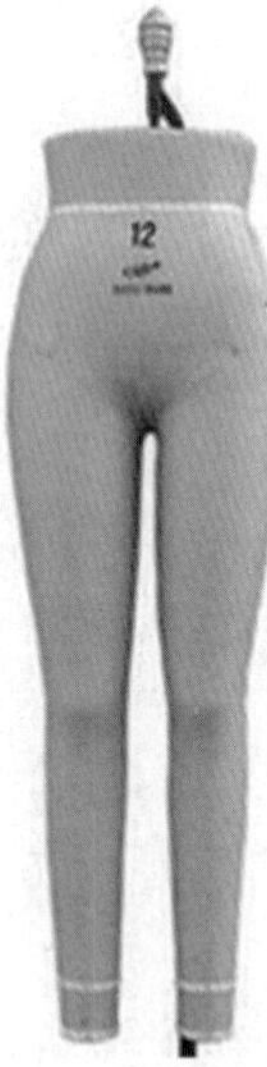

图2-1-14　下肢模型

三、知识链接

（一）立体裁剪用人台选择的注意事项

（1）先想好自己想要的人台是什么型号，常用型号有国标女人台160/84A，国标男人台

170/88A。

（2）检查人台各部位尺寸是否标准。

（3）最好选择环氧树脂人台，不易变形。

（二）服装立体裁剪用人台的材质

（1）泡沫材质人台：泡沫材质人台是由钢质模具压塑成型，成本较低，但缺点是极易变形，泡沫材质人台一般第二年就开始变形，此种人台材质不耐用，不环保，影响服装品质，一般是服装学校学生采用。

（2）玻璃钢树脂材质人台：一般为服装企业采用。由玻璃钢或硅胶模具制成，生产成本高，优点是可以根据企业要求"量身定做"，而其材质是环保树脂不添加任何有毒材料，环保耐用，玻璃钢人台可以10～20年不变形，国内服装知名品牌和国外品牌大部分采用此类产品。

（三）立体裁剪用人台品牌

适合立体裁剪用的人台就是最好，有企业用的，有教学用的，还有设计专用的。通俗来说，材质是国外生产的更好一些，就国内而言建智人台是最好的！另外，红邦也是老牌子，北服品牌的人台是近两年上市的，北服在用材上比红邦的要好一点。近年来，设计师对人台满意度越来越低。随之市场上出现了很多新的品牌：大明、张文、蝴蝶、奉邦等立体裁剪人台，无论是注重形体，还是更看重材质，多对比后，就会找到心中理想的人台，只要是满足需求度最高的就是最好的。

（四）手臂模型

立体裁剪用的手臂模型与人台一样是不可缺少的工具，手臂模型是仿人体手臂的形状制成的。最外层用布料包裹，内部用棉花填充（一只手臂约用150克棉花）。手臂模型可以自由拆卸，在设计需要时，可装上手臂模型，使人体模型更符合真实的人体。

任务二　认识立体裁剪主要工具

技能目标

1. 了解立裁常用工具。
2. 能针对实际需要正确选择工具。
3. 能掌握工具的使用方法。

知识目标

1. 了解常用工具品牌。
2. 了解不同工具的使用性能。

一、任务描述

立体造型制作要完美，离不开正确的工具选择，正确地使用工具可以在立体造型时得心应手，工具的选择与使用，将直接影响最后完成的服装成品的质量。

二、必备知识

下面来认识一下常用的立体裁剪工具：

（一）布料

立体裁剪是用布料直接在人台上模拟造型。但一般很少直接用理想设计中的布料进行裁剪（特殊面料除外），而是根据服装款式选择不同厚度的平纹白坯布或麻质坯布进行立体裁剪。薄棉布适宜软料的立体裁剪，厚棉布作大衣、套装的立体裁剪较好。因平纹白坯布具有布纹清楚可见的优点，使用起来非常方便。

（二）针

针在立体裁剪中充当缝纫针线的角色，立体裁剪用的针有两种，一是珠针，二是形似大头针的针，但比大头针细长。此两种针的针头尖，易插入布料与人台，是立体裁剪操作过程中的重要工具之一，由于珠针头较大，当插到密集处妨碍操作时，最好采用无珠的针（图2-2-1）。

（三）针包

针包表面的材质以丝绒、绸缎为佳，内充填毛发或腈纶棉，多为圆形。是一种为了方便在立体裁剪中随时取针用，防针散落伤人而设计的一种戴在手腕上的工具（图2-2-2）。

图2-2-1 针

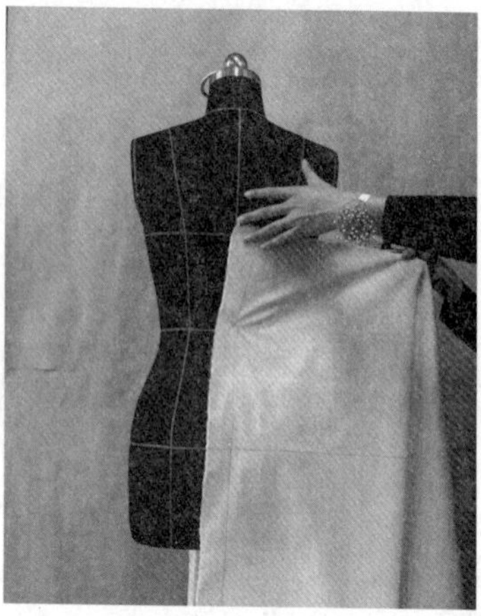

图2-2-2 针包

（四）剪刀

立体裁剪中，一般使用9号或10号剪刀，另一种是小镊剪，用以剪断纱线、打剪口等（图2-2-3）。

（五）尺

立体造型中需要用到的尺子有软尺、自由曲线尺、多功能放码尺、打板尺、多用途曲线尺等。

1. 软尺

常被称为皮尺，是一种用于立体测量或量取弧线长度的尺子（图2-2-4）。

2. **自由曲线尺**

又名蛇尺，尺子的整体长度在30～75cm之间，内置高精度尺条，公制和英制双面使用，柔软易弯曲测量，而且曲线位保持性特别好，绝无反弹，可自由折成各种弧线形状，用于测量弧线长度。双面尺身都设置有精细的墨槽，便于使用（图2-2-5）。

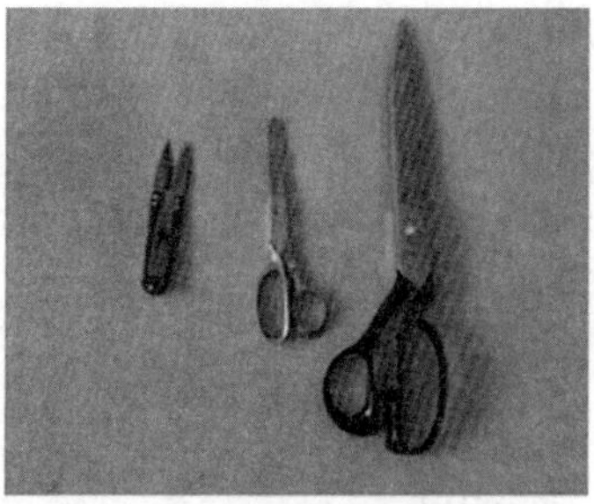

图2-2-3　剪刀

图2-2-4　软尺

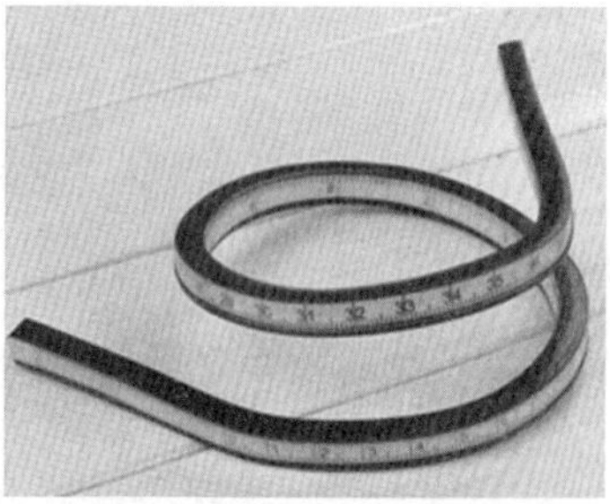

图2-2-5　自由曲线尺

3. **多功能放码尺（打板尺、推板尺）**

放码尺，又名方格尺。一边是英寸，另一边是厘米，柔韧性好，可以任意弯曲，有专用量角器，可进行曲线测绘。刻度内置，不易磨损。由软质有机料制作（能360° 弯曲），是专业服装设计师的必备工具（图2-2-6）。

4. **多用途曲线尺**

全方位专用曲线尺，有23cm放码格及专用量角器，可进行曲线测绘及等量转移。还有1cm曲线推档，各种扣模，两种常用对照表等（图2-2-7）。

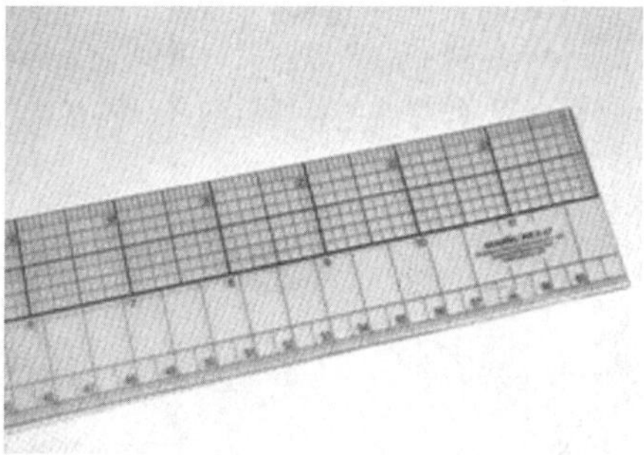

图2-2-6　多功能放码尺

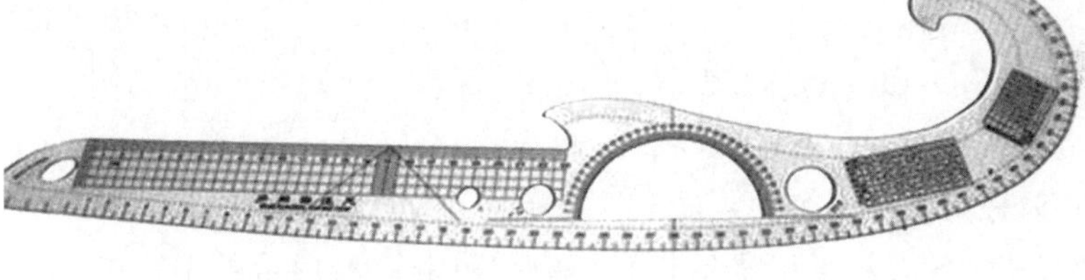

图2-2-7　多用途曲线尺

（六）色带

在立裁中比较醒目的黑、白或红色标线。一面有胶能黏着于人台上，在人台上用来标识结构线，在款式操作中用来做指示线（图2-2-8）。

（七）铅笔

制图用，常使用HB、2B铅笔，当然也可以用自动铅笔等（图2-2-9）。

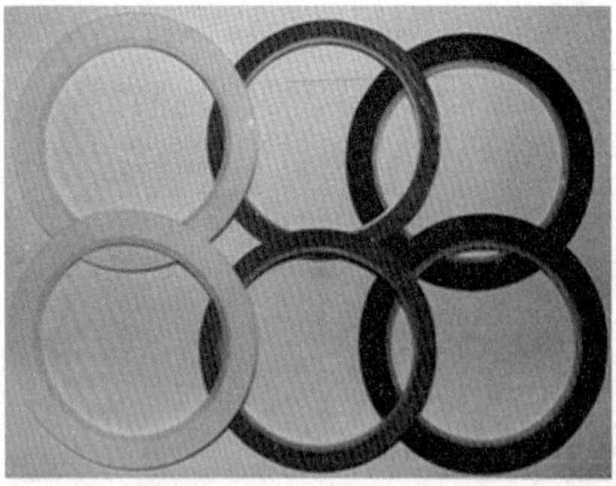

图2-2-8　色带

图2-2-9　笔

（八）点线器

又名滚轮。用于将裁片上的样线拷贝、描画到样板纸上（图2-2-10）。

（九）划粉

用于在布上作标记（图2-2-11）。也可用2B铅笔、记号笔。

（十）熨斗

熨斗是裁剪缝制时不可缺少的工具之一，以选用蒸汽熨斗为佳，熨烫时应保持熨斗底面干净，以免将衣物弄脏（图2-2-12）。

图2-2-10　点线器

图2-2-11　划粉

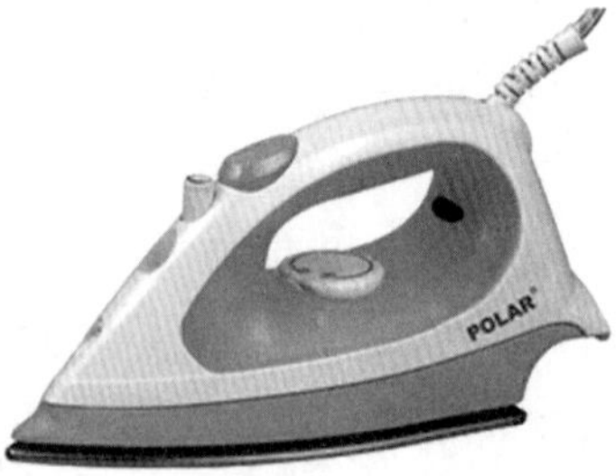

图2-2-12　熨斗

三、知识链接

（一）对立体裁剪使用布料的要求

（1）成品服装用的布料无特殊要求时，可采用门幅为113cm的平纹布。

（2）成品服装用的布料有特殊要求时，可尽量选择风格相近，但价格低廉的布料代替。

（3）为了使立体裁剪制成的造型布纹方向显著，应采用经向、纬向都用色线强调的格状平纹布。这样既经济，又能使制成的服装和设计构思尽量保持一致。

（4）为降低成本，立体裁剪用布多用白坯布作为代用布，在选择代用布时应尽量选择与面料质地相近的代用布，以保证最终面料造型的完整性与稳定性。

（二）立体裁剪使用的针

（1）针的分类：立体裁剪使用的针分为珠头针和大头针两种。

（2）珠头针：国内生产的珠头针，珠头有塑料的，陶瓷的。塑料制品的珠头容易损坏，颜色容易发污，不耐用，不耐高温，陶瓷制的珠头色彩鲜艳，不易损坏，耐高温。

（3）针的粗细：国内的立裁针直径多为0.8mm，但0.8mm的立裁针容易损伤布料，相比而言，0.5mm的直径更细，在使用时可以保证不伤害布料，以保证成衣质量。目前国内只有两家可以生产0.5mm的立裁针，一家是日本企业，另一家是法世利公司。

（4）针的价钱：日本企业的针一盒仅20克，共380根，售价60元。而法世利公司的立裁针一盒为25克，共420根，售价却仅为日企的50%左右。

任务三 立体造型的技术准备

技能目标

1. 能在人台上利用标识带进行基准线标示。
2. 能正确掌握操作流程。
3. 能注意横向水平线和纵向垂直线的关系。
4. 袖窿和领围标示要符合人体。
5. 能根据实际需要进行人台补正。

知识目标

1. 掌握各部位线条名称。
2. 了解比例及修正等方法，检查并分析立体裁剪标识带位置是否正确。
3. 确立质量意识。
4. 了解补正人台所需材质。

一、任务描述

为使立体裁剪操作顺利进行，需要在人台上黏合参照标识，作为立体裁剪的基准线，从而使裁剪过程分步、循序进行，有利于裁剪操作作品的整体平衡。

二、必备知识

（一）人台标识线

人台标识线是立体裁剪过程中的对位线与参考线，是保证面料纱向正确的基础，因此在人台上必须准确、清楚地标示出基础标识线。

（二）人台的基础线

人台的基础线包括三围线、前后中心线、侧缝线以及颈围线、袖窿线等，在保证人台稳定，无歪斜的情况下三围线要保持水平，前、后中心线要保持垂直。

（三）人台标识步骤

人台的标识步骤最好沿着颈围线、胸围线、腰围线、臀围线、前、后中心线、袖窿线、肩线、侧缝线、前、后公主线、整体调整的顺序进行。

（四）人台补正

通常我们所采用的人台是按照工业化生产的标准制作的，在制作合体度要求高的服装或者是量身定制的服装时，直接使用标准人台还是会有一些问题，这时便需要制作者根据体型需要，对人台进行某些部位的补正，尽量消除或减少这种体型上的差异，如胸围的大小、肩的高低、背部的厚度、腹部与臀部的丰满度等，尽可能地将人台调整到与穿着对象体型相近，人台补正多使用棉花、垫肩、坯布等材料。

除了因特定对象的体型差异而进行的人台补正以外，对于某些特殊造型的款式，尤其是那些较为夸张的立体造型也同样需要对人台进行一定的补正，需给人台加上衬垫等支撑物。但这种补正方法只限于增量而难以减量。另外，如果是为单件服装定做，也需对现有人台进行相应地调整。

三、任务实施

（一）人台标识的操作步骤和要领

1. 确定纬向标识线

在人台上需要确定的纬向标识线有：颈围线、胸围线、腰围线、臀围线。

（1）颈围线：过颈侧点、第七颈椎和前颈窝点标示颈围线，线条应保证圆顺、形态美观，注意左右对称（图2-3-1）。

（2）胸围线：过胸高点，用坯布直丝布条做左右BP点之间的连线，并在同一高度沿水平位置在人台胸围处绕一周贴出胸围标识线，保证胸围标识线与地面平行（图2-3-2）。

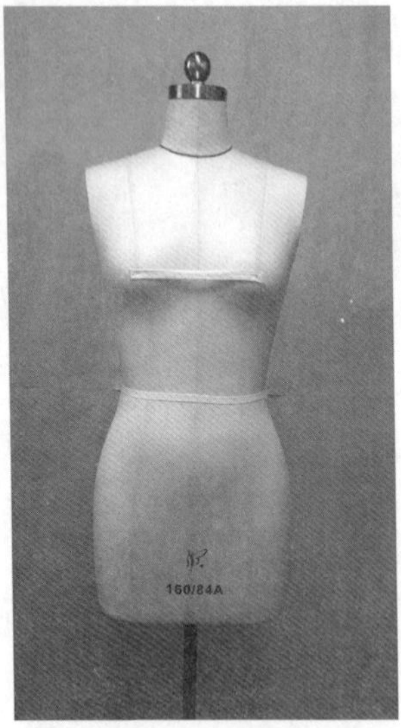

图2-3-1　颈围线

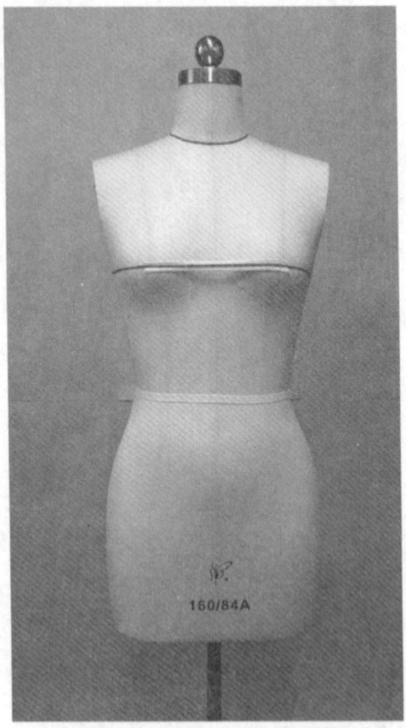

图2-3-2　胸围线

（3）腰围线：在腰部最细处同一高度找出人台腰围线位置，注意需与地面、胸围线保持平行，再贴出腰围标识线（图2-3-3）。

（4）臀围线：在距腰围线18～19cm处，找出臀部最丰满部位，确定臀围线位置，在与地面保持平行的情况下，贴出臀围标识线（图2–3–4）。

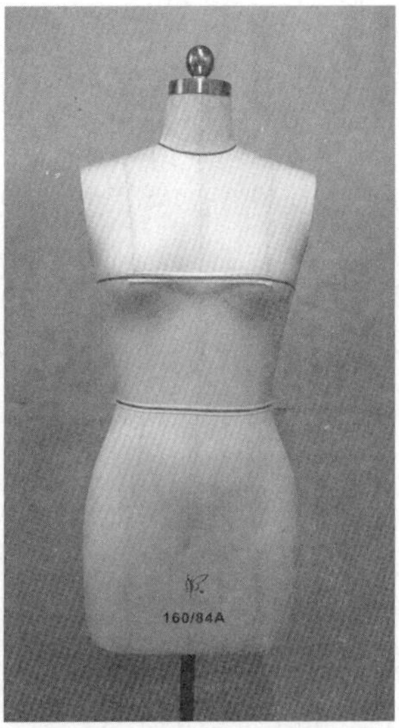

图2–3–3　腰围线

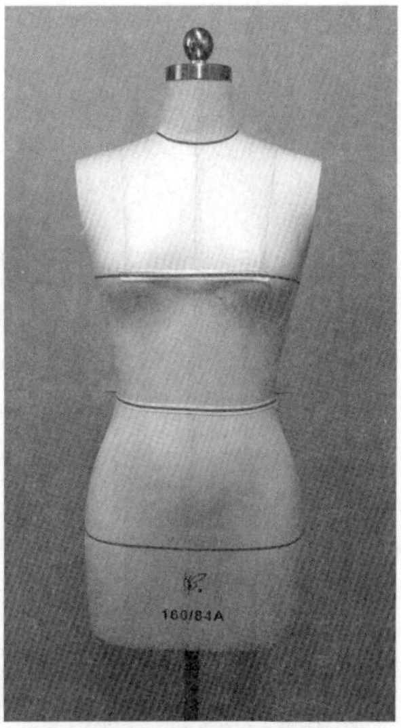

图2–3–4　臀围线

2. **确定经向标识线**

在人台上确定前、后中心线。

（1）前中心线：自前颈中心点（即前颈窝点）固定一条绳，绳下端垂一重物以保证中心线垂直于地面，沿垂线贴出前中心标识线（图2–3–5）。

（2）后中心线：标记方法同前中心线。在标记出前、后中心线后，要用软尺测量胸、腰及臀部的左右间距是否相等，若有差距应调整至相等为止（图2–3–6）。

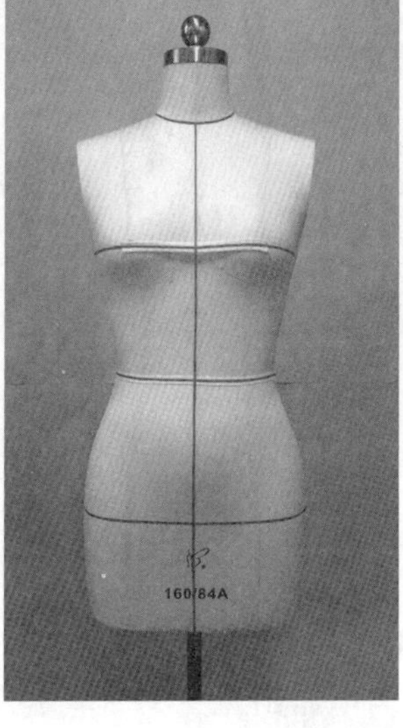

图2–3–5　前中心标识线

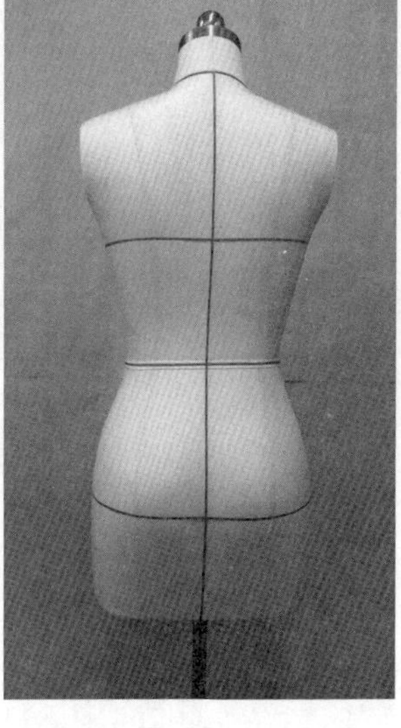

图2–3–6　后中心标识线

3. **确定肩线、侧缝线和袖窿线**

（1）肩线：以肩部厚度中心略偏后，先确定肩颈点，再以肩部厚度中心点确定肩端点，两点间贴肩线标示线（图2–3–7）。

（2）侧缝线：分别在前后胸围、腰围、臀围的1/2处向后1～2cm处定点，依次连接这三个关键点贴出侧缝标识线（图2–3–8）。

（3）袖窿线：过肩点，围绕人台袖窿一圈，贴出标示线，并调整至弧度流畅为止。袖窿深浅视用途而定，但后腋窝曲线应比前腋窝曲线略短（图2–3–9）。

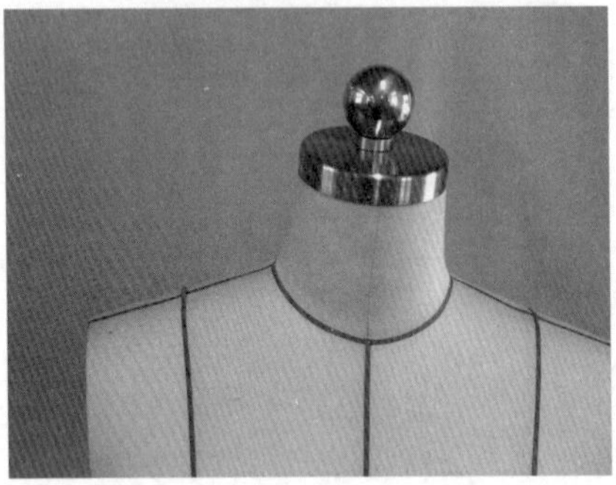

图2–3–7　肩线

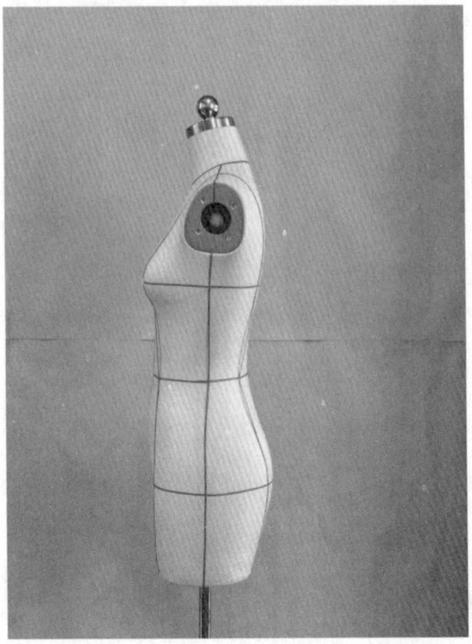

图2–3–8　侧缝线

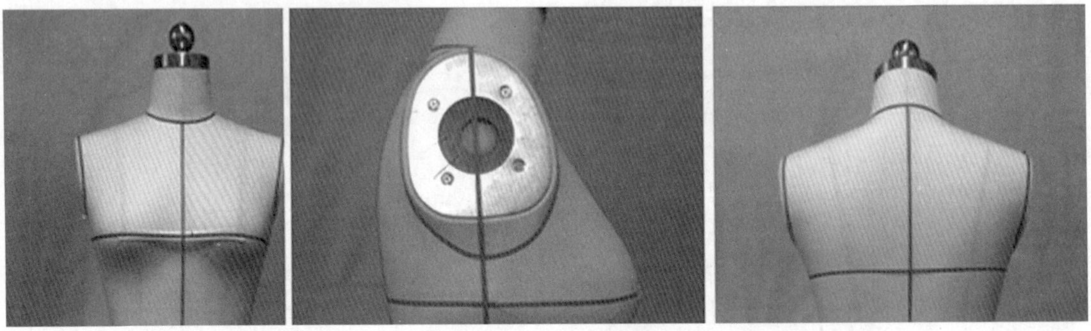

图2–3–9　袖窿线

4. **确定前、后公主基准线标记**

服装左右两侧的公主线在胸围线处距离较宽，在腰围线处又变窄，以体现出女性三围尺寸的曲线美。

（1）前公主线：自前小肩宽的中点，经BP点向下做出优美的曲线，在此过程中要保持线条自然均衡、优美、流畅，同时兼顾前后片、侧片协调（图2–3–10）。

（2）后公主线：自前小肩宽的中点与前公主线顺势相连，通过肩胛骨中心，斜向腰围线、臀围线、直到人台底部，分割处理的位置在兼顾前后片、侧片协调的基础上，应保证线条优美、流畅（图2-3-11）。

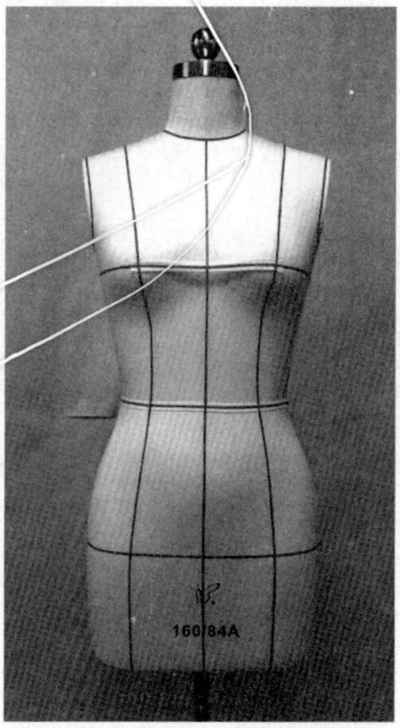

图2-3-10　前公主线基准线标记

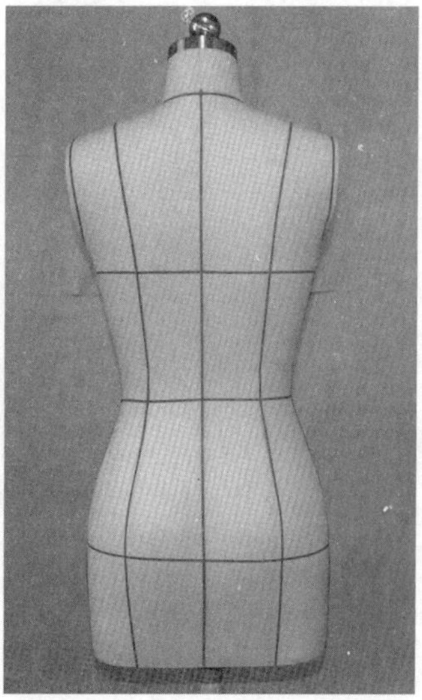

图2-3-11　后公主线基准线标记

5. **整体调整**

基准线全部标记后要从正面、侧面、背面进行整体观察，调整不理想的部位，直至满意为止。

（二）人台补正

常用的补正方法如下。

（1）胸部补正：用棉花把人台胸部对称垫起，并用布覆盖在上面。胸垫从中心至边缘要逐渐变薄，同时避免出现接痕。另外，胸部补正也可用胸罩替代（图2-3-12）。

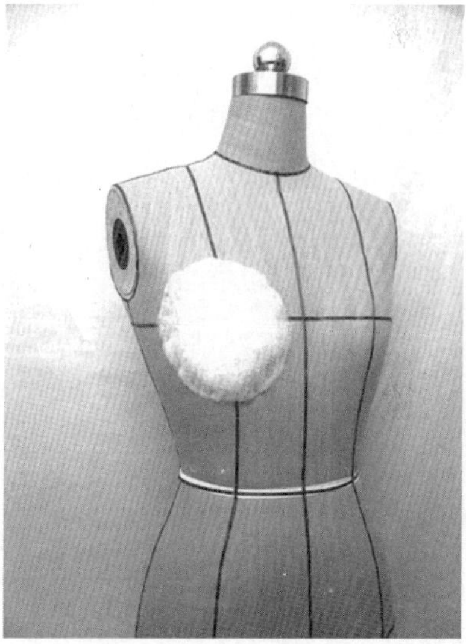

图2-3-12　胸部补正

（2）肩部的补正：用垫肩把人台的肩部垫起。随着服装辅料的不断开发，已经生产出各种形状（圆形、球形等）、各种厚度的垫肩，具体选择要根据肩部造型和面料薄厚而决定（图2-3-13）。

（3）腰臀部位补正：为减少人台的起伏量，需将腰部垫起，使腰围尺寸变大。可使用长条布缠绕一定的厚度，然后加以固定。不要仅考虑臀部的特点，而忽略腰部形状塑型。为了美观起见，臀凸部位应比实际臀位略高一些（图2-3-14）。

（4）特殊补正：对于某些特异造型的款式，也同样需要对人台进行一定的补正改造，尤其是一些较为夸张的立体造型，需要在人台上加上衬垫等支撑物（图2-3-15）。

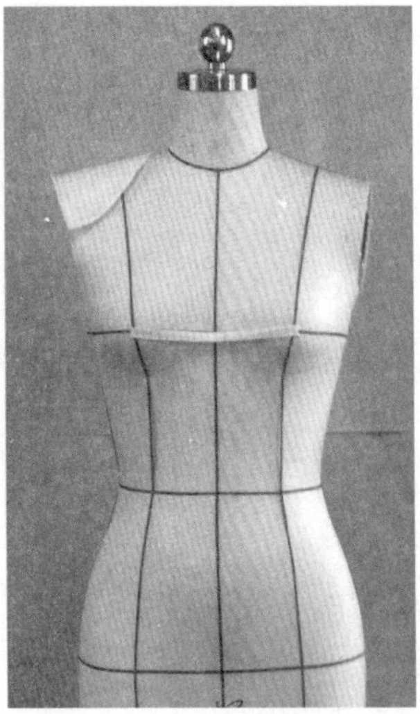

图2-3-13　肩部补正

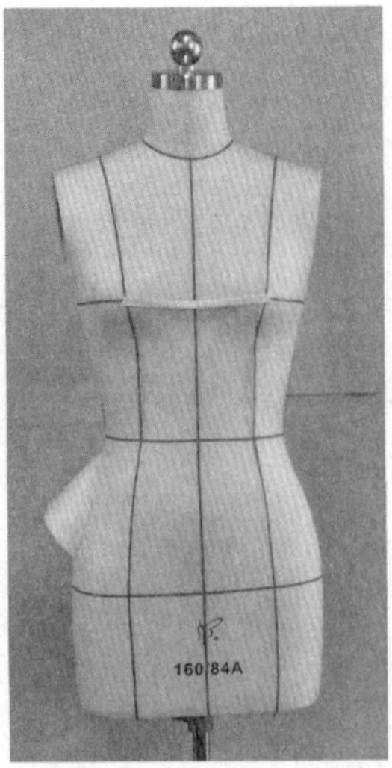

图2-3-14　腰臀部位补正

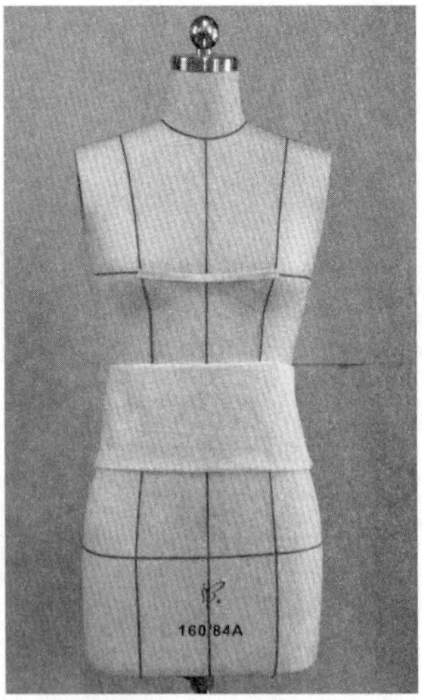

图2-3-15　特殊补正

四、知识链接

立体造型基础线的作用

在立体造型时，一般不用尺子辅助定位，而是依靠人的视觉去观察人台上的基准线，确定服装各部位数量关系和造型，因此基础线就是“尺子”。要练习徒手完成标示线黏贴，并达到像用直尺画线一样的效果。

人台基础标识线就像是平面制图中的基本线，是立体造型过程中的对位线和参考线，是保证纱向正确、造型稳定的基础，可以这么说，标识线黏贴得是否准确，直接关系到最后成衣的三围是否平衡，衣片左右是否对称。

五、学习思考与练习

1. 设置标识线的部位有哪些？
2. 贴置标识线应注意哪些问题？
3. 人台标识线黏贴练习（表2-3-1）。

表2-3-1　标识线黏贴练习评价表

姓名			指导老师		时间	
项目	外观质量	工艺流程	自评	小组评价	教师评价	
颈围线、胸围线、腰围线、臀围线						
前、后中心线						
肩线、袖窿线、侧缝线						
前、后公主线						
整体调整						

续表

姓名		指导老师		时间	
实物图片					

4．人台补正练习。

人台补正练习评价表见表2–3–2。

表2–3–2　练习评价表

姓名			指导老师		时间
项目	外观质量	工艺流程	自评	小组评价	教师评价
胸部补正					
腰部补正					
臀部补正					
特殊部位补正					
实物图片					

六、任务评价

任务评价表见表2–3–3。

表2–3–3　任务评价表

评价项目	评价情况
请描述本次任务的学习目的	
是否明确任务要求	
是否明确任务操作步骤，请简述	
对本次任务成果的满意度	
在遇到问题时是如何解决的	
在本次任务实施过程中，还存在哪些不足，将如何改进	
感受与体会	

任务四　立体造型基本步骤与基础针法

技能目标

1．在操作时清楚款式特点。

2．能准确设置款式线。

3. 能根据款式操作需要掌握各种针法技巧。

知识目标

1. 能做好立体造型所需材质准备。
2. 能正确掌握操作流程。
3. 了解常用立体造型针法。
4. 掌握立体造型松量。

一、任务描述

在拿到一件陌生款式的服装时，从哪里入手操作更为快速合理？在操作时可以采用哪些方法进行？带着这些问题从常见的操作规范入手，了解在立体造型时一般的款式总体操作思路与步骤，具体针法操作技巧，在后面的款式范例有详细介绍。

二、必备知识

（一）立体造型基本步骤与要领

1. 款式分析

我们要根据所需制作的款式，了解该款的设计意图，明确款式结构设计内容，以及在立体造型操作前的关键步骤，内容包括：做什么、给谁做、用什么材料做、怎么做。做之前一定要对款式的“怎么做”有清醒认识，一定要清楚款式的长宽尺寸、轮廓特点、整体与局部的主次关系、操作时的前后顺序、放松量的控制等，如果不经分析就操作，往往会导致失败。

2. 人台准备

人台准备时，除了正确选择符合设计尺寸需要的人台以外，还要根据需要进行人台尺寸的补正工作。

3. 材料准备

材料准备包括：选择与款式设计面料质地接近的坯布、合理裁剪坯料、布面整理。在布面整理时，要保证立体裁剪所用布料的丝缕必须归正。许多坯布多存在着纵横丝缕歪斜的问题，因此在操作之前要将布料用熨斗归烫，使纱向归正、布料平整，同时也要求将坯布衣片与正式的面料复合时，应保持两者纱向的一致，这样才能保证成品服装与人台上的服装造型一致。

4. 设置款式线

款式线设置的准确是决定立体造型成败的关键，操作时尽量做到紧贴与款式绘画效果一致的款式线，做到线条优美准确，符合设计意图，同时又能达到合理的结构裁剪效果。

5. 坯型制作

坯型制作是立体裁剪的基本环节，这一环节也是立体造型关键之处，应注意设置放松量的大小是否得当、丝缕方向是否正确，同时这一环节除了设计表面衣片，还有里布，在制作复杂结构时还需要设计保型的衬料衣片。

6. 标记

标记是一种在立体造型过程中确认衣片轮廓线和对位记号等的特别方法，标记应严格按照模型线、款式线或别针缝迹描点，在衣片轮廓交点处用“十”字记号，在需要对位处做明确的对位记号，为了避免差错，初次标记可用普通的2B铅笔，修改标记可用彩色铅笔。

7. **平面整理**

由于立体造型中的衣片轮廓线与对位记号等都是在立体状态下标记的，难免会有误差及不够顺畅之处，所以一般还需要在平面状态下进行修正，对缝合部位的对位标记要进行核对，此外在进行成衣生产时还需对衣片规格进行确认，并及时做出相应调整。

8. **人台准备**

假缝、试穿、补正是服装样品试制，特别是高级礼服制作的常规做法。在立体造型环节中也可采用该种方法。

9. **正式面料裁剪**

经过假缝试穿并对衣片形状、规格进行修正后，可将经过修正的坯型布样作为样板，裁剪正式面料，这时，要注意坯样面料与正式面料的性能差异，可以根据差异做加减余量的裁剪，以备因材质差异补正所需。

10. **拓样、制作工业样板**

在假缝基础上修改坯样尺寸，用拷贝纸拷出并制作成工业样板，有条件的话，也可以通过扫描设备输入电脑进行CAD操作，制成工业样板用于生产。

（二）立体造型基本别针法

1. **立体造型别针要领**

（1）在使用别针固定衣片与人台时，别针应插在衣片的分割线内，距分割线0.5 ~ 0.7cm处为宜，要是插在分割线外，则意味着衣片面积增大，很难合体。

（2）别针以间距恰当、穿透坯布宜少。在用别针拼合时，别针的间距过疏，坯形标记也会过疏，会导致衣片轮廓确认不准，过密则费时，也会影响坯形的平整。别针拼合衣片时穿透坯布越少就越有利于坯形平整，因为人体是曲面的，别针穿透越少，穿透的部位越接近于点，与面相吻合就越容易。

（3）别针方向应由上往下，从右向左一致，才能显得美观有序。

2. **立体造型基本针法**

立体造型常用针法有：双针固定、单针固定、对别抓缝法、重叠法、折叠法、藏针法等。

三、任务实施

（一）单针固定

在立体造型中单针固定是运用最多的一种方法，但要注意的是，大头针（珠针）的插针方向与布的受力方向相反，才能使布固定得住（图2-4-1）。

（二）双针固定

在立体造型中，需要在某部位固定一些松量时往往采用双针固定，要注意左面的大头针针头向左、右面的大头针针头向右，两根大头针形成交叉形状，将松量夹住（图2-4-2）。

（三）对别抓缝法

将两块布料的边缘对齐合拢，大头针沿着欲缝合的位置扎别，大头针方向一致，别合的位置即缝合线，在立体裁剪坯布确定样衣造型的过程中使用，对别抓缝法用以固定和调整省道、侧缝、肩缝等（图2–4–3）。

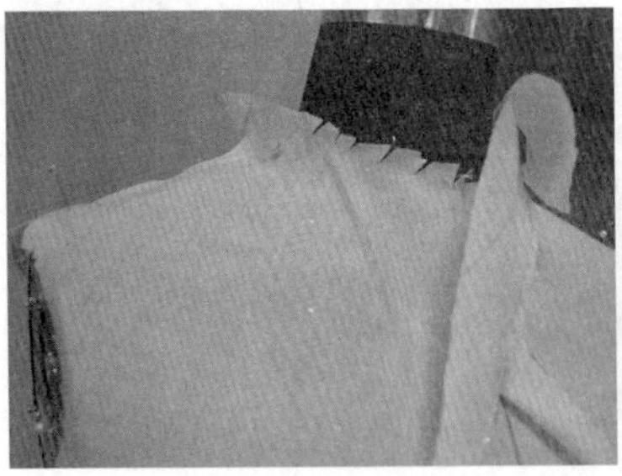

图2–4–1　单针固定

图2–4–2　双针固定

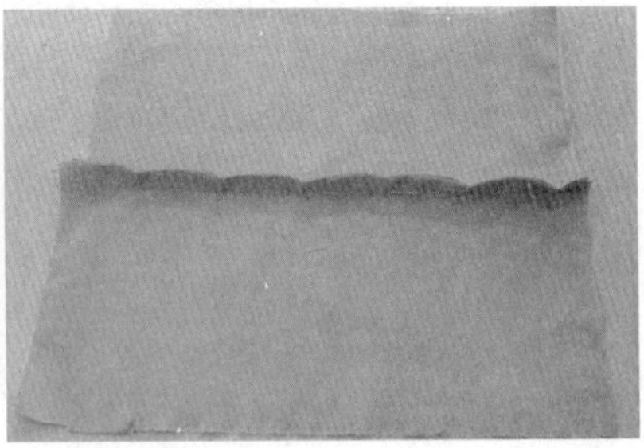

图2–4–3　对别抓缝法

（四）重叠法

将两块布重叠一起，用大头针依次固定，此针法适合于布料拼接及需要平服的部位（图2–4–4）。

（五）折叠法

折叠法又称盖别法。先将一块布边缝份折叠，再覆盖在另一块布上，用大头针依次固定。此方法适用于半成品试穿、做标记等，常用于别合侧缝、袖缝、肩缝等部位（图2–4–5）。

（六）藏针法

从一块布的折线处插入大头针，穿过另一块布，再将针头折回到折线内，此方法能显示造型完成缝合效果，常用于装袖子等部位（图2–4–6）。

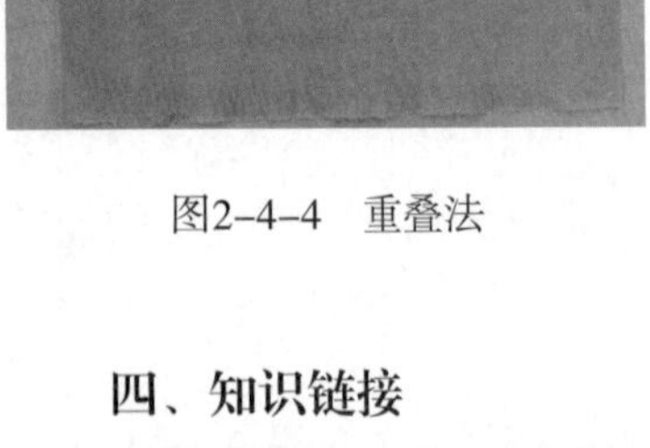

图2–4–4　重叠法

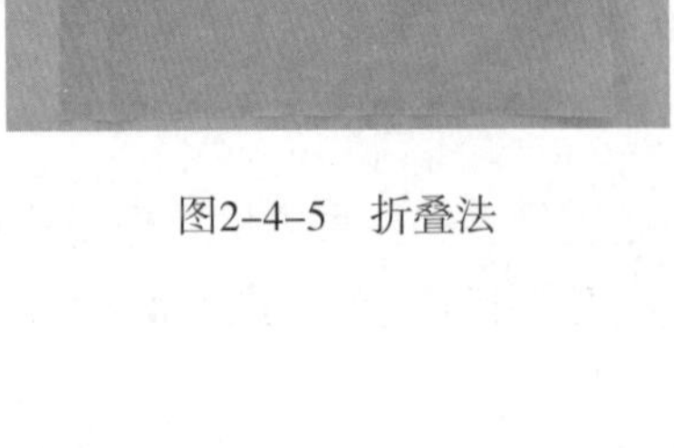

图2–4–5　折叠法

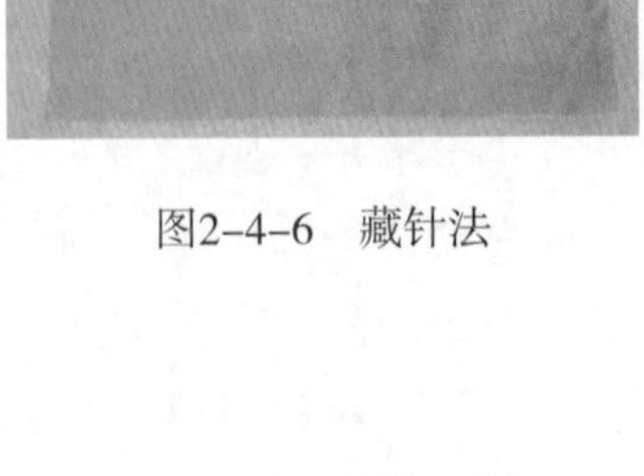

图2–4–6　藏针法

四、知识链接

立体裁剪中大头针别法的要求

立体裁剪中对大头针的别法有一定的要求，如何正确使用，是立体裁剪必须掌握的技巧之一。了解大头针的扎别方法，对服装的定型、完成效果都能起着良好的作用。其原则如下。

（1）大头针针尖不宜露出太长，露出太多易划破手指。

（2）大头针挑布量宜少不宜多，防止别合后不平服。

（3）衣片直线部分别的大头针间距可稍大些，曲线部分的间距要小些。只有这样，立体裁剪出的服装才会牢固平整。

（4）固定衣片与人台时，别针应插在衣片分割线内，并距分割线0.5～0.7cm为宜。

五、学习思考与练习

1. 通过针法练习，学会针法操作技巧。
2. 想一想在服装的哪些部位可以用到以上这些针法？它与机缝工艺有何相似之处？
3. 立体造型针法练习（表2-4-1）。

表2-4-1　针法练习评价表

姓名		指导老师		时间	
项目	外观质量	自评	小组评价	教师评价	
双针固定					
单针固定					
对别抓缝					
重叠法					
折叠法					
藏针法					
实物图片					

六、任务评价

任务评价表见表2-4-2。

表2-4-2　任务评价表

评价项目	评价情况
请描述本次任务的学习目的	
是否明确任务要求	
是否明确任务操作步骤，请简述	
对本次任务成果的满意吗	
在遇到问题时是如何解决的	
在本次任务实施过程中，还存在哪些不足，将如何改进	
感受与体会	

七、职业技能鉴定指导

（一）单选题

序号	题目	参考答案
1	一个物体若几乎反射出全部色光，就呈现（　　）。 A．白色　　B．黑色　　C．无色　　D．黄色	A
2	服装可分为H型、A型、Y型、X型等，这主要是从（　　）来分类。 A．着装状态　　B．外形　　C．着装方式　　D．覆盖状态	B
3	三线移动轨迹构成面，面的边缘则决定面的形状，而不同的面有不同的特征，三角形其有（　　）的特征。 A．稳定严肃　　B．滚动轻快　C．稳定尖锐　　D．活泼随意	C
4	“黄金分割”法是根据几何学的求证得到的数字，它的比例是（　　）。 A．1∶2　　B．1∶1.3　　C．1∶1.25　　D．1∶1.618	D
5	对称是造型艺术传统的风格之一，这种审美习惯也反映到服装上，我国男装的代表（　　）就是采用对称形式。 A．一字襟　　B．琵琶襟　　C．中山装　　D．马甲	C
6	色环中相距（　　）左右的色彩对比为类似色对比。 A．30°　　B．60°　　C．90°　　D．120°	B
7	为了取得醒目、明快的效果，在口袋的色彩处理中．可以用（　　）方法处理口袋与服装的关系。 A．对比色　　B．调和色　　C．邻近色　　D．同类色	A
8	在大衣口袋的缝制过程中，开分烫袋口时，按缉线的中间剪成（　　）不能剪断缉线，防止袋角毛出。 A．长短绗针　　B．纳针　　C．三角针　　D．缲针	C
9	回归自然、返璞归真、节俭意识等主要是20世纪（　　）年代的服装流行倾向。 A．80　　B．70　　C．60　　D．90	D
10	（　　）是指不同程度、国度、民族、宗教、地理、气候职业引起人们不同爱好和消费习惯。 A．文化程度　　B．风俗习惯　C．经济地位　　D．群体动机	B

（二）判断题

序号	题目	参考答案
1	为了使衣服定型效果保持好并长久不变形，主要通过熨烫时温度、湿度、压力、时间的配合及手法的灵活运用。	√
2	一般而言，儿童多具象联想，成年人多抽象联想。	√
3	服装的分割线有功能分割线、装饰分割线、横线分割线、垂直分割线等几类。	×
4	平肩体只需对前后肩斜和袖窿深进行修正。	√
5	凸臀体臀部越凸出越应减小后裆缝的斜度。	×
6	调和的色彩给人的感觉是平顺、温柔的和谐美，它使全身服饰达到了整体协调，可以使人产生美感。	√
7	服装流行趋势的更替，就是以局部造型的变换为主要特点的。	×
8	男性颈项较粗，其横截面略呈尖圆形，女性颈部较细且稍长，其横裁面略呈桃形。	√

续表

序号	题目	参考答案
9	根据国家标准，精梳毛织物女大衣合格品干洗后起皱级差指标≥3。	×
10	从路易十八世到查理十世统治期间，法国上流社会绅士们的生活充满了典雅和严谨的贵族风格。	√

（三）操作题

1. **人台标识线黏贴**

请在20分钟内完成人台基本标识线的黏贴。

质量要求：

（1）胸围线、腰围线、臀围线位置准确，线条水平、合理；

（2）前后中心线、侧缝线准确到位；

（3）肩线、袖窿、前后公主线线条优美、合理、准确、对称。

2. **立体造型基本针法**

请在白坯布上完成针法练习。内容：双针固定、单针固定、对别抓缝、重叠法、折叠法、藏针法。

质量要求：

（1）用针方法恰当，交代清楚；

（2）假缝针距均匀、缝份倒向合理，面料平整。

八、模块小结

通过本模块的学习，我们认识了不同的人台，可以根据需求选择适合的人台进行立体造型，并认识了多种立裁工具，学会了选择合适的工具操作立体造型。另外，通过本项目学习，能够动手进行人台标示，并能对人台进行特殊补正，学会立体造型的一些常用基本针法。

模块三　基础服装立体造型

【技能目标】

通过本模块的学习，应该做到：

1. 能分析基础服装款式，进行估料预算。
2. 掌握面料的经纬整理。
3. 能够根据款式加放松量，检查整体尺寸和面料纱向。
4. 能根据造型塑造省道，合理进行省道转移。
5. 学会怎样使裁片符合人体。
6. 了解从合体度、悬垂效果、纱向顺直、比例及修正等方法检查并分析立体裁剪的样衣。

【知识目标】

1. 能按照基础上衣、裙装款式图进行款式分析。
2. 了解面料特点、款式规格。
3. 会运用正确方法进行面料估算、掌握面料整理，学会对于放松量的控制。
4. 了解基础服装立体造型样衣的质量要求，树立服装品质概念。
5. 能分析同类原型省道变化、省道转移，以及基本上衣、裙装的款式特点。
6. 能根据裁片进行假缝和纸样获取。

【模块导读】

在服装产业高度发达的今天，量体裁衣必将是一种趋势，如果要想拥有真正合体的服装，就需要从基础的服装立体造型开始。

基础服装立体造型是可以制作形成最基本最原始的衣身纸样，是一切服装款式变化的基础，它是从人体结构的角度出发，解析人与衣之间的基本关系，其中包括衣片的构成原理，款式造型以及省的产生、转移、运用等诸多方面的知识。

基础服装立体造型上装主要分为腰节线以上的基础衣身，以及在基础衣身上延伸变化的胸腰省道转移形成的款式与纸样；下装部分主要为合体直身款式的裙身，以及波浪造型裙身款式。

在基础型的操作练习中，考虑到服装多为左右片对称的款式，所以我们根据习惯通常只需要做出前身的右片和后身的左片。

任务一　基础上衣立体取样

技能目标

1. 能分析基础服装款式，掌握面料量取方法。
2. 学会面料整理。
3. 了解面料的直纱、胸围与背宽位置的横纱以及省道的方向与位置。
4. 能根据造型塑造省道，合理进行省道转移。
5. 学会控制放松量及成品尺寸。
6. 学会正确标识。
7. 能根据裁片进行假缝和纸样获取。

知识目标

1. 了解款式结构特点，并能够描述进行。
2. 了解面料的性能，能从合体度、悬垂效果、纱向顺直、比例及修正等方法检查并分析立体裁剪的样板。
3. 能根据造型的变化合理进行省道转移，塑造成品归缩量。

一、任务描述

请根据基本上衣的款式通知单，分析款式特点，根据其规格号型进行立体造型，并完成衣片样板，同时根据样板完成假缝制作。

二、必备知识

（一）基础原型衣制作的目的

制作基础原型衣旨在从根本上了解原型结构的真正由来，使得对服装结构设计从感性认识上升到理性认识，同时熟悉立体裁剪的基本方法和操作过程，也为掌握成衣的立体裁剪奠定基础。

（二）基础原型上衣立体取样

基础原型上衣立体取样，即服装上衣原型前、后衣片的取样，是指覆盖在人体躯干，且位于腰节线以上部分的衣片造型。它既不是人体体表的完全复制，也不是服装的具体款式，而是构成各种服装造型的基本型，是服装设计的基础。在基础原型衣的制作中，胸部是衣身设计的重点，胸、背部的自然形态是制作原型衣结构的依据。

（三）基础原型上衣立体取样与平面裁剪原型的相同之处

基础原型上衣立体取样与平面裁剪的原型是一样的道理，是制作所有服装的基础，它主要是由肩省和腰省构成，体现出了一种合体的着装形态。

三、任务实施

基础上衣款式纸样设计与立体造型通知单见表3-1-1。

（一）款式分析

这是一款最常用最简洁的上衣基础造型，主要由肩省和腰省构成，体现了一种合体、对称的着装形态（图3-1-1）。

表3-1-1 基础上衣款式纸样设计与立体造型通知单

<table>
<tr><td>规格</td><td>160/84A</td><td>季节</td><td></td><td>作者</td><td colspan="4">参考规格与松量设计</td></tr>
<tr><td rowspan="2">款号</td><td rowspan="2">04-01</td><td rowspan="2">款式名称</td><td rowspan="2">基础上衣</td><td rowspan="2">日期</td><td>部位
规格</td><td>后衣长</td><td>胸围</td><td>肩宽</td></tr>
<tr><td>160/84A</td><td>38cm</td><td>92 cm</td><td>37 cm</td></tr>
<tr><td colspan="5">款式图：
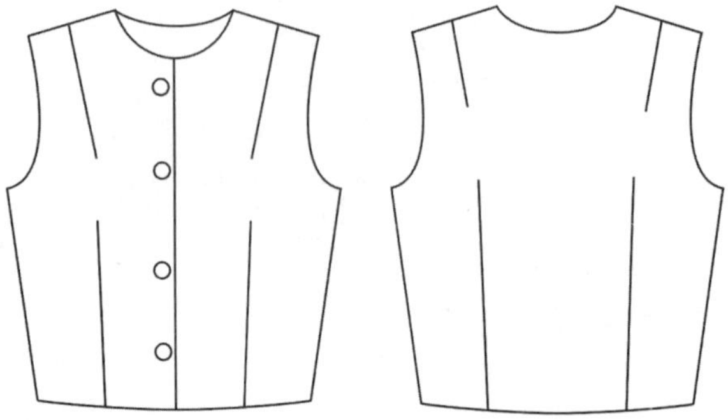

图3-1-1 上衣基础造型</td><td colspan="4">松量设计：
1. 款式整体塑造和谐。
2. 符合人体运动性能和舒适度要求。</td></tr>
<tr><td colspan="5">款式特点与外观要求</td><td colspan="4" rowspan="2">技术要求
工艺要求：
1. 大头针针尖排列有序、间距均匀、针尖方向一致、针脚小。插针方法恰当，缝合线迹的技术处理合理，标记点交代清楚。
2. 缝份平整，倒向合理，操作方法准确，无毛茬外露。
3. 纱向正确，符合结构和款式风格造型要求。
4. 操作时注意归缩。
纸样设计要求：
1. 裁剪应与款式图的造型要求相符，拓纸样准确，缝份设计合理。
2. 制图符号标注准确，包括各部位对位标记、纱向标记、归拔符号等。
材料准备：
面料：白坯布。
成分：100%棉。
织物组织：平纹。</td></tr>
<tr><td colspan="2">款式特征描述：
1. 款式：基本女上衣造型。
2. 肩省：保证前中垂直，胸点至侧缝水平，余量由袖窿转移至肩进行省的转移处理。
3. 腰省：胸部以下余量转移到腰部。
4. 领圈：符合人台。</td><td colspan="3">外观造型要求：
1. 衣身外观评价：衣身正面干净、整洁，胸腰围松量分配适度。
2. 胸部立体，肩胛骨适度凸出，腰部合体，袖窿无浮起或拉紧，无不良皱褶。
3. 省道外观评价：省道顺直，胸省尖指向BP点，注意在省尖进行标记。
4. 肩缝：后肩略大于前肩，注意归缩。</td></tr>
</table>

（二）实践准备

1. **面料的准备**（图3-1-2）

（1）前片面料长度：从人台上颈侧点量到前腰围线再加上5～10cm。

（2）后片面料长度：从人台上后颈点量到后腰围线再加上8～10cm。

（3）前片、后片宽度：人台胸围的1/4宽度再加上10～15cm。

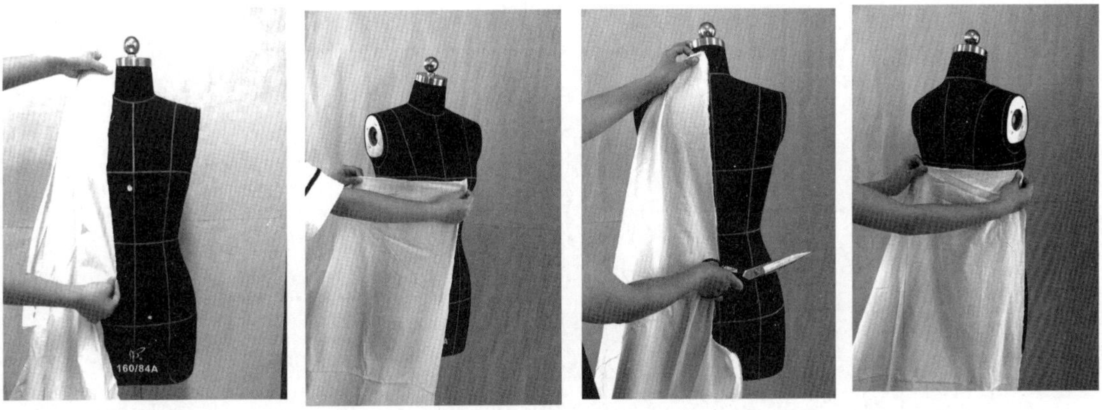

图3-1-2　面料的准备

2. 整理布纹

撕去布边，将布反方向拉扯，并用熨斗将丝缕归直、熨平（图3-1-3）。

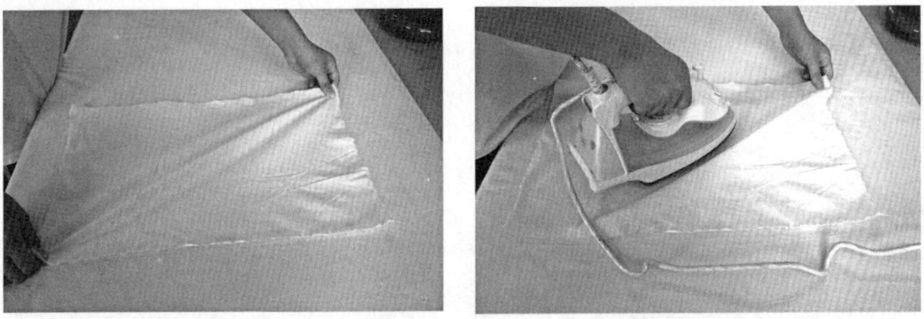

图3-1-3　整理布纹

3. 标记基准线

用铅笔标记前片面料的前中线和胸围线，在距直丝布边3～5cm处画前中线，在距横丝布边线28～30cm处画横向丝缕线即胸围线。在后片面料距直丝布边3～5cm处画后中线，在距横丝布边迁17～18cm处画横向丝缕线即背宽线（图3-1-4）。

（三）实践实施

1. 技术要求与注意事项

在操作过程中注意面料方向和作品放松量的控制。保持面料挺括、顺直、流畅。

2. 操作过程

（1）前衣片操作步骤：

①披布：把已经确定好前中线和胸围线的布料覆于人台右侧，与人台的前中线和胸围线重合，双针固定BP点，并固定颈窝点、腰部前中心点（图3-1-5）。

②固定领口：从颈窝点始向颈侧点，顺颈围抚平布料，沿人台前颈围剪掉颈围处多余布料由粗到细的修剪，留1.5cm缝份，一边剪一边抚平，使前领口服帖圆顺，若有不平处可再打再细的剪口。最终使布料领围与人台颈围处自然贴合（图3-1-6）。

③加放松量：在胸宽靠近腋下处推进0.5～1cm的松量，用针竖直别住（图3-1-7）。

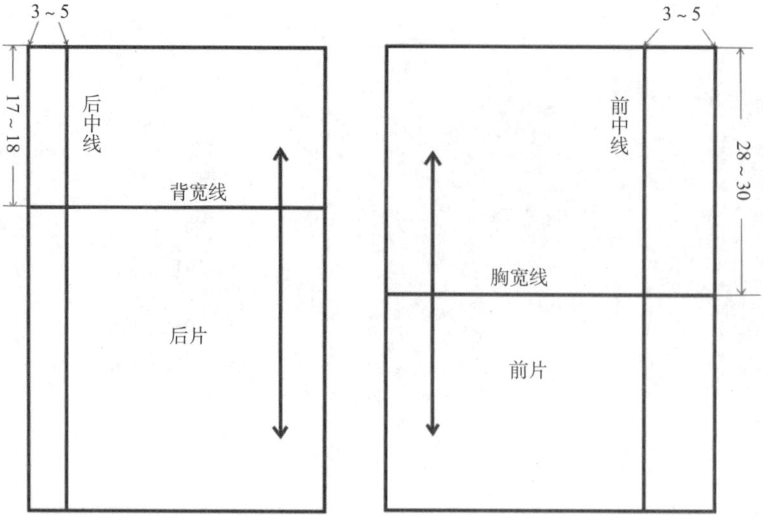

图3-1-4　标记基准线

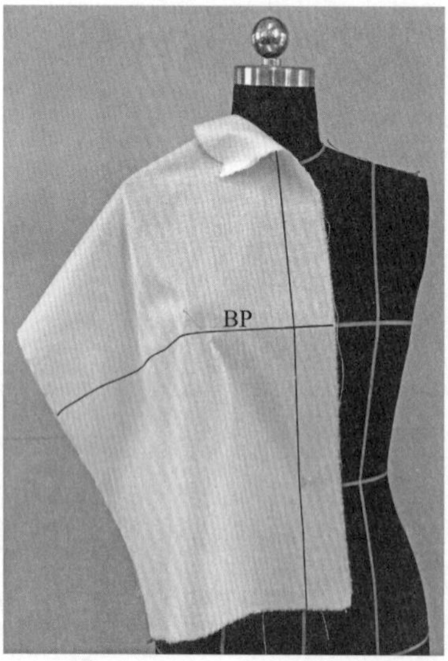

图3-1-5　披布

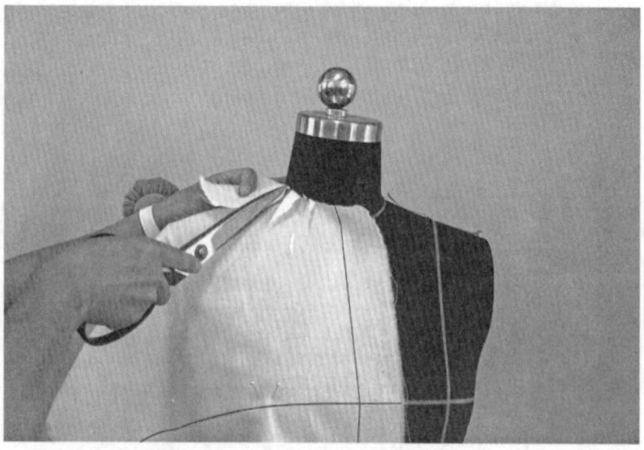

图3-1-6　固定领口

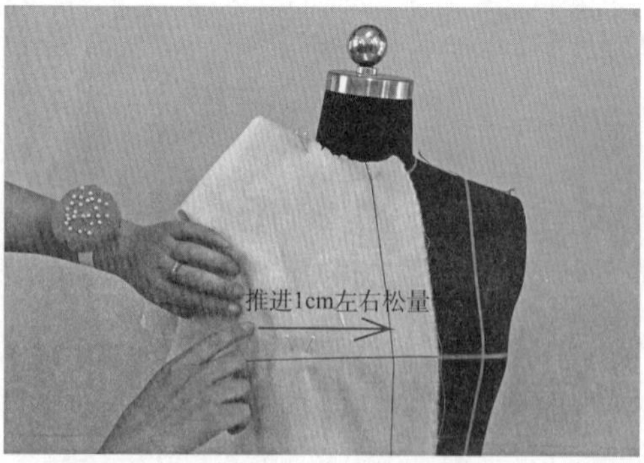

图3-1-7　加放松量

④定侧缝：在胸围线侧缝处用针竖直别住，注意面料无紧绷，有一定自然松量（图3-1-8）。

⑤肩省：将浮余量推至肩部作为肩省（图3-1-9）。

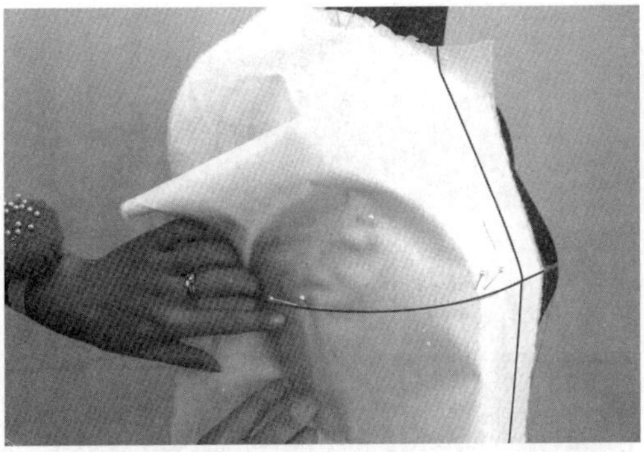

图3-1-8　定侧缝

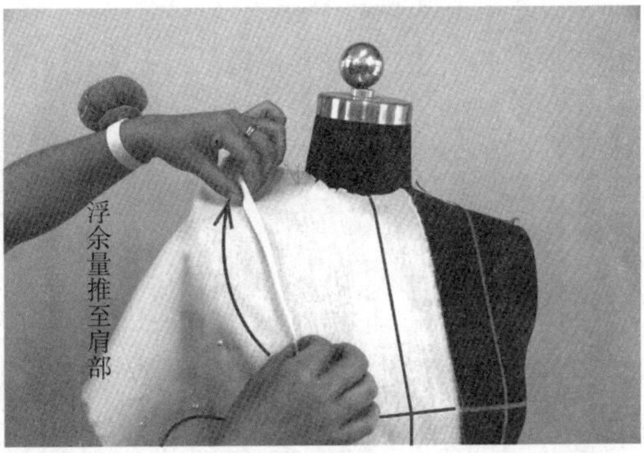

图3-1-9　肩省

⑥捋顺肩、袖窿：抚平肩部、袖窿及腋下，在腰围线下打剪口可使布自然贴合人台，固定肩缝、腋下点、侧腰点，确定侧缝线位置并用双针固定（图3-1-10）。

⑦推腰省：把胸部以下多余的布料量推到BP点下方，由此形成了腰省量，捏合后用针固定并调整，注意同时将布料顺势向下抚平，保留一定松度。另外，可在下摆处打剪口保证衣身服帖（图3-1-11）。

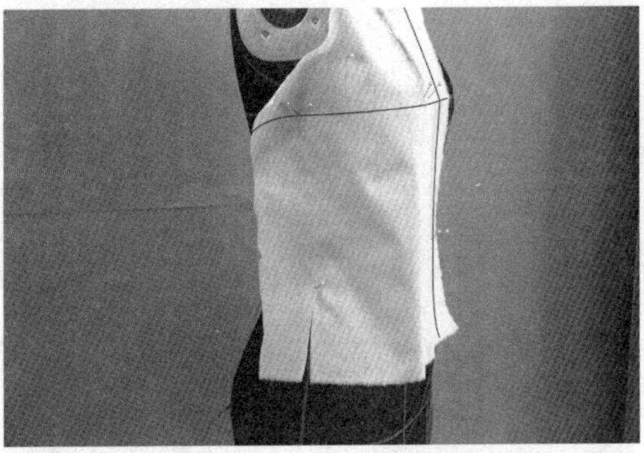

图3-1-10　理顺肩、袖窿

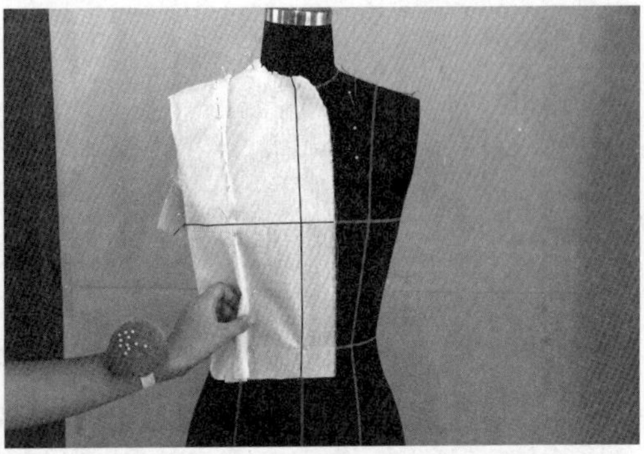

图3-1-11　推腰省

（2）后衣片操作步骤：

①披布：把布料到人台后身，将人台背宽线与布料背宽线对齐，在后中线固定后颈点、背凸点、后腰点（图3-1-12）。

②领口处理：顺颈围抚平布料，预留1.5cm缝份，并剪掉余料，再打剪口，使布料与人台颈围处自然贴合（图3-1-13）。

③加放松量：在背宽处推进0.5～1cm松量，用针竖直别住（图3-1-14）。

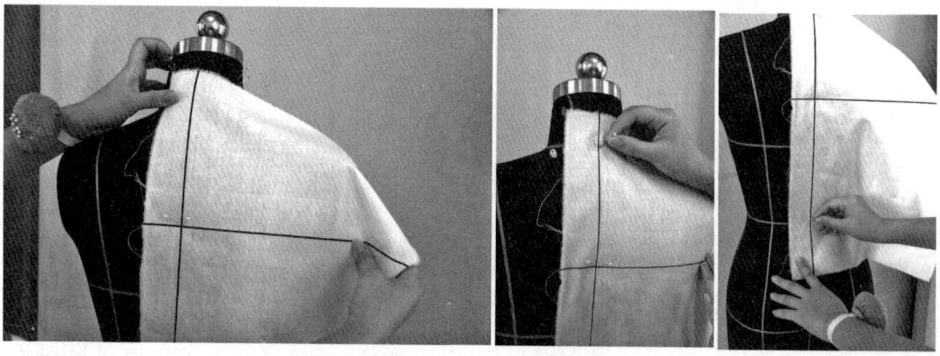

图3–1–12　披布

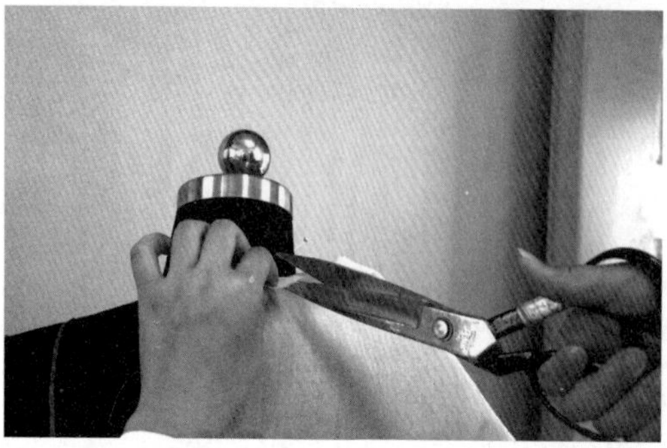

图3–1–13　领口处理

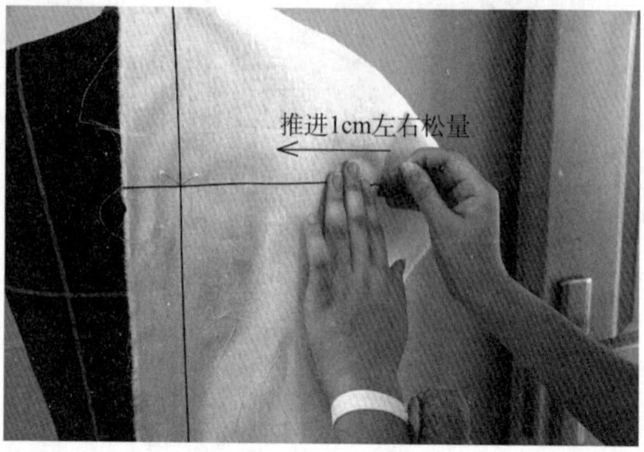

图3–1–14　加放松量

④定侧缝：在胸围侧缝处用针竖直别住（图3–1–15）。

⑤做肩省：保证背宽线水平，肩部出现多余布料用来做肩背省（约0.3cm），剪掉肩部余料，将前、后肩线用针对别（图3–1–16）。

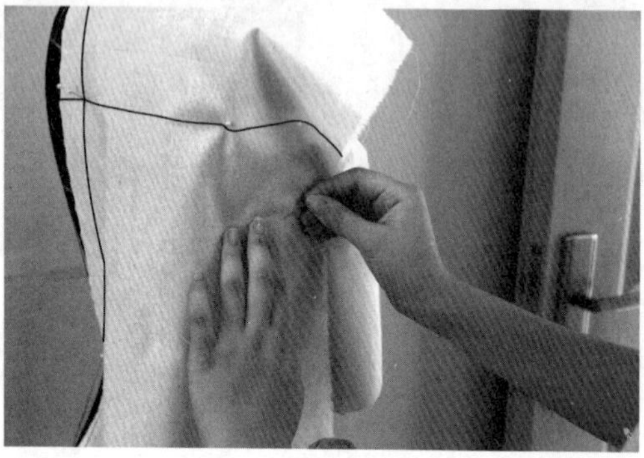

图3–1–15　定侧缝

图3–1–16　做肩省

⑥做腰省：腰部留一定松量，其余做腰省，注意腰省的位置与省尖的指向（图3–1–17）。

⑦点线划样：粗剪后袖窿，将前后侧缝、肩缝对别，剪掉余量。并正确画出领围线、袖窿线、侧缝线、底边线和省道线（图3–1–18）。

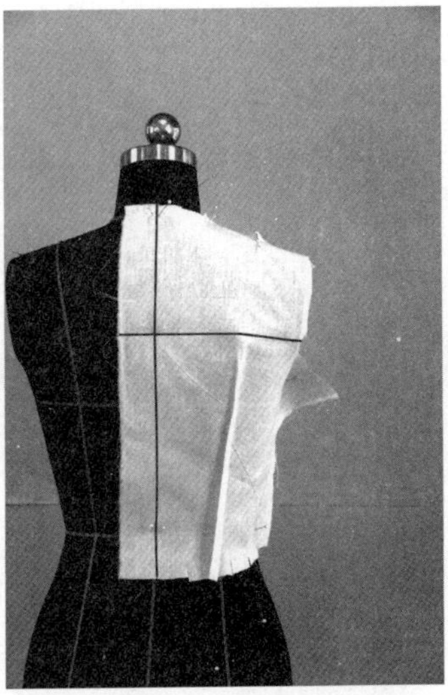

图3-1-17　做腰省

图3-1-18　点线划样

（3）基础原型衣片的制板：

①确定结构线条：取下衣身，并展开成平面，检查原型的领围线、袖窿线、省道线和侧缝线，用专业尺描画出结构线，不顺直的线要进行修正（图3-1-19）。

②肩线吻合：前、后肩线对合，观察其长度是否吻合，前、后领口袖窿曲线是否圆顺流畅（图3-1-20）。

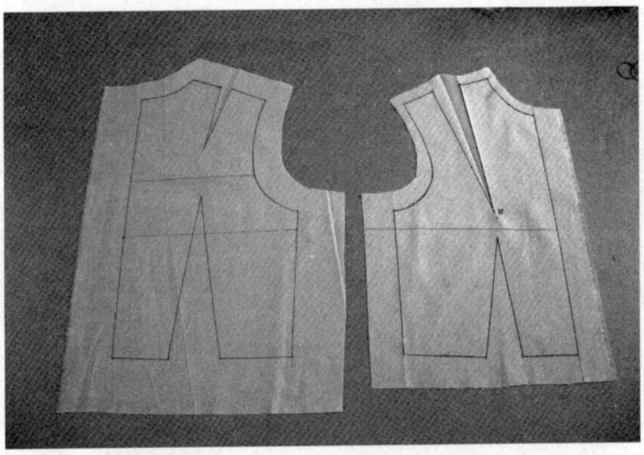

图3-1-19　确定结构线

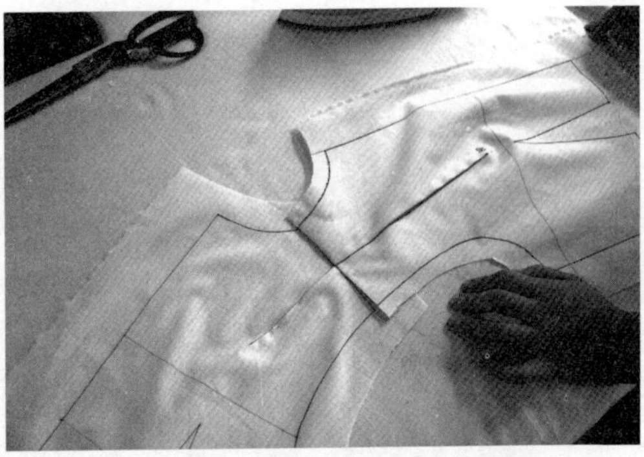

图3-1-20　肩线吻合

③侧缝吻合：将前、后侧缝对合，使其等长，并保持袖窿与腰线圆顺（图3-1-21）。

④省道对合：将省缝对合，用弧线画出腰口自然线型（图3-1-22）。

（4）假缝：

①扣烫：用熨斗轻轻熨平衣片，并扣烫前、后衣片的缝份和省缝份（图3-1-23）。

②插针：用针在熨烫好的面料上固定省道、肩缝、侧缝等部位，注意针距合连以及插针的方向正确（图3-1-24）。

③试样补正：假缝后将样衣穿在人台上，观察衣片前后各部位效果，调整不合适的部位并进行调整标记，肩省、腰省应自然流畅，检查直至满意为止（图3-1-25）。

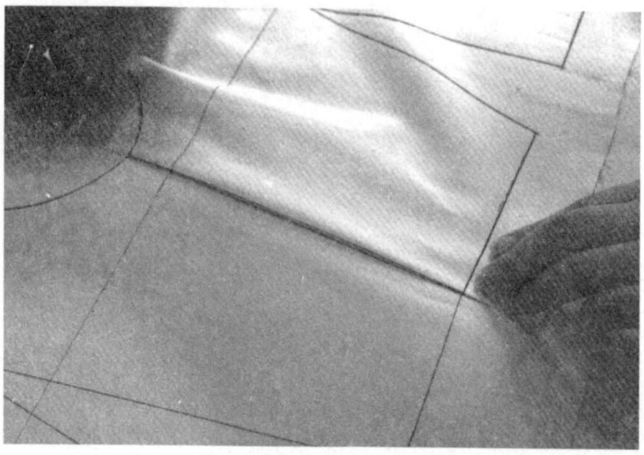

图3-1-21　侧线吻合

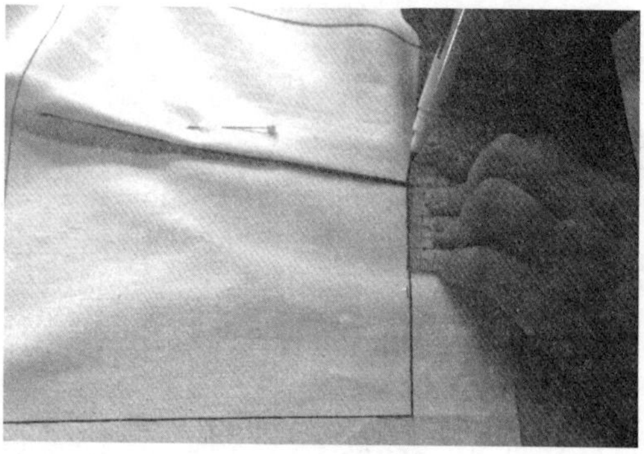

图3-1-22　省道对合

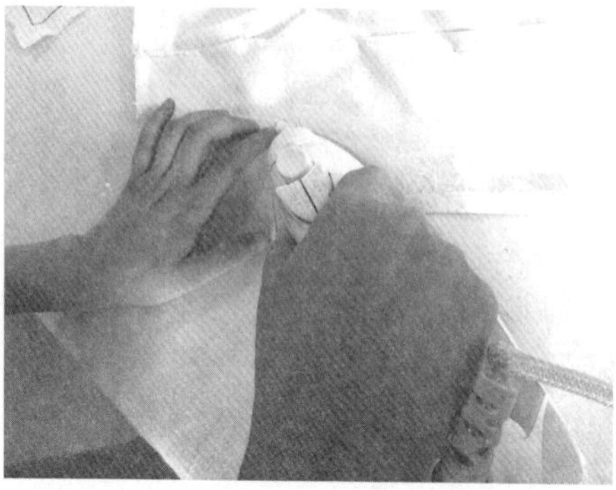

图3-1-23　扣烫

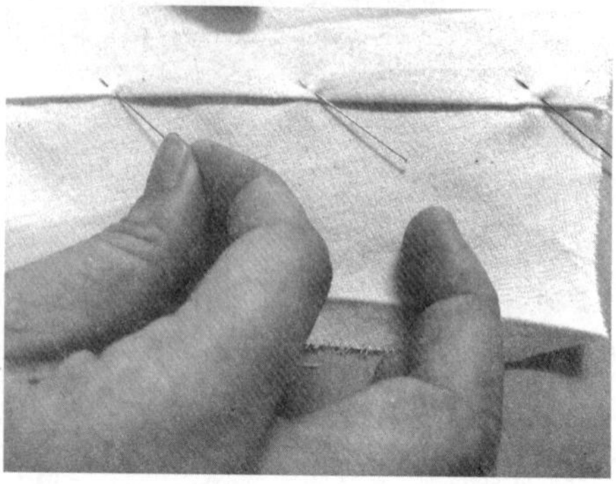

图3-1-24　插针

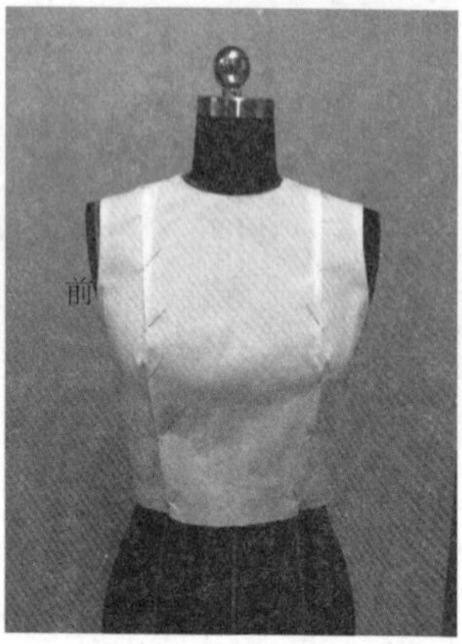

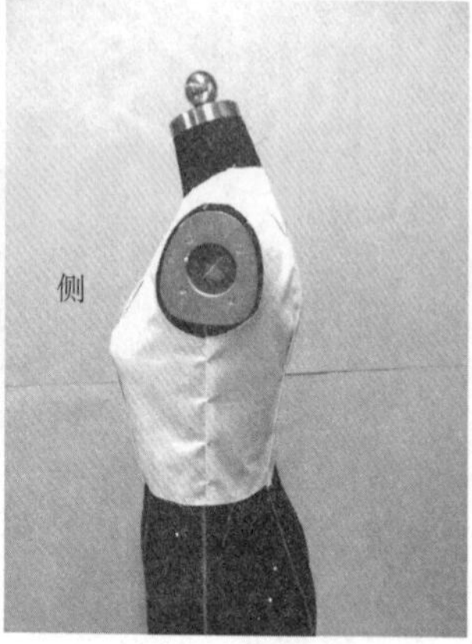

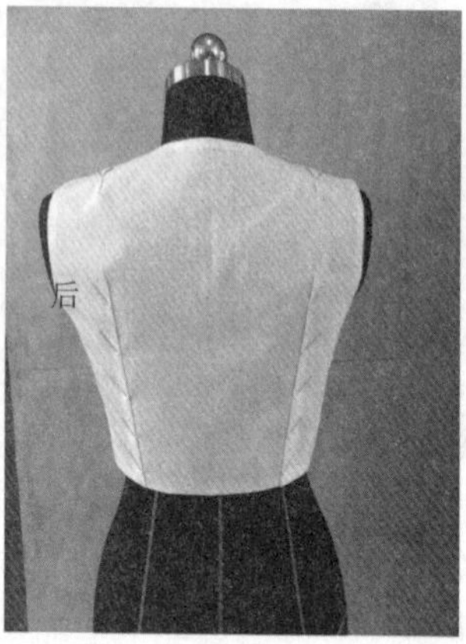

图3-1-25　试样补正

（5）拓印样板：

①确定样衣板型：把试样后基础样衣再次展开，呈平面熨平，按修改的点线再次修正（图3-1-26）。

②拓印、样板标注：用滚轮或其他方法将布样拓印到纸样上，并在纸样上标注对位标记、对合点、纱向等（图3-1-27）。

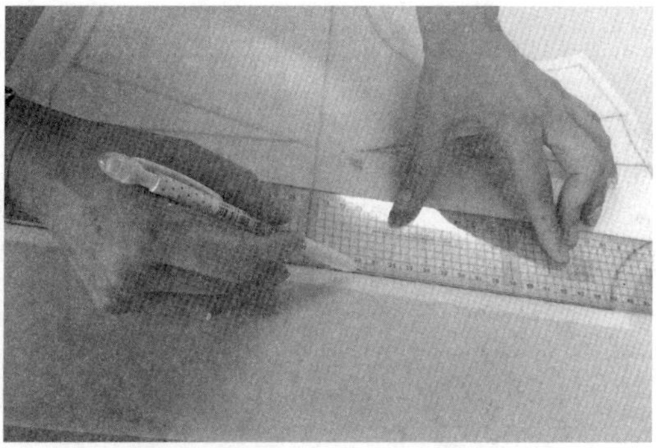

图3-1-26　确定样衣板型

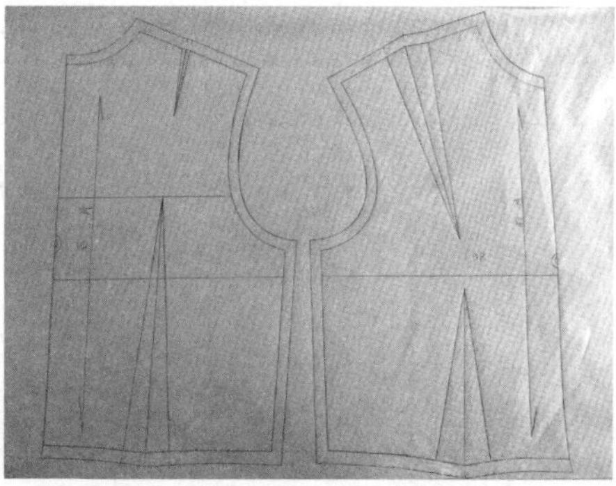

图3-1-27　拓印、样板标注

（四）特别提示

（1）腰省与肩省处注意倒缝方向并合理打刀眼。

（2）成品要求整洁，无拉紧。

（五）知识拓展

立体造型放松量处理

（1）放松量概念：放松量是服装与人体之间的空隙。

（2）放松量的分配：应根据衣片的构成以及人体运动的特点而定。

（3）放松量的设计主要有两种方法：

①推移法：在操作之前，在胸宽处推出一定的松量，并用大头针临时固定；

②放置法：在立体裁剪完成之后，直接在侧缝处加放松量。

四、学习思考与练习

1. 了解立裁原型与平面裁剪原型的相互关联吗？

2. 原型裁剪、放缝份量和样衣制作工艺的操作方法，哪些地方难度最大？怎样去做的？操作时要注意哪些问题？

3. 想一想能不能利用原型操作技巧完成其他省道变化的造型（图3-1-28）。

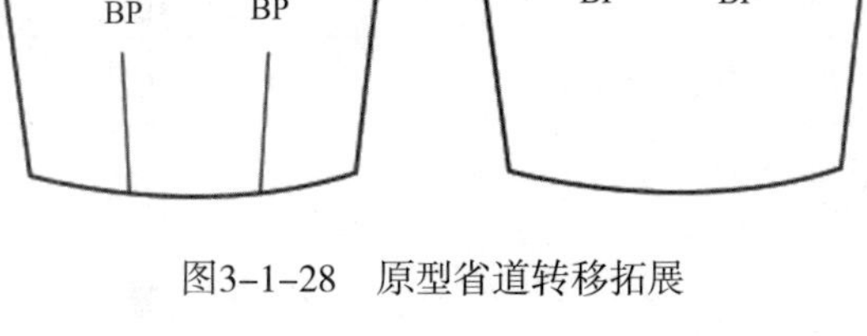

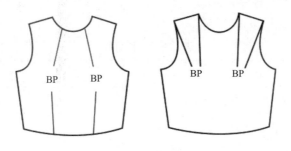

图3-1-28　原型省道转移拓展

4. 请按表3-1-2提供的产品尺寸完成图3-1-29所示的女装基本原型。

表3-1-2　上衣基础造型通知单

<table>
<tr><td>规格</td><td>160/84A</td><td>款式名称</td><td>女装原型</td><td>工具</td><td>珠针（大头针）、大剪刀、白坯布、熨斗、160/84人台</td></tr>
<tr><td>款号</td><td></td><td></td><td></td><td>日期</td><td></td></tr>
<tr><td colspan="4" rowspan="2">款式图：
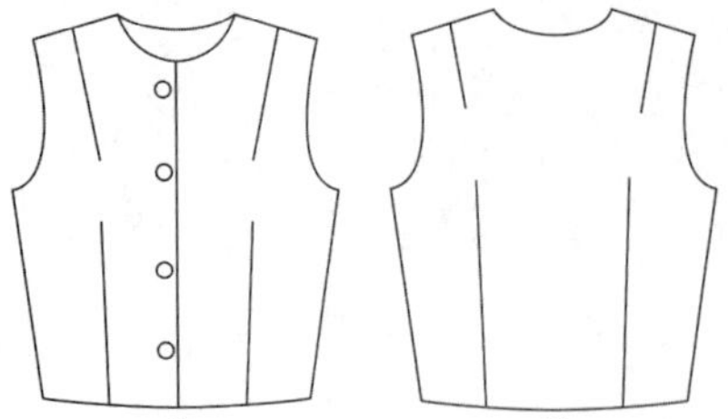
前　　后
图3-1-29　上衣基础造型</td><td colspan="2">原型衣片立裁质量要求</td></tr>
<tr><td colspan="2" rowspan="4">1. 放松量自然，纱向顺直、平服。
2. 产品无起吊、拉紧、起涟现象。
3. 省道：省道位置正确，省长正确，倒向对称，省尖处平顺，符合人体。
4. 侧缝：顺直，左右侧缝长短一致。
5. 前后肩注意吃势。</td></tr>
<tr><td colspan="2">胸围</td><td colspan="2">90cm</td></tr>
<tr><td colspan="2">背长</td><td colspan="2">39cm</td></tr>
<tr><td colspan="2">肩宽</td><td colspan="2">37cm</td></tr>
<tr><td>编制</td><td></td><td>审核</td><td></td><td>审核日期</td><td></td></tr>
</table>

五、检查与评价

1. 检查要求

（1）放松量自然，纱向顺直、平服，产品无起吊、拉紧、起涟现象。

（2）省道：前、后省道位置正确，省长正确，倒向对称，省尖处平顺，符合人体。

（3）侧缝：顺直，左右侧缝长短一致。

（4）前后肩注意吃势。

（5）整烫：各部位熨烫到位、平服，无亮光、水花、污迹，底边平直。

（6）针距美观、对称。

（7）纸样拓样准确。

2. 评价表（表3-1-3）

表3-1-3　评价表

序号	具体指标	分值	自评	小组互评	教师评价	小计
1	面料经纬整理正确，熨烫干净整洁	2				
2	省道的方向与位置合理，纱向正确	2				
3	放松量合理，无拉紧	2				
4	裁片符合人体	2				
5	外观效果好，针距美观	2				
合计		10				

任务二　基本省型及操作

技能目标

1. 能分析各种基本省道款式特点，并进行估料预算。
2. 具备肩省转移领口省、袖窿省、侧缝省、门襟省、腰省的部分或全部转移能力。
3. 掌握省道转移的先后顺序以及转移技巧。
4. 能根据造型塑造省道。
5. 掌握使裁片符合人体的方法。
6. 能合理加放放松量，检查袖窿及腰围形状，检查整体尺寸和纱向。
7. 从合体度、悬垂效果、纱向顺直、比例及修正等方法检查并分析立体裁剪的整体效果。

知识目标

1. 能按照胸省转移示意图进行各种省道关系分析。
2. 了解面料特点、款式规格，会运用正确方法进行省道转移。
3. 培养对于放松量的控制能力，树立服装品质概念。
4. 学会分析同类原型省道变化的款式特点，能根据裁片进行固定调整和纸样获取。

一、任务描述

根据基本省型纸样设计与立体造型通知单，分析款式特点，根据规格号型进行立体造型并完成前衣片样板。

二、必备知识

（一）省的概念

省是服装制作中对多余面料量的一种处理形式，省的产生源自于将二维的布料置于三维的人体上，由于人体的凹凸起伏、围度的落差比、宽松度的大小以及适体程度的高低，决定了面料在人体的许多部位呈现出松散状态，将这些松散量以一种集约式的形式处理便形成了省的概念。

（二）省的意义

省的产生使服装造型由平面走向立体。省是对服装立体处理的一种手段，是表现人体曲线的重要方法。

（三）省的作用

省是作用于人体凸点的暗褶，无论是立体裁剪或平面制板，都必须考虑人体的凸点，包括胸凸、肩胛凸、腹凸、臀凸、肘凸，这些凸点相对应的是胸省、肩省、腹省、臀省、肘省。对应不同特征的凸点，省道形状也不同。胸凸明显，位置确定，所以胸省省尖位置明确，省量较大。肩胛骨凸起面积大，高度不明显。腹部和臀部凸点呈带状均匀分布，且位置模糊，所以腰省和臀省设计较为灵活。

三、任务实施

基本省型纸样设计与立体造型通知单见表3-2-1。胸省转移示意图见图3-2-1。

表3-2-1　基本省型纸样设计与立体造型通知单

<table>
<tr><td>规格</td><td>160/84A</td><td>季节</td><td>—</td><td>作者</td><td colspan="4">参考规格与松量设计</td></tr>
<tr><td rowspan="2">款号</td><td rowspan="2">04-01</td><td rowspan="2">款式名称</td><td rowspan="2">胸省转移</td><td rowspan="2">日期</td><td>部位
规格</td><td>后衣长</td><td>胸围</td><td>肩宽</td></tr>
<tr><td>160/84A</td><td>38cm</td><td>90cm</td><td>37cm</td></tr>
<tr><td colspan="5">款式图：
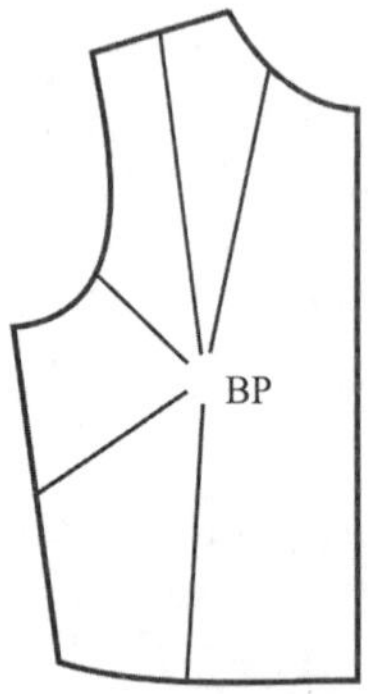

图3-2-1　胸省转移示意图</td><td colspan="4">松量设计：
1．与款式风格搭配。
2．符合人体运动功能和舒适度要求。
3．与面料性能搭配。</td></tr>
<tr><td colspan="5">款式特点与外观要求</td><td colspan="4" rowspan="2">技术要求
工艺要求：
1．大头针针尖排列有序、间距均匀、针尖方向一致、针脚小。
2．插针方法恰当，缝合线迹的技术处理合理，标记点交代清楚。
3．缝份平整，倒向合理，操作方法准确，无毛茬外露。
4．布料纱向正确，符合结构和款式风格造型要求。
纸样设计要求：
1．立体裁剪应与款式图的造型要求相符，拓纸样准确，缝份设计合理。
2．制图符号标注准确，包括各部位对位标记、纱向标记、归拔符号等。
材料准备：
面料：白坯布。
成分：100%棉。
织物组织：平纹。</td></tr>
<tr><td colspan="2">款式特征描述：
1．款式：几种基本省的立体造型。
2．省位：腰省、肩省、领口省等。</td><td colspan="3">外观造型要求：
1．衣身外观评价：衣身正面干净、整洁，胸腰围松量分配适度。
2．胸部立体，肩胛骨凸起适度，腰部合体，袖窿无浮起或拉紧，无不良皱褶。
3．省道外观评价：省道顺直、自然，转移合理，省尖处理到位、无酒窝。</td></tr>
</table>

基本省型的立体裁剪

1．**腰省转移**

（1）款式说明：腰省是省型中最基本的一种形式，将全部余量转至胸点下方（图3-2-2）。

（2）操作步骤：

①披布：参考基础衣身前片的操作方法，将白坯布画上胸围线和前中线，并与人台胸围线和前中线重合（图3–2–3）。

②领口处理：将领口粗裁，在领口处打剪口，并整理平整，将肩部固定，余量推向腰部（图3–2–4）。

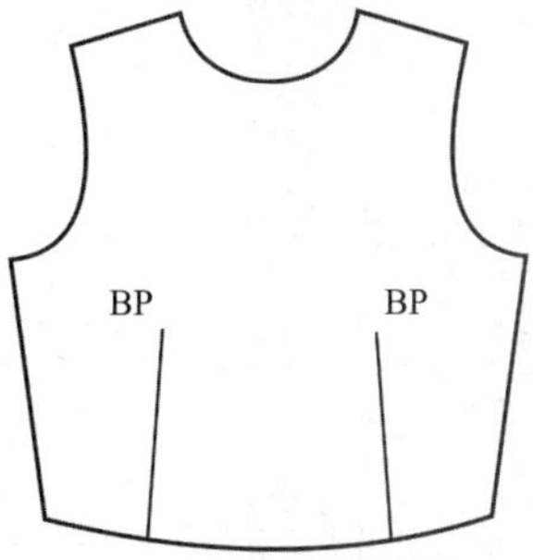

图3–2–2　腰省转移

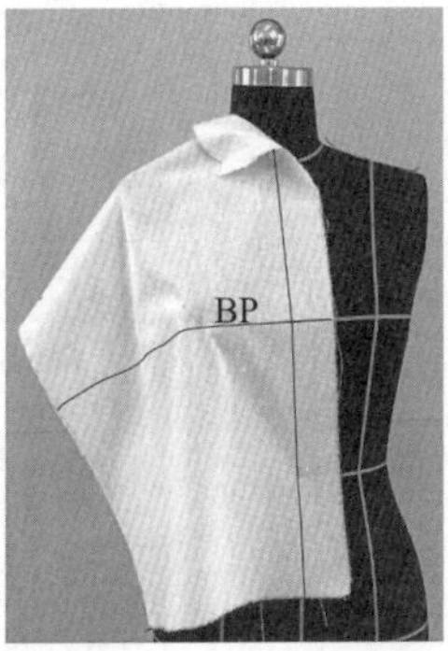

图3–2–3　披布

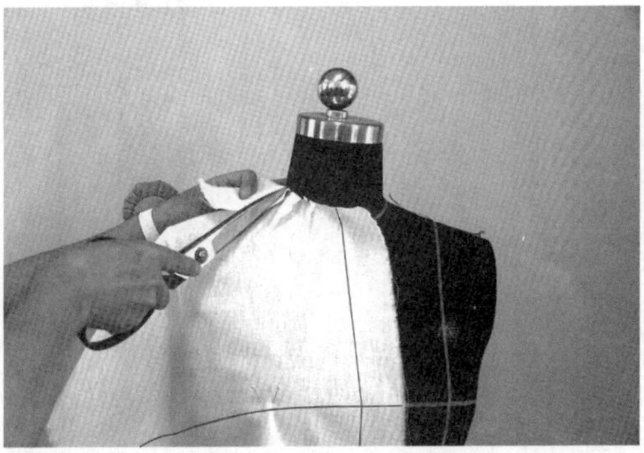

图3–2–4　领口处理

③袖窿、肩部处理：在袖窿处适当打剪口，剪去肩部、袖窿多余的布，将袖窿、肩部做初步固定（图3–2–5）。

④腰省：沿图3–2–6所示的箭头方向，将胸部多余的布量推向腰部，余量捏出腰省，省道指向BP点，同时在下摆处增加剪口，以保证腰部的平顺。

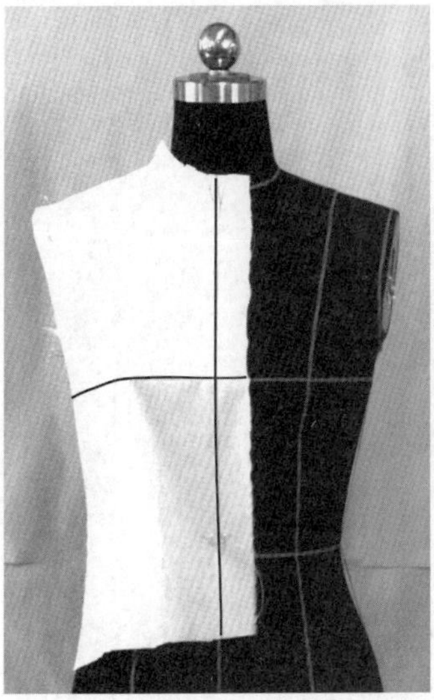

图3–2–5　袖窿、肩部处理

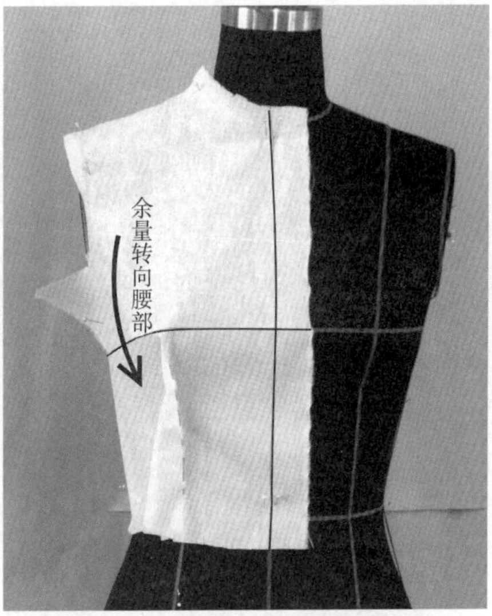

图3–2–6　腰省

⑤做标记：剪去腰部余量，整理好后，参考人台标识线在布料上做出领口线、肩线、袖窿线、侧缝线、腰省以及腰线标记（图3–2–7）。

⑥描画结构：将衣片取下，平铺，检查原型的领口线、袖窿线、省道线和侧缝线，用专业尺子根据点影画顺，描画出结构线，不顺直的线要进行修正，保留1cm左右缝份，多余布

料修剪掉，并做平面修正（图3-2-8）。

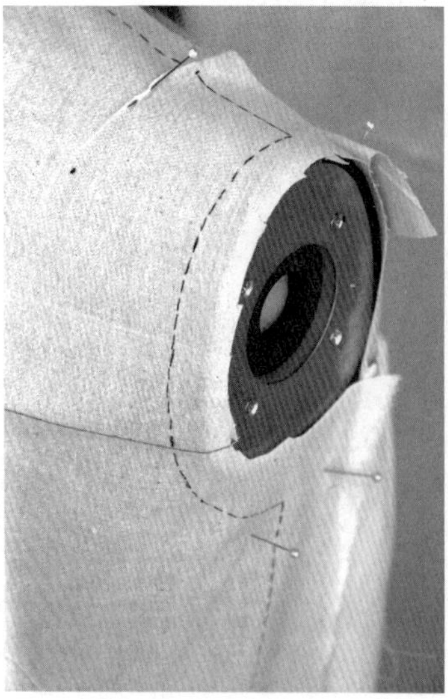

图3-2-7　做标记

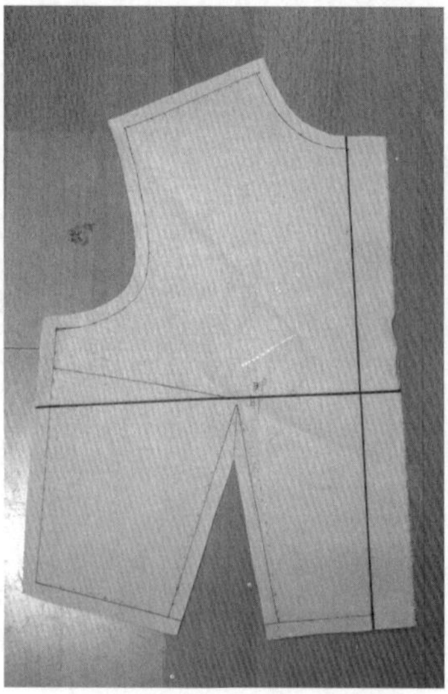

图3-2-8　描画结构

⑦固定调整：将衣片固定在人台上，观察衣片各部位效果，调整不合适的部位并进行调整标记，注意腰省应自然流畅，直至满意为止（图3-2-9）。

⑧拓印、样板标注：用滚轮或其他方法将衣片样拓印到纸样上，并在纸样上标注对位记号、对合点、纱向等（图3-2-10）。

图3-2-9　固定调整

图3-2-10　拓印、样板标注

2. 肩省转移

（1）款式说明：肩省是省型中的一种基本形式，将全部余量转至肩部（图3-2-11）。

（2）操作步骤：

①披布：参考基础衣身前片的操作方法，将白坯布画上胸围线和前中线，并与人台的胸围线、前中心线重合（图3–2–12）。

②领口处理：将领口粗裁，在领口处打剪口，并整理平整，将肩部固定，多余的布量推向腰部（图3–2–13）。

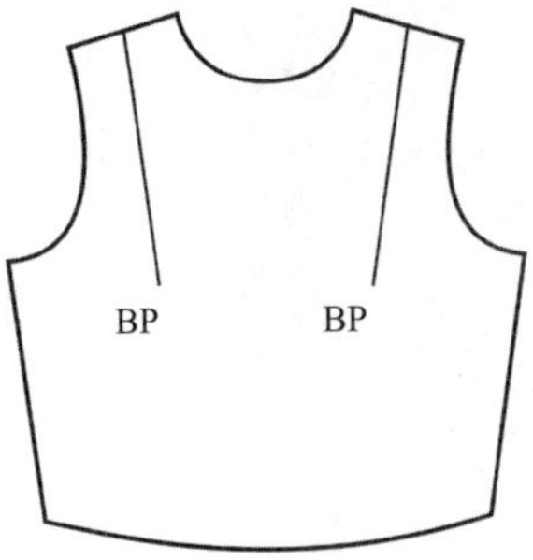

图3–2–11　肩省转移

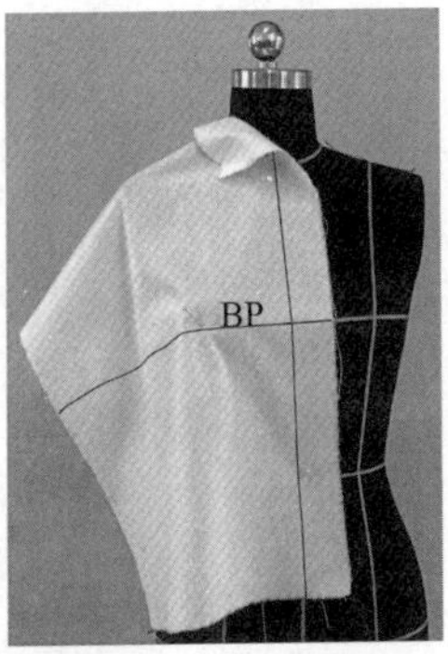

图3–2–12　披布

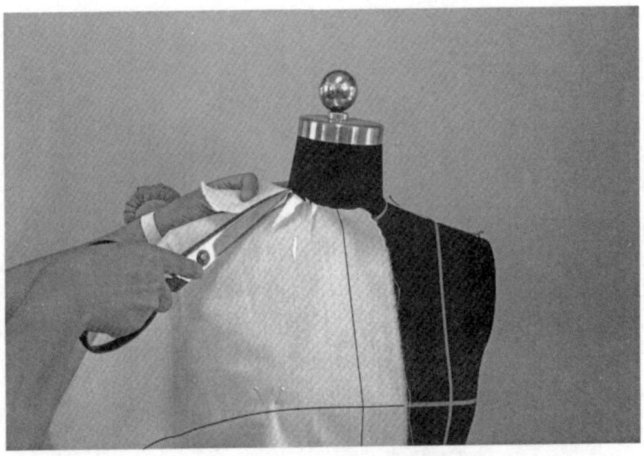

图3–2–13　领口处理

③腰部、侧缝处理：在腰部适当打剪口，保证腰部平顺，沿图3–2–14所示箭头方向，多余的布量推向肩部，保留一定松量，抚平，固定侧缝，剪去多余的布。

④袖窿、肩省处理：在袖窿处适当打剪口，剪去袖窿、肩部余布，将袖窿、肩部做初步固定，继续将多余布量推向肩部，在前肩宽中心处捏省，省尖指向BP点，用大头针固定（图3–2–15）。

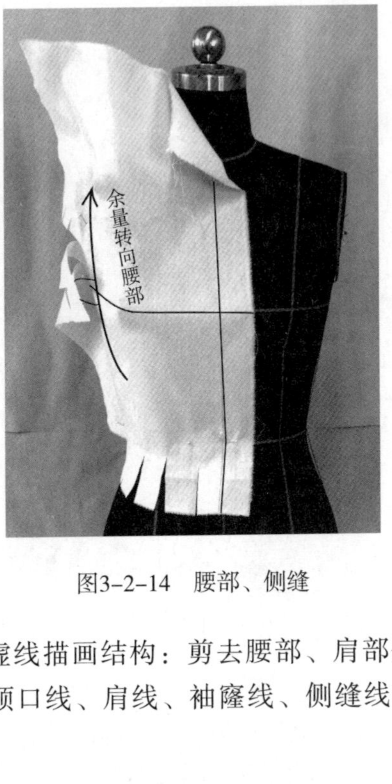

图3–2–14　腰部、侧缝

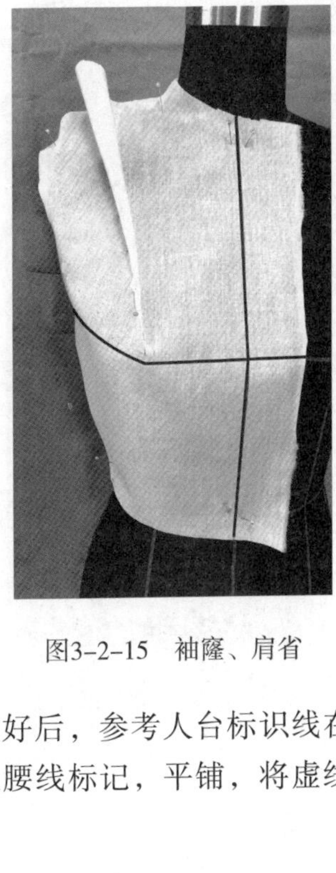

图3–2–15　袖窿、肩省

⑤用虚线描画结构：剪去腰部、肩部余量，整理好后，参考人台标识线在布料上用虚线做出领口线、肩线、袖窿线、侧缝线、腰省以及腰线标记，平铺，将虚线画顺（图3–2–16）。

⑥描画结构：将衣片取下，检查衣片的领口线、袖窿线、省道线和侧缝线，用专业尺子描画出结构线，不顺直的线要修正（图3–2–17）。

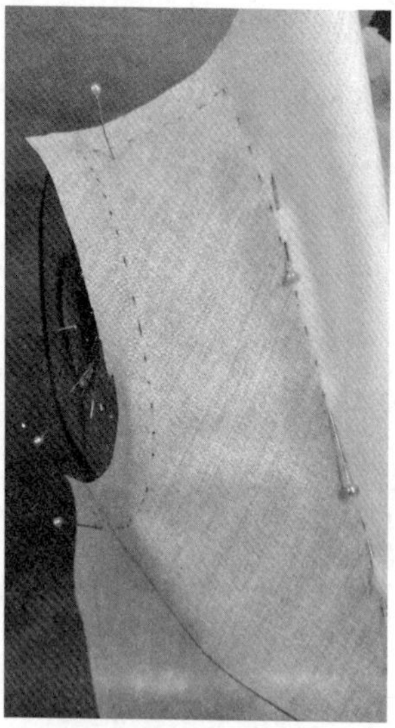

图3–2–16　用虚线标记

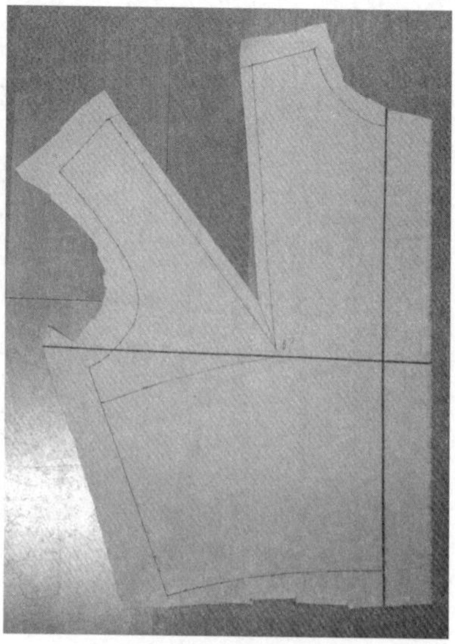

图3–2–17　描画结构

⑦固定调整：将衣片固定在人台上，观察衣片各部位效果，不合适的部位进行调整标记（图3–2–18）。

⑧拓印、样板标注：用滚轮或其他方法将衣片样拓印在纸样上，并在纸样上标注对位记号、对合点、纱向等（图3–2–19）。

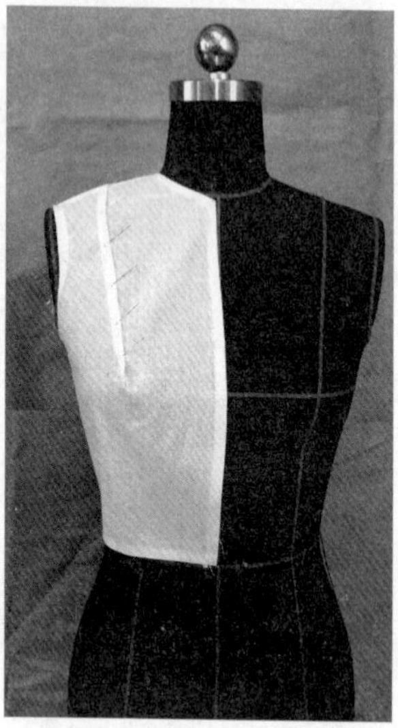

图3–2–18　固定调整

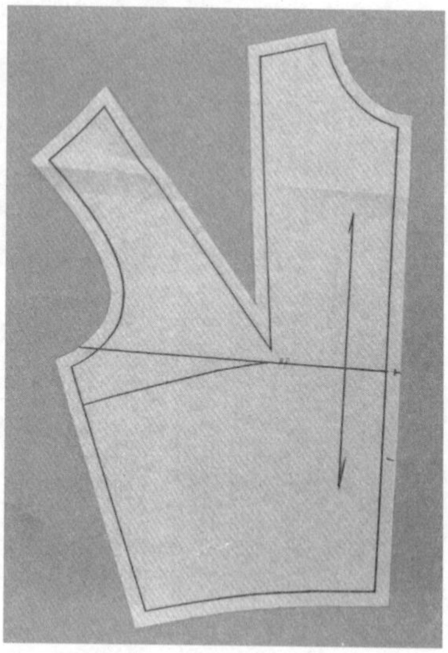

图3–2–19　拓印、样板标注

3. **领口省转移**

（1）款式说明：领口省是省型中的一种基本形式，将全部余量转至领口（图3–2–20）。

（2）操作步骤：

①披布：参考基础衣身前片的操作方法，将白坯布画上胸围线和前中线，并与人台胸围线和前中线重合（图3-2-21）。

②腰部、侧缝处理：在腰部适当剪口，沿图3-2-22箭头所示方向，将多余布量推向领口，保留一定松量，抚平、固定侧缝，剪去余布。

③袖窿、肩部处理：在袖窿处适当打剪口，剪去袖窿、肩部余布，将袖窿、肩部做初步固定（图3-2-23）。

④领口省：在前领口中心处捏省，省尖指向BP点，用剪刀打剪口保持领口平顺，用大头针固定领口剪去余量（图3-2-24）。

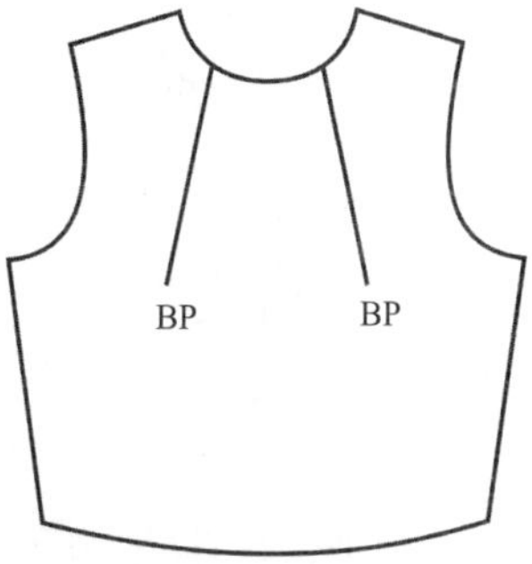

3-2-20　领口省转移

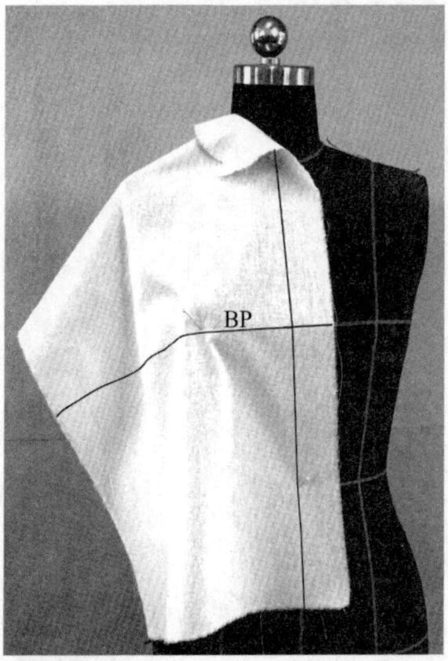

图3-2-21　披布

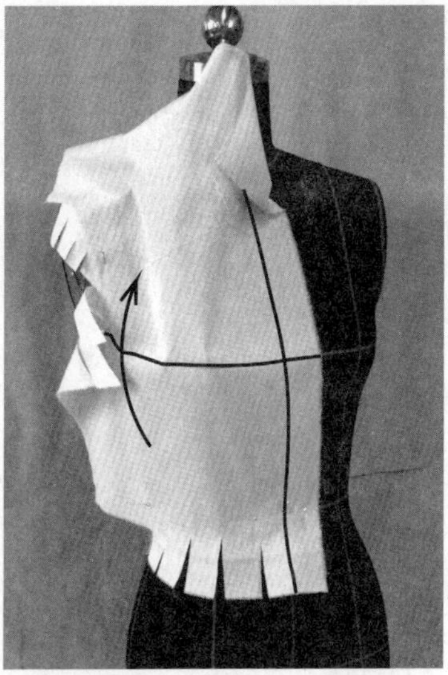

图3-2-22　腰部、侧缝处理

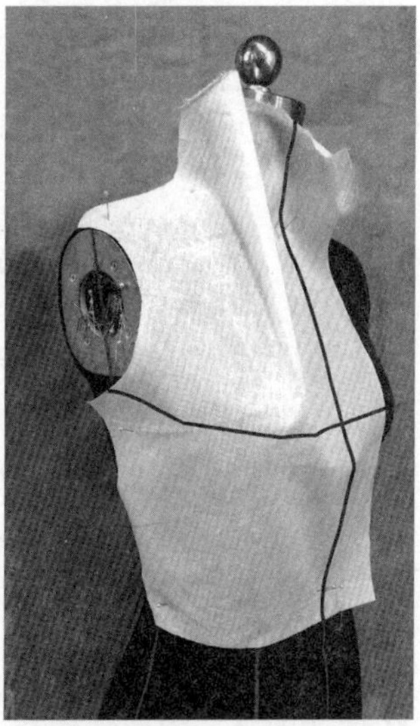

图3-2-23　袖窿、肩部处理

⑤描画结构：在衣片轮廓线、结构线处点影。将衣片取下，平铺，根据点影画顺，检查衣片的领口线、袖窿线、省道线和侧缝线，用专业尺子描画出结构线，不顺直的线要修正，保留1cm左右缝份，其余修剪掉，做平面修正（图3-2-25）。

⑥假缝调整：用手针将衣片穿在人台上，观察衣片各部位效果，不合适的部位并进行调整标记，保证领口省应自然流畅，直至满意为止（图3-2-26）。

⑦拓印、样板标注：用滚轮或其他方法将衣片样拓印到纸样上，并在纸样上标注对位记号、对合点、纱向等（图3-2-27）。

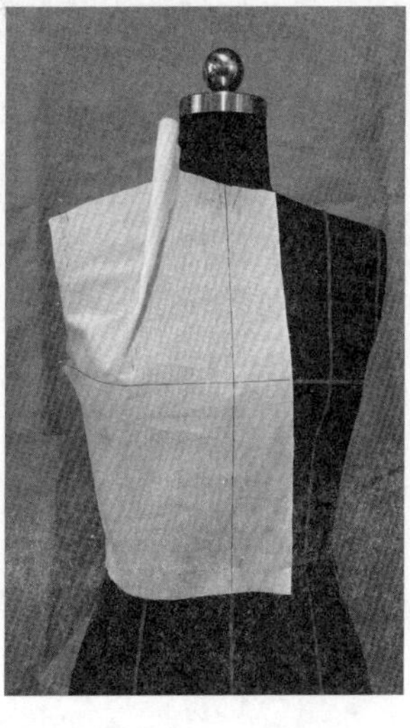

图3-2-24　领口省

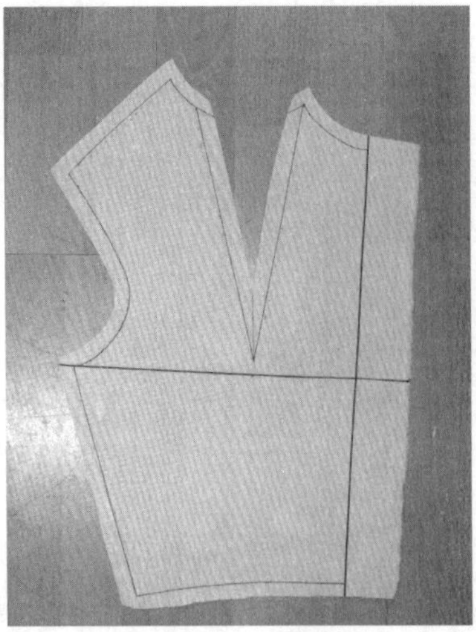

图3-2-25 描画结构

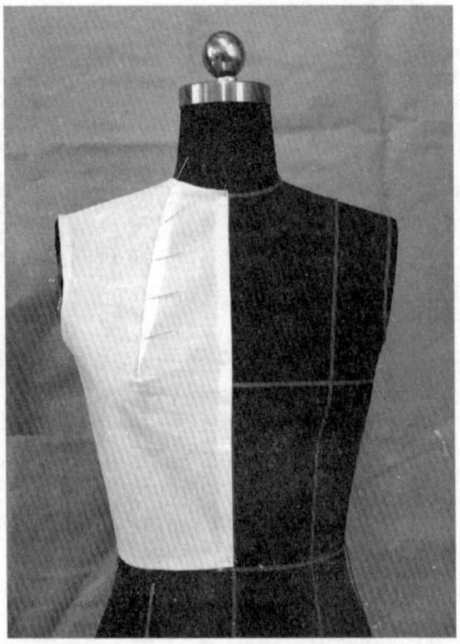

图3-2-26 假缝调整

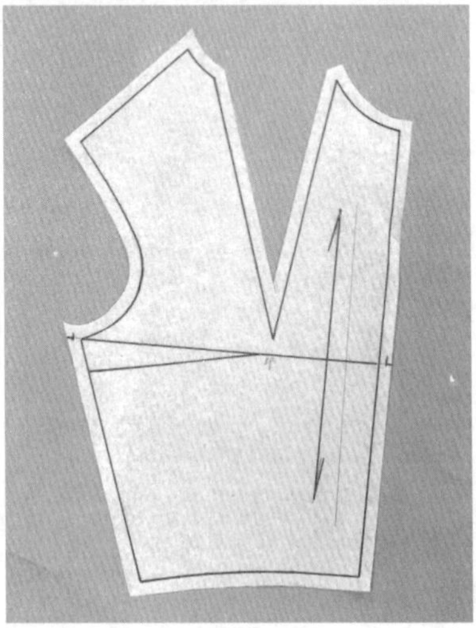

图3-2-27 拓印、样板标注

四、知识链接

布料与人台的松紧关系

在进行立体造型操作时，布料与人台的松紧关系是衡量作品优劣的关键。要做到以下几个方面：

1. 自然、舒展

在进行立体造型操作的时候，为了达到衣片合体美观的效果，初学者往往会将面料紧绷在人台后再取样，坯布往往会因紧绷或受力不均而产生扭转，这样的坯布样制成的样衣，效果会产生衣片移位、变形等各种不良效果。因此，最佳的操作手法就是在立体造型操作时一定要做到顺其自然，别针固定面料时做到不拉不扯，顺势而为，力求布料与模型不即不离，自然服帖。

2. 保证松量

一般情况下，所有服装制作时几乎都需要不同程度的松量，以满足人体运动需要，在立体造型中保证适当松量是操作中的难中之难，需要反复强调，并时刻注意，以养成习惯。

五、学习思考与练习

1. 想一想，谈一谈胸省转移的作用是什么？

2. 根据省道转移手法进行其他部位省道设计，例如：门襟省、侧缝省、袖窿省等（图3-2-28）。

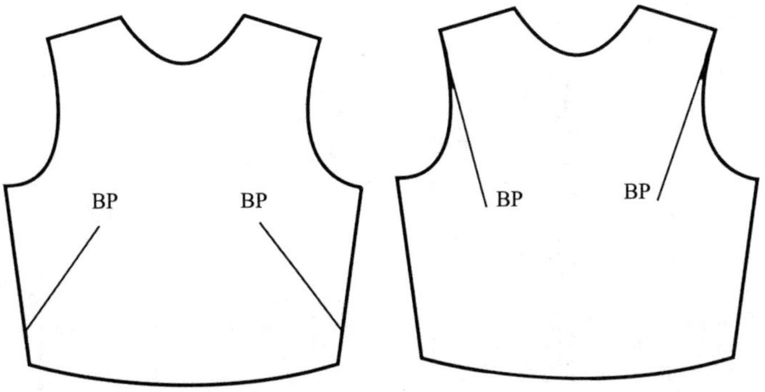

图3-2-28　省道转移

3. 请按表3-2-2提供的产品尺寸完成如图3-2-29所示的女装基本省道转移。

表3-2-2　省道转移通知单

规格	165/84A	款式名称	基本省道	工具	大头针（珠针）、大剪刀、白坯布、熨斗、168/84人台
				日期	
款式图： 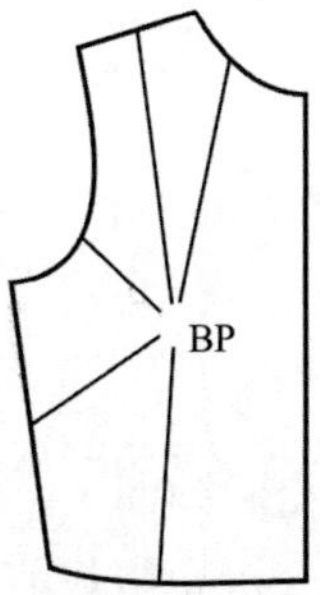 图3-2-29　省道转移				原型省道转移质量要求	
				1. 放松量自然，纱向顺直、平服。 2. 产品无起吊、拉紧、起涟现象。 3. 省缝：省道位置正确，省长正确，倒向对称，省尖处平顺，符合人体。 4. 侧缝：顺直，左右侧缝长短一致。 5. 注意前、后肩吃势。	
胸围		90cm			
背长		39 cm			
肩宽		37 cm			
编制		审核		审核日期	

六、检查与评价

1. 检查要求

（1）放松量自然，纱向顺直、平服，产品无起吊、拉紧、起涟现象。

（2）省缝：省道位置正确，省长正确，倒向对称，省尖处平顺，符合人体。

（3）侧缝：顺直，左右侧缝长短一致。

（4）注意前、后肩吃势。

（5）整烫：各部位熨烫到位，平服，无亮光、水花、污迹，底边平直。

（6）针距美观、对称。

（7）纸样拓样准确。

2. **评价表（表3-2-3）**

表3-2-3 评价表

序号	具体指标	分值	自评	小组互评	教师评价	小计
1	面料经纬纱向整理正确，熨烫干净整洁	2				
2	省道转移的方向与位置合理，纱向正确	2				
3	放松量合理，无拉紧	2				
4	裁片符合人体	2				
5	外观效果好，针距美观	2				
合计		10				

任务三 省道转移及操作

技能目标

1. 能分析各种基本省道款式特点，进行估料预算。
2. 掌握人字省、T型省、Y型省、S型省的部分或全部转移。
3. 掌握省道转移的先后顺序以及转移技巧。
4. 能根据服装造型塑造省道。
5. 掌握使裁片符合人体的方法。
6. 能合理加放松量，检查袖窿及腰围形状，检查整体尺寸和正确纱向。
7. 从合体度、悬垂效果、纱向顺直、比例及修正方法检查并分析立体裁剪的样衣。

知识目标

1. 能按照胸省转移示意图进行各种省道关系分析。
2. 了解面料特点、款式规格，能运用正确方法进行省道转移。
3. 培养对于放松量的控制能力，树立服装品质概念。
4. 能分析变化的款式特点，能根据裁片进行假缝调整和纸样获取。

一、任务描述

请你根据各种省型纸样设计与立体造型通知单，分析款式特点，根据规格号型进行立体裁剪并完成前衣片样板。

二、必备知识

1. **省道转移概念**

省的转移是省道技术运用的拓展，使适体装的设计走向多样化。立体裁剪中省道转移的原理实际上遵循的就是凸点射线的原理，即以凸点为中心进行的省道移位，例如围绕胸高点可以设计出很多条省道，除了胸腰省以外，肩省、袖窿省、领口省、前中心省、腋下省等，都是围绕着胸部胸高点对余缺处进行的衣片处理形式——省的表现形式，此外，肩胛省、臀腰省、肘省等，都可以遵循上述原理结合设计进行省道转移。传统的服装平面造型因为省道设置而走向了真正意义上的立体造型。

2. 省道转移运用

前衣身省道设置都是围绕BP点做360° 的转移，对余缺部位做各种省的处理，根据需要在实际应用中可以将省量全部转移，也可以部分转移。省道转移过程中，应保证其角度不变，省长及省量的大小则会随着位置的不同而改变。

依据省道转移的基本原理，可以进行多种款式的拓展设计，例如人字省、Y型省、不对称省、T型省等（图3-3-1）。

三、任务实施

各种省转移纸样设计与立体造型通知单见表3-3-1。省型转移示意图见图3-3-1。

表3-3-1　各种省转移纸样设计与立体造型通知单

<table>
<tr><td>规格</td><td>160/84A</td><td>季节</td><td>—</td><td>作者</td><td colspan="4">参考规格与松量设计</td></tr>
<tr><td rowspan="2">款号</td><td rowspan="2">04-01</td><td rowspan="2">款式名称</td><td rowspan="2">胸省转移</td><td rowspan="2">日期</td><td>部位
规格</td><td>后衣长</td><td>胸围</td><td>肩宽</td></tr>
<tr><td>160/84A</td><td>38cm</td><td>90 cm</td><td>37 cm</td></tr>
<tr><td colspan="5">款式图：
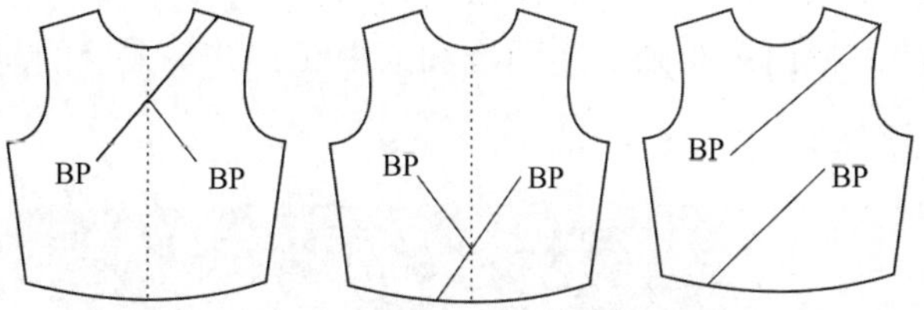
图3-3-1　各种省型转移</td><td colspan="4">松量设计：
1. 与款式风格搭配。
2. 符合人体运动功能和舒适度要求。
3. 与面料性能搭配。</td></tr>
<tr><td colspan="5">款式特点与外观要求</td><td colspan="4" rowspan="2">技术要求
工艺要求：
1. 大头针针尖排列有序、间距均匀、针尖方向一致、针脚要小。
2. 插针方法恰当，缝合线迹的技术处理合理，标记点标示清楚。
3. 缝份平整倒向合理，操作方法准确，无毛茬外露。
4. 布料纱向正确，符合结构和款式风格造型要求。
纸样设计要求：
1. 立体裁剪应与款式图的造型要求相符，拓纸样准确，缝份设计合理。
2. 制图符号标注准确，包括各部位对位记号、纱向标识、归拔符号等。
材料准备：
面料：白坯布。
成分：100%棉。
织物组织：平纹。</td></tr>
<tr><td colspan="2">款式特征描述：
1. 款式：几种变化省型的立体造型。
2. 省型：人字省、Y型省、不对称省。</td><td colspan="3">外观造型要求：
1. 衣身外观评价：衣身正面干净、整洁，胸、腰围松量分配适度。
2. 胸部肩胛骨凸起适度，腰部合体，袖窿无浮起或拉紧，无不良皱褶。
3. 省道外观评价：正确处理先后顺序，转移合理，省尖处理到位，省道顺直、自然。</td></tr>
</table>

几种省型的立体裁剪

1. 人字省

（1）款式说明：人字省的省型表现为人字，故由此冠名。人字省不同于以上省型的对称特点，它表现为不对称性，同时还表现为子母省的特点，其中一省依附于另一省，因此也可称之为子母省或寄生省（图3-3-2）。

（2）操作步骤：

①面料的准备：首先量取前片布样长度，从人台的颈侧点量到前腰围线再加上15～20cm；前片布样宽度，前胸围加上20～25cm。在布料上画出前中线和胸围线（图3-3-3）。

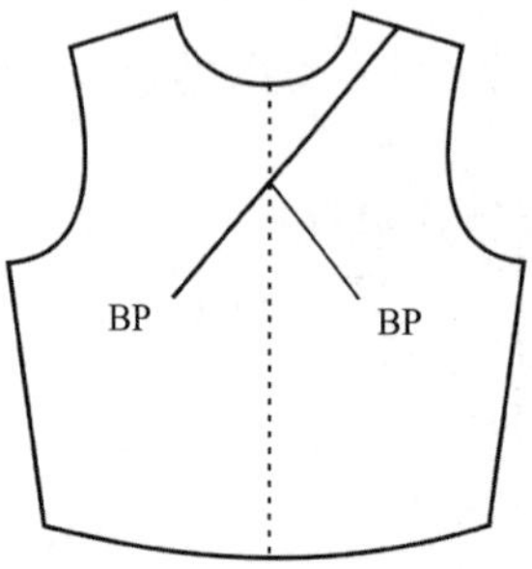

图3-3-2　人字省转移

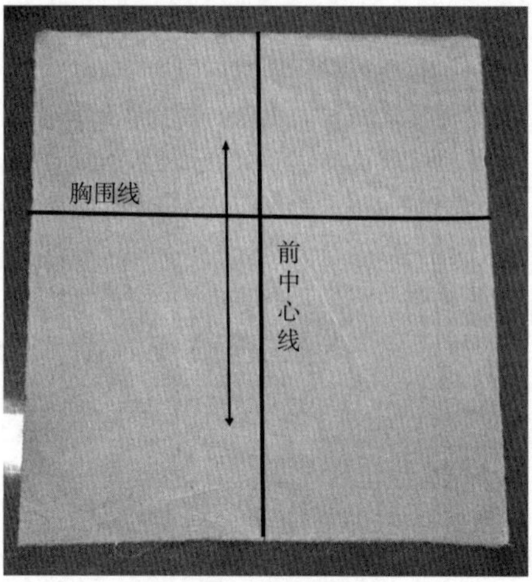

图3-3-3　面料准备

②用标识带标出人字省位置，两省交会于前中线，省尖方向对准左右BP点（图3-3-4）。

③披布：参考基础衣身前片的操作方法，将白坯布画上胸围线和前中线，并与人台的前中线和胸围线重合（图3-3-5）。

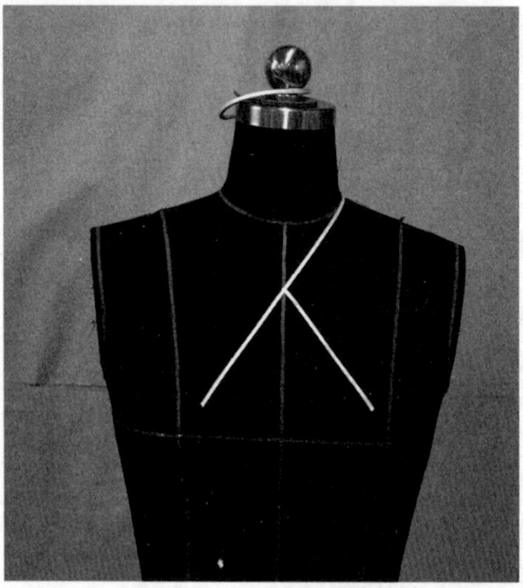

图3-3-4　人字省标识带

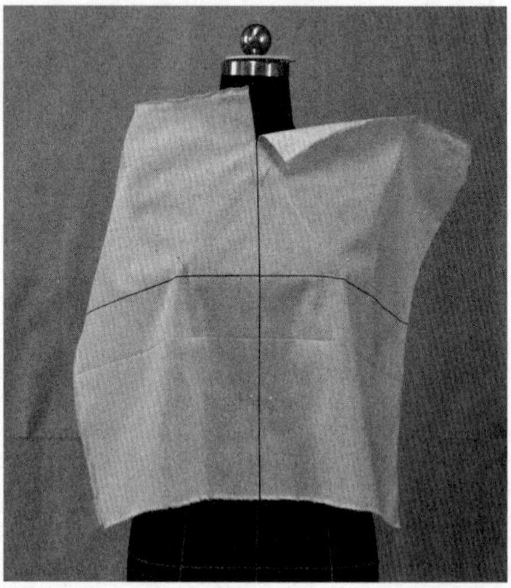

图3-3-5　披布

④松量推移：将腰部剪口抚顺，松量沿图3-3-6左右箭头所示方向由下至上推移到新的省位，修正右侧袖窿。

⑤子省处理：将子省位置处的布余量集中在设计部位，捏出省道并用珠针固定。在保证缝份的基础上，从侧颈点延伸至胸部的方向剪开，使子省平服（图3-3-7）。

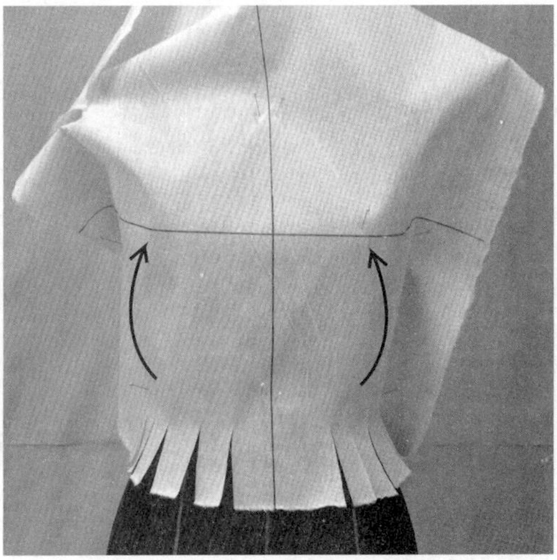

图3-3-6　松量推移

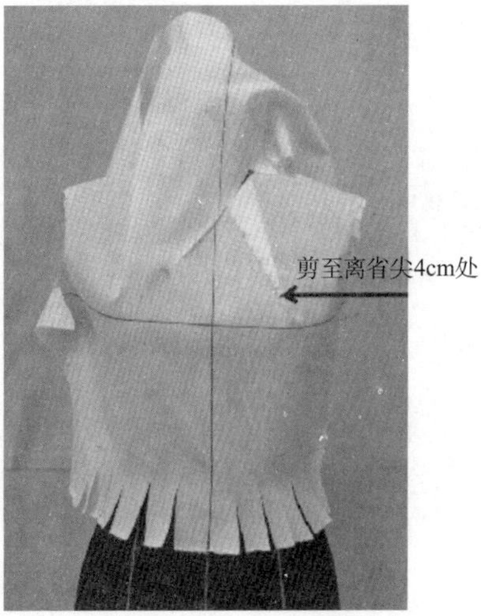

图3-3-7　子省处理

⑥母省处理：将领口粗裁并打剪口，使其平服于颈部，同时将较长的省道整理平顺后复合于较短的省道上，并用珠针固定（图3-3-8）。

⑦其余部位处理：在袖窿处打适当剪口，剪去肩部、袖窿多余布料，将侧缝、袖窿做初步固定（图3-3-9）。

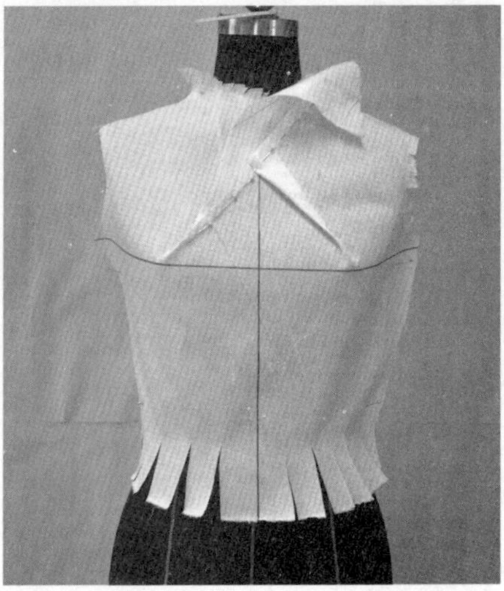

图3-3-8　母省处理

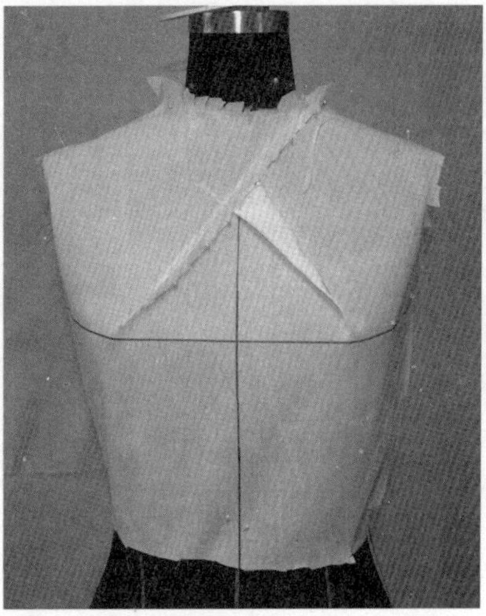

图3-3-9　其余部位处理

⑧画线取样：整理好后，参考人台标识线在布料上做出关键线条标记，取样后用线画顺（图3-3-10）。

⑨假缝调整：手针将设置了人字省的衣片固定在人台上，观察衣片各部位效果，对不合适的部位并进行调整标记，注意人字省应自然流畅，直至满意为止（图3–3–11）。

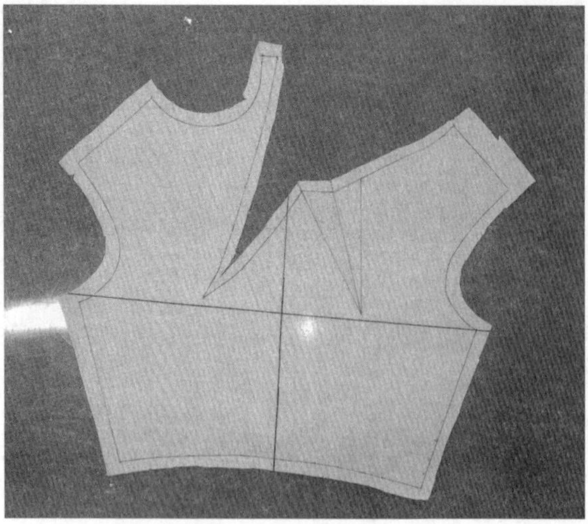

图3–3–10　画线取样

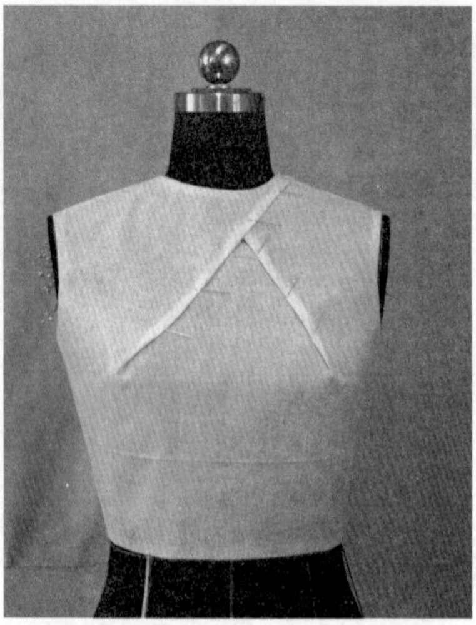

图3–3–11　假缝调整

⑩拓印、样板标注：用滚轮或其他方法将衣片样拓印到纸样上，并在纸样上标注对位记号、对合点、纱向等（图3–3–12）。

图3–3–12　拓印、样板标注

2. Y型省

（1）款式说明：Y型省的省型表现为Y字，与人字省相同，即都是不对称省，同时还表现为子母省的特点（图3–3–13）。

（2）操作步骤：

①面料的准备：如同人字省。前片布样长度：从人台的颈侧点量到前腰围线再加上

8～10cm。前片布样宽度：1/2胸围宽度再加上8～10cm。

②用标识带标出Y型省的位置，两省交会于前中线（图3-3-14）。

③披布：参考基础衣身前片的操作方法，将白坯布画上胸围线和前中线，并与人台的胸围线和前中线重合（图3-3-15）。

④其余部位处理：将领口粗裁并打剪口，使其平服于颈部，在袖窿处适当剪口，剪去肩部、袖窿处多余布料，并将侧缝、袖窿初步固定（图3-3-16）。

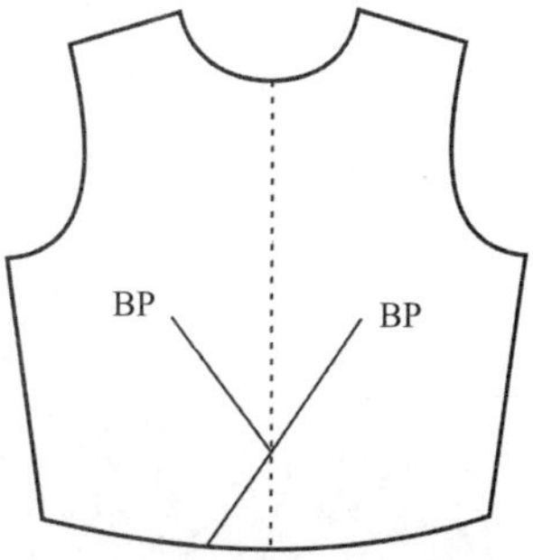

图3-3-13 Y省转移

⑤松量推移：将松量沿图3-3-17左右箭头所示方向，围绕BP点，由右上至右下推移余量到新的省位。在腰部打剪口保证衣片平服。

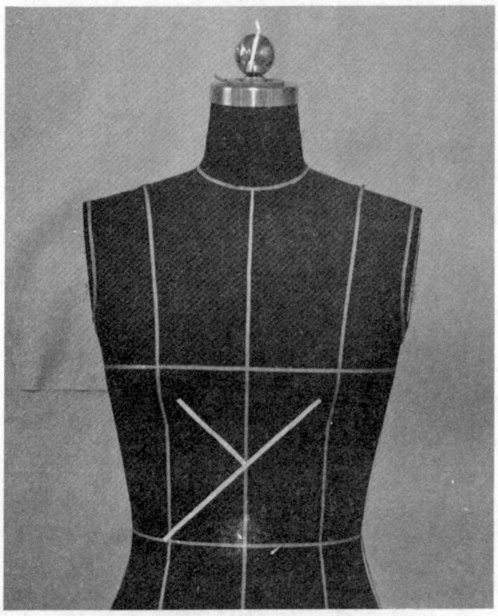

图3-3-14 Y型省标识带

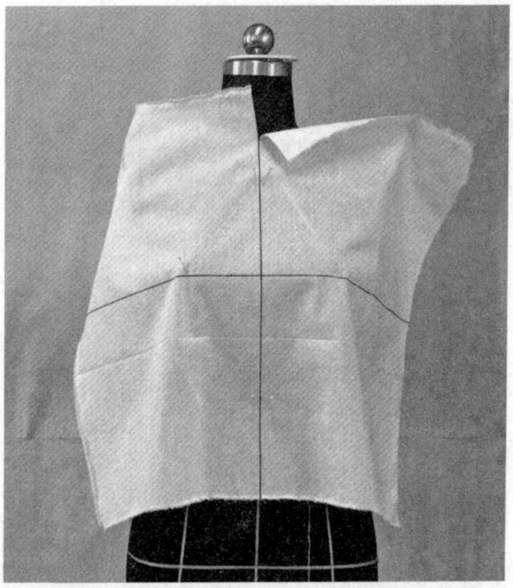

图3-3-15 披布

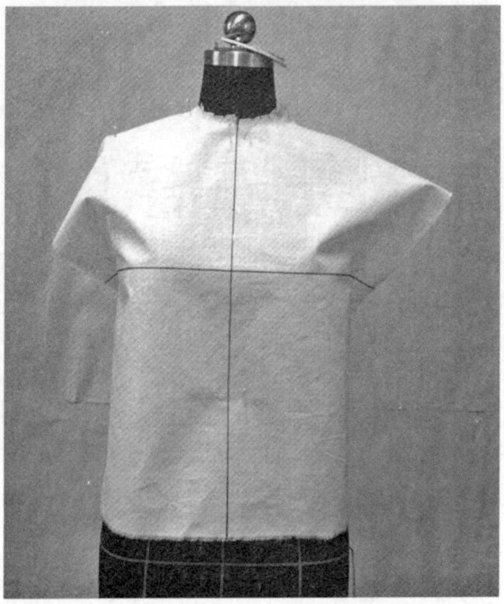

图3-3-16 其余部位处理

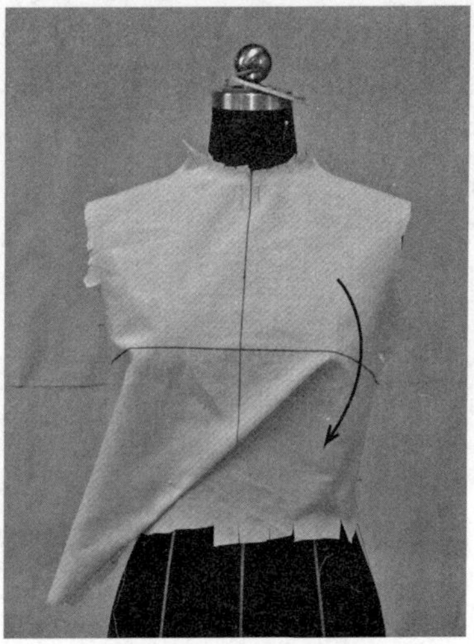

图3-3-17 松量推移

⑥母省处理：在保证各部位平服的情况下，将较长的母省位置处多余的布量集中在设计省部位，捏出省道并用剪刀沿省中线剪至离省尖4cm处（图3-3-18）。

⑦子省处理：将较短的子省道整理平顺后复合于较长的母省道上，并用珠针固定（图3-3-19）。

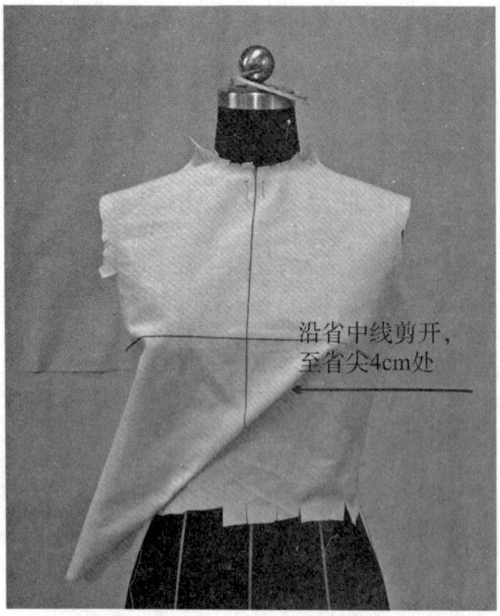

图3-3-18　母省处理

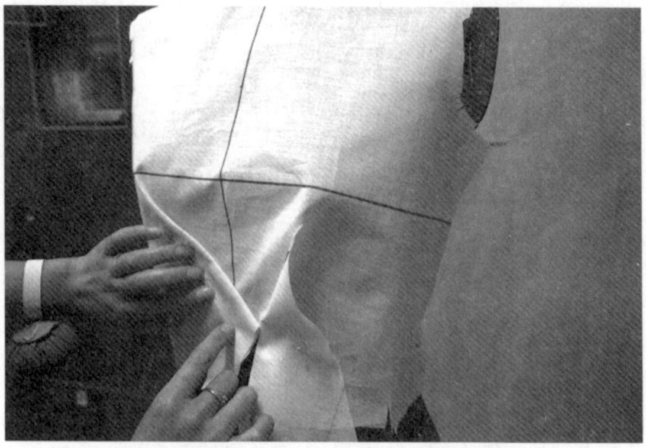

图3-3-19　子省处理

⑧画线取样：剪去腰部余量，整理好后，做出关键线标记，将衣片取下，平铺，用专业尺子根据标记点描画出结构线（图3-3-20）。

⑨假缝调整：用手针将设置了Y型省的衣片穿在人台上，观察衣片各部位效果，对不合适的部位进行调整标记，注意Y型省应自然流畅，直至满意为止（图3-3-21）。

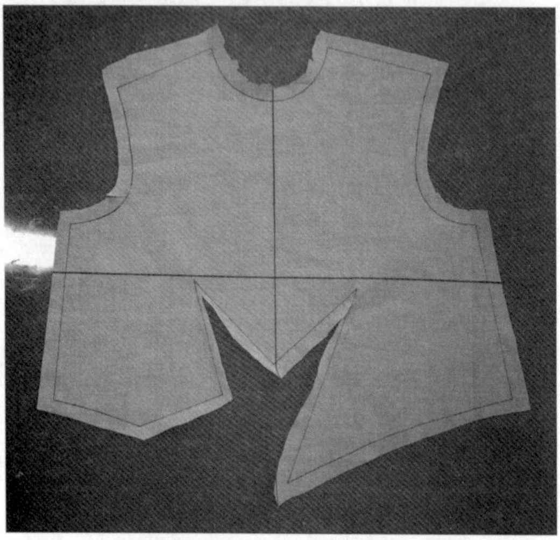

图3-3-20　画线取样

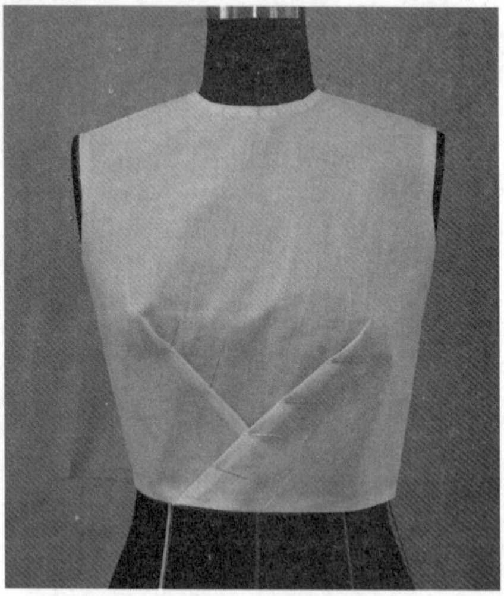

图3-3-21　假缝调整

⑩拓印、样板标注：用滚轮或其他方法将衣片样拓印到纸样上，并在纸样上标注对位记号、对合点、纱向等（图3-3-22）。

3. **不对称省道**

（1）款式说明：将胸省、腰省分别转至衣身上下两个部位，形成新的不对称省（如图3-3-23）。

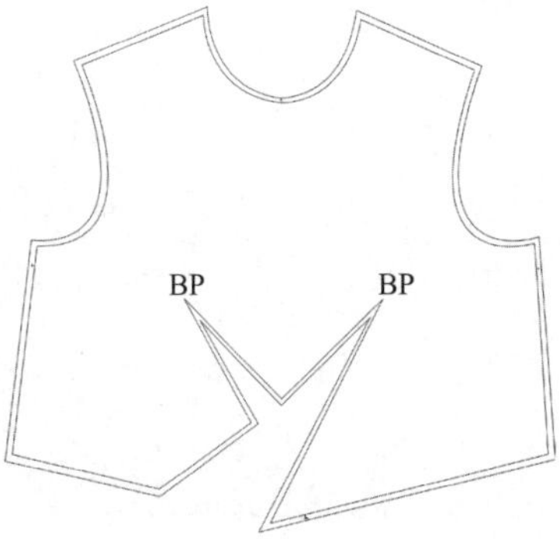

图3-3-22　拓印、样板标注

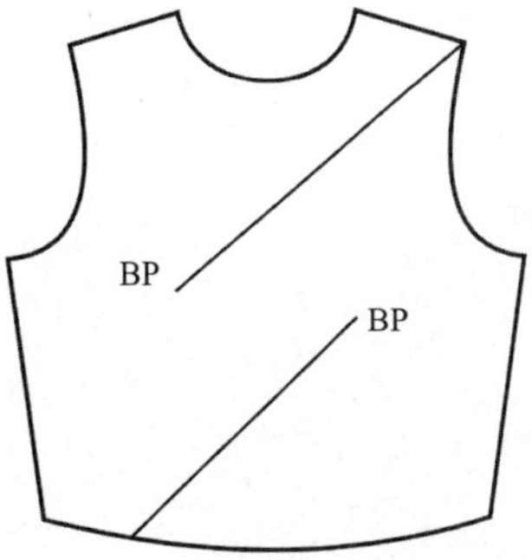

图3-3-23　不对称省道

（2）操作步骤：

①面料的准备：如同人字省，前片布样长度：从人台的颈侧点量到前腰围线再加上8～10cm；前片布样宽度：比前胸围大10～15cm。

②用标识带标出不对称省的位置，两省尖均指向BP点（图3-3-24）。

③披布：参考基础衣身前片的操作方法，将白坯布画上胸围线和前中线，并与人台胸围线和前中线重合，并固定BP点（图3-3-25）。

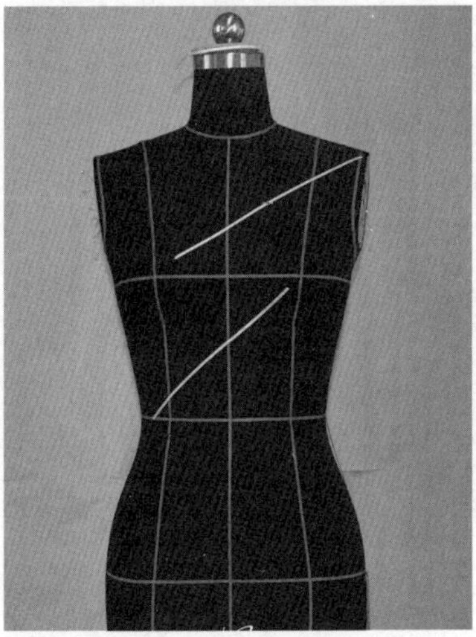

图3-3-24　不对称省标识带

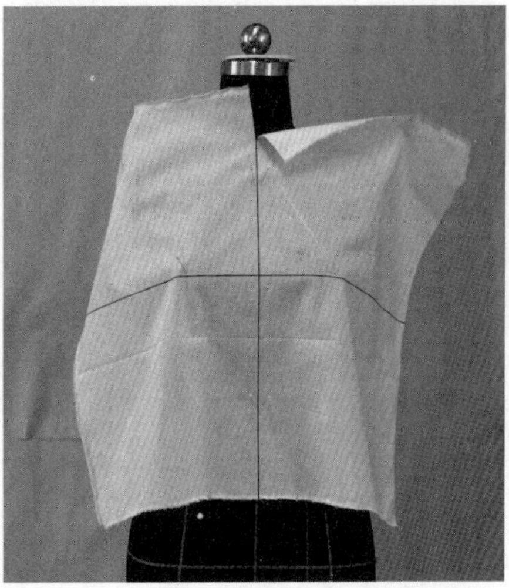

图3-3-25　披布

④松量推移：将上下松量分别沿图3-3-26箭头所示方向推移布料松量至新的省位，左边松量（视图方向）向上往右边推，右边松量向下往左边推。

⑤上省道处理：参考人台省型标识，在保证松量的基础上，将衣身上省道固定，同时在领部、袖窿打剪口，保证衣片平服，调整省道并固定（图3-3-27）。

图3-3-26　松量推移

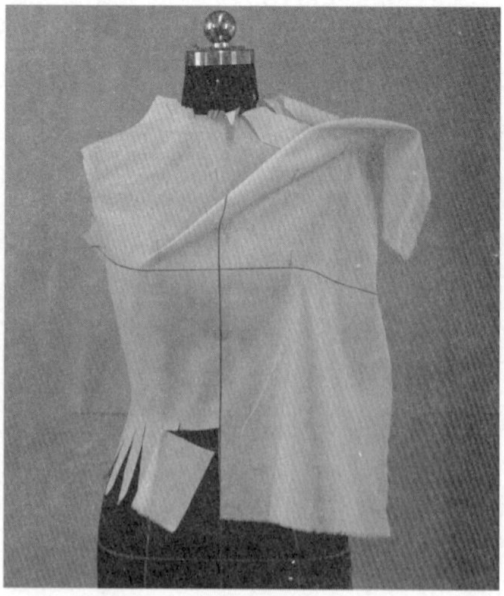

图3-3-27　上省道处理

⑥下省道处理：参考人台省型标识，在保证松量的基础上，将衣身下省道固定，同时在袖窿、腰部打剪口，保证衣片平服，调整省道固定（图3-3-28）。

⑦其余部位处理：剪去肩部、腰部、袖窿处多余布料，将侧缝、袖窿做初步固定（图3-3-29）。

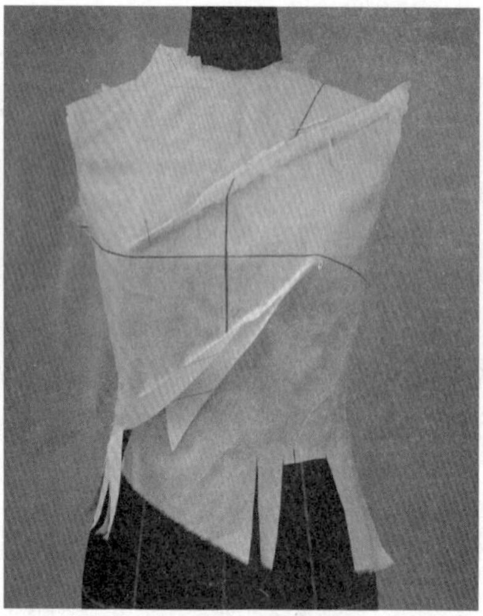

图3-3-28　下省道处理

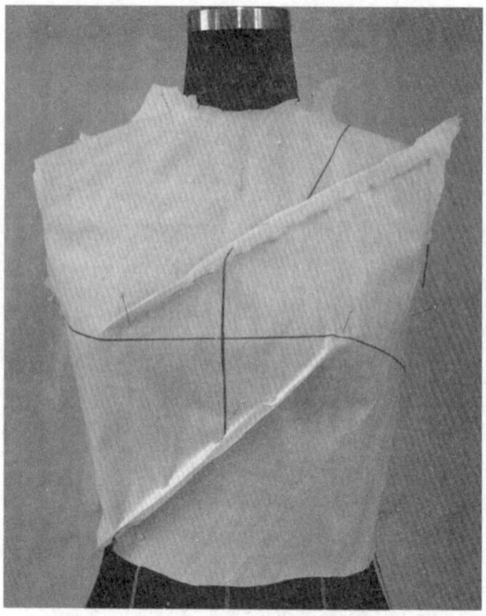

图3-3-29　其余部位处理

⑧画线取样：整理好后，参考人台标识线在布料上做出领口线、肩线、袖窿线、侧缝线、省道以及腰线标记（图3-3-30）。

⑨假缝调整：用手针假缝将设置了不对称省的衣片穿在人台上，观察衣片各部位效果，对不合适的部位进行调整标记，注意不对称省应自然流畅，直至满意为止（图3-3-31）。

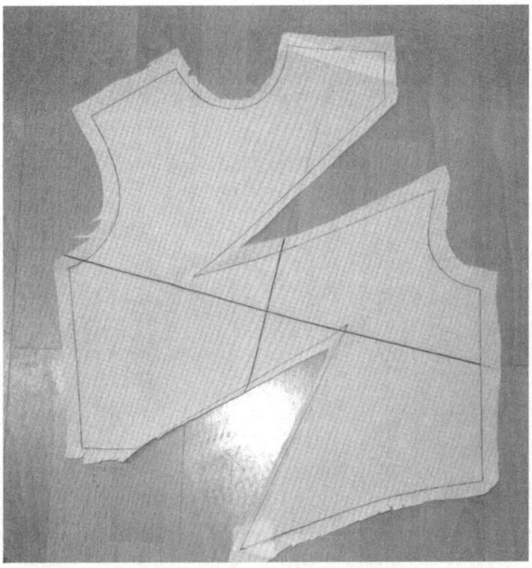

图3-3-30　画线取样

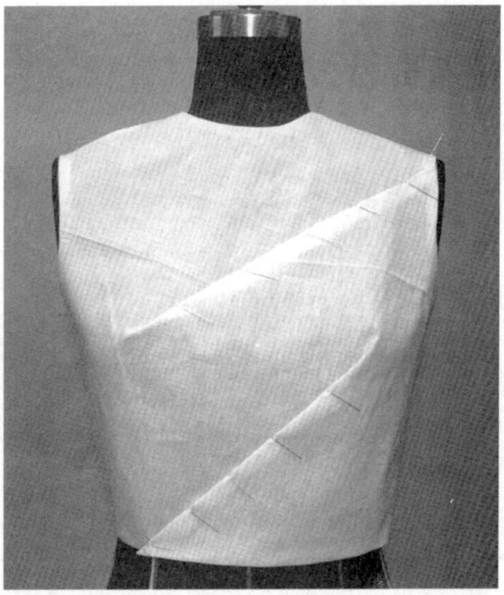

图3-3-31　假缝调整

⑩拓印、样板标注：用滚轮或其他方法将布样拓印到纸样上，并在纸样上标注对刀、对合点、纱向等（图3-3-32）。

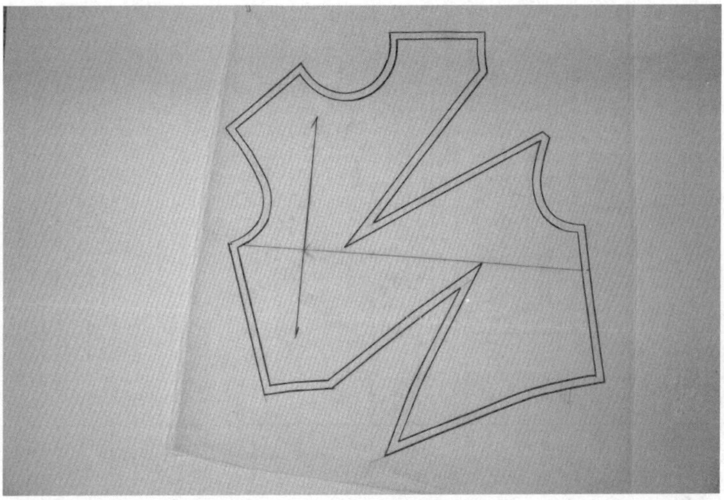

图3-3-32　拓印、样板标注

四、学习思考与练习

1．谈一谈胸省转移在服装设计中有何运用?

2．根据省道转移手法进行T型省、S型省等的省道转移（图3-3-33）。

3．按表3-3-2所提供的产品尺寸完成图3-3-34所示的女装省道转移练习。

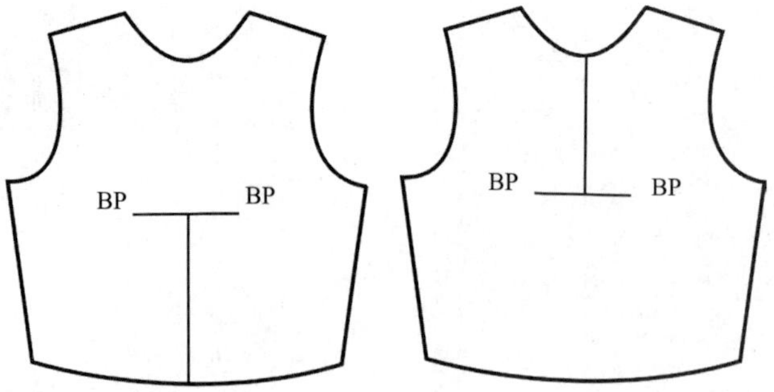

图3-3-33　省道转移

表3-3-2　省道转移通知单

<table>
<tr><td>规格</td><td>165/84A</td><td>款式名称</td><td>省道变化</td><td>工具</td><td>珠针、大剪刀、褪色笔、熨斗、168/84人台</td></tr>
<tr><td colspan="4"></td><td>日期</td><td></td></tr>
<tr><td colspan="4" rowspan="2">款式图：
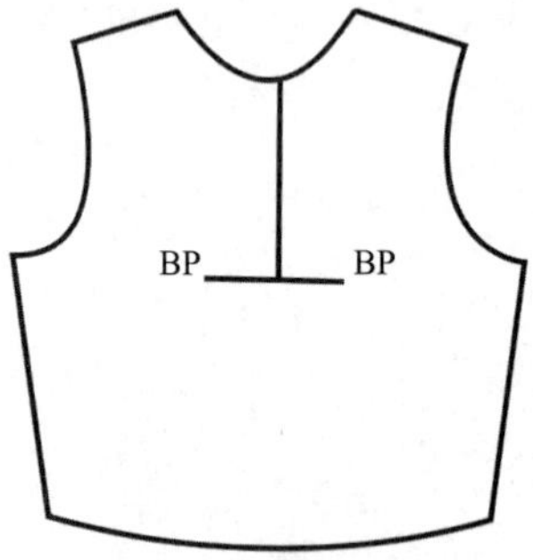

图3-3-34　省道转移示意图</td><td colspan="2">省道转移质量要求</td></tr>
<tr><td colspan="2" rowspan="3">1. 放松量自然，纱向顺直、平服。
2. 产品无起吊、拉紧、起涟现象。
3. 省缝：省道位置正确，省长正确，倒向对称，省尖处平顺，符合人体。
4. 侧缝：顺直，左右侧缝长短一致。
5. 注意前、后肩吃势。</td></tr>
<tr><td colspan="2">胸围</td><td colspan="2">90cm</td></tr>
<tr><td colspan="2">背长</td><td colspan="2">39cm</td></tr>
<tr><td>编制</td><td></td><td>审核</td><td></td><td>审核日期</td><td></td></tr>
</table>

五、检查与评价

1. 检查要求

（1）放松量自然，纱向顺直、平服，产品无起吊、拉紧、起涟现象。

（2）省缝：省道位置正确，省长位置正确，倒向对称，省尖处平顺，符合人体。

（3）侧缝：顺直，左右侧缝长短一致。

（4）注意前、后肩吃势。

（5）整烫：各部位熨烫到位，平服，无亮光、水花、污迹，底边平直。

（6）针距美观、对称。

（7）纸样拓样准确。

2. **评价表**（表3-3-3）

表3-3-3　评价表

序号	具体指标	分值	自评	小组互评	教师评价	小计
1	面料经纬纱向整理正确，熨烫干净整洁	2				
2	省道转移的方向与位置合理，纱向正确	2				
3	放松量合理，无拉紧	2				
4	裁片符合人体	2				
5	外观效果好，针距美观	2				
合计		10				

任务四　基本裙装立体造型及操作

技能目标

1. 能分析基础裙装款式，并进行估料预算。
2. 掌握面料的经纬整理。
3. 了解布料的经纬纱向以及省道的方向与位置。
4. 能合理加放松量，检查腰围及臀围形状，整体尺寸和纱向。
5. 学会使裁片符合人体的方法。
6. 能根据造型塑造省道。
7. 了解从合体度、悬垂效果、纱向顺直、比例及修正等方法检查并分析立体裁剪的基础裙装样衣。

知识目标

1. 能按照基础裙装款式图进行款式分析。
2. 会运用正确方法进行面料估算，掌握面料整理能力。
3. 培养对于放松量的控制能力，了解原型造型裙装的质量要求。

一、任务描述

根据基本裙装的款式通知单，分析款式特点，按规格号型进行立体造型并完成前后裙片样板，并根据样板完成假缝制作。

二、必备知识

（一）基本裙装概念

基本裙，也称直身裙，是指臀围以上部分与人体腰臀部贴合，臀围至下摆宽度尺寸大致相同的H型裙，因其造型简洁、裙摆宽度适中，被视作基本裙。以此裙片为基础，我们可以经过适当改造，变化出其他各种廓型款式。

（二）基本裙立体取样

基本裙立体取样，即基础裙装原型前后裙片的取样，是指覆盖于人体躯干，且位于腰节线以下部分的合体裙纸样造型。因该款裙造型简单、适应面广，所以是裙子样板设计的基础。臀腰省是基础裙装设计的重点，腰、臀部的自然形态是其造型结构的依据，基础裙装款式体现一种合体的着装形态。

三、任务实施

基础裙装造型款式纸样设计与立体造型通知单见表3-4-1。

（一）款式分析

这是一款最常用最简洁的基础裙装造型，是从臀围到下摆宽度尺寸大致相同的H型裙，它造型简洁，裙摆宽度适中，而且体现出一种合体的着装形态，故被视作基本裙型。此款式主要由腰臀省构成臀腰差，拉链可装在后中线或侧缝（图3-4-1）。

表3-4-1　基础裙装造型款式纸样设计与立体造型通知单

<table>
<tr><td>规格</td><td>160/84A</td><td>季节</td><td>—</td><td>作者</td><td colspan="4">参考规格与松量设计</td></tr>
<tr><td rowspan="2">款号</td><td rowspan="2">04-01</td><td rowspan="2">款式名称</td><td rowspan="2">基础裙装</td><td rowspan="2">日期</td><td>部位
规格</td><td>后衣长</td><td>胸围</td><td>肩宽</td></tr>
<tr><td>160/84A</td><td>38cm</td><td>92cm</td><td>37cm</td></tr>
<tr><td colspan="5" rowspan="2">款式图：
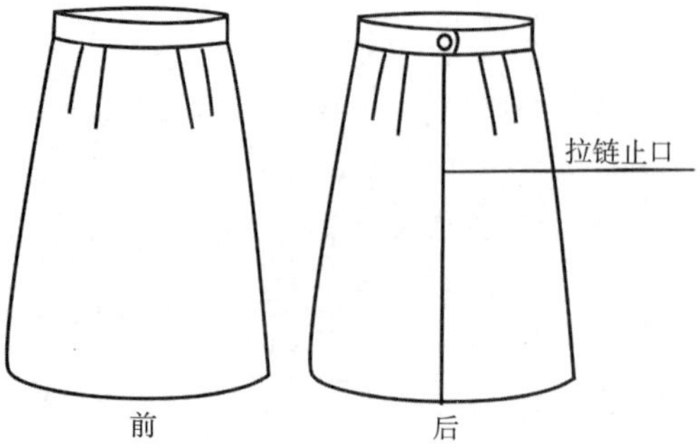

图3-4-1　裙装基础造型</td><td colspan="4">松量设计：
1. 与款式整体塑型和谐。
2. 符合人体运动功能和舒适度要求。</td></tr>
<tr><td colspan="4" rowspan="3">技术要求
工艺要求：
1. 大头针针尖排列有序、间距均匀、针尖方向一致、针脚小。插针方法恰当，缝合线迹的技术处理合理，标记点表示清楚。
2. 缝份平整倒向合理，操作方法准确，无毛茬外露。
3. 布料纱向正确，符合结构和款式风格造型要求。
4. 操作时注意归缩部分余量。
纸样设计要求：
1. 立体裁剪应与款式图的造型要求相符，拓纸样准确，缝份设计合理。
2. 制图符号标注准确，包括各部位对位记号、纱向标记、归拔符号等。
材料准备：
面料：白坯布。
成分：100%棉。
织物组织：平纹。</td></tr>
<tr><td colspan="5">款式特点与外观要求</td></tr>
<tr><td colspan="2">款式特征描述：
1. 款式：基本裙装造型。
2. 腰省：前、后片左右各两个省道。
3. 腰围：符合人台。
4. 侧缝：前后片侧缝长度相等、顺直。</td><td colspan="3">外观造型要求：
1. 裙身外观评价：正、反面干净、整洁，松量分配适度。
2. 臀围：放松量均匀分布。
3. 省道外观评价：省道到省尖别法及方向要准确。
4. 侧缝顺滑、清晰。
5. 纱向准确，各缝线与人台缝线自然吻合。</td></tr>
</table>

（二）实践准备

1．**面料的准备**（图3–4–2）

①前、后片布样长度：从人台前、后腰围线往下量到裙长需要的长度再加上5～10cm。

②前、后片布样宽度：人台1/4臀围宽再加上5～10cm。

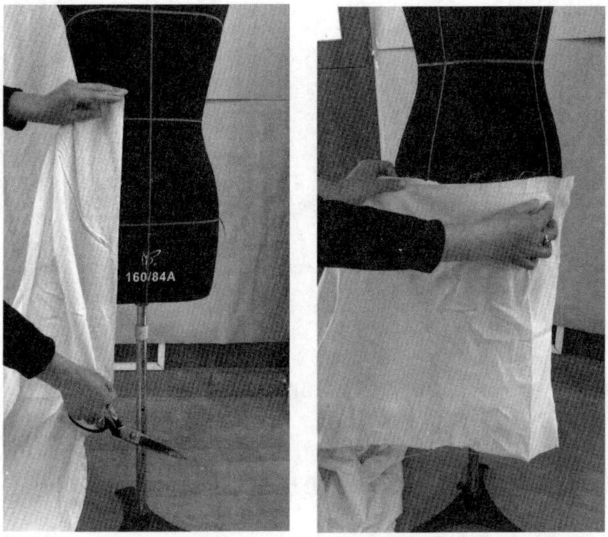

图3–4–2　面料的准备

③整理布纹，将布反方向拉扯，并用熨斗将丝缕归直、熨平，以至布料垂直方正（图3–4–3）。

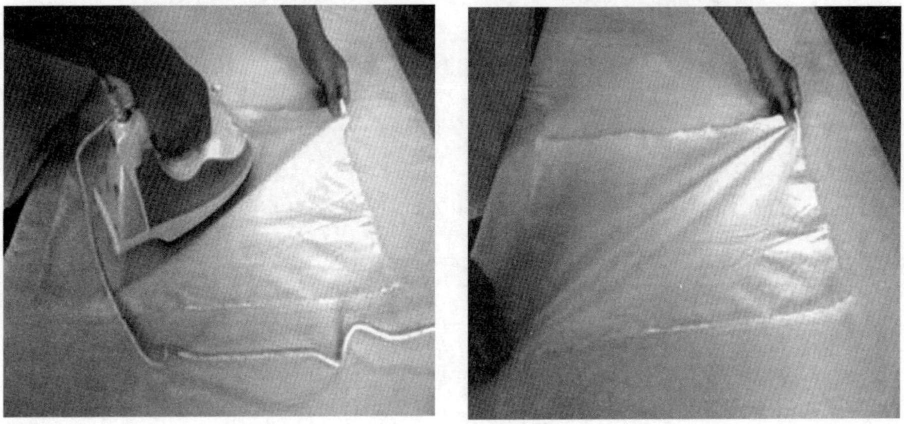

图3–4–3　整理布纹

2．**标记基准线**

用铅笔标记前、后片的前、后中线和臀围线，在距直丝布边3～5cm处画前、后中线，在距横丝布边线23～25cm处画横向丝缕线即臀围线（图3–4–4）。

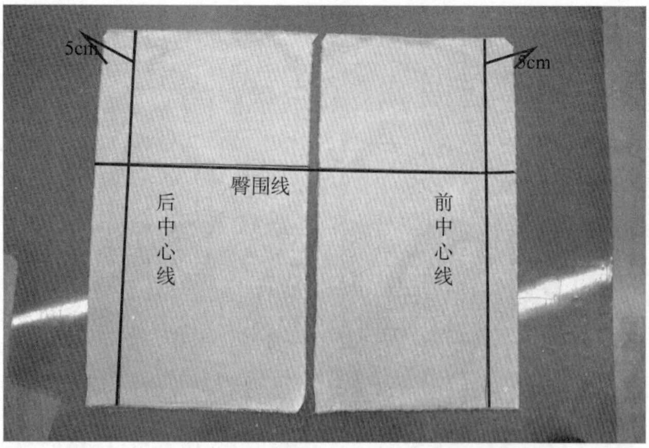

图3-4-4　标记基准线

（三）实践实施

1. 技术要求与注意事项

①在操作过程中注意面料方向和作品放松量的控制。保持面料挺括，顺直流畅。

②标记各重要位置。

③前、后片款式定位：根据款式，在腰围线上确定省道位置A、B、C、D（图3-4-5）。

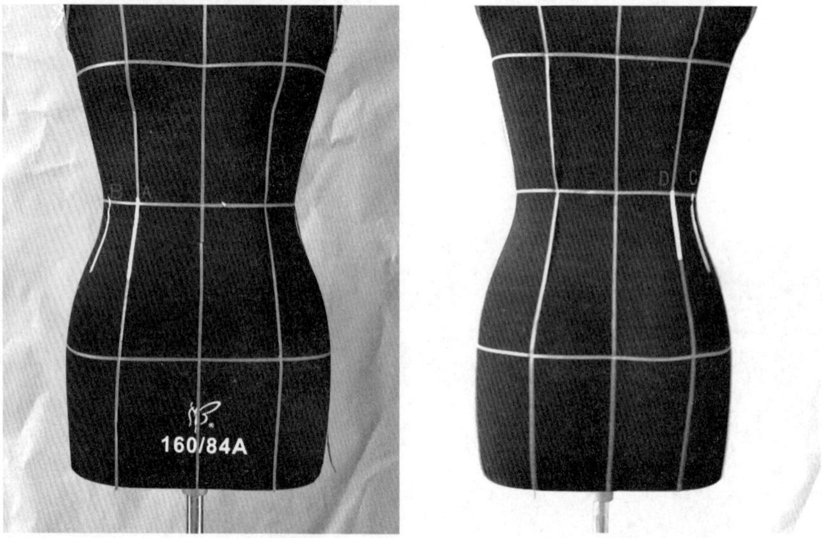

图3-4-5　前、后片款式定位

2. 操作步骤

（1）前裙片：

①披布：把确定好前中线和臀围线的布料覆于人台右侧，与人台的前中线、臀围线重合，双针固定腰围、臀围前中心点（图3-4-6）。

②加放松量：顺臀围线由前中线抚平布料，推至侧缝线。在侧缝臀围处推出0.5～1cm松量，双针固定，以保证人体活动需要松量（图3-4-7）。

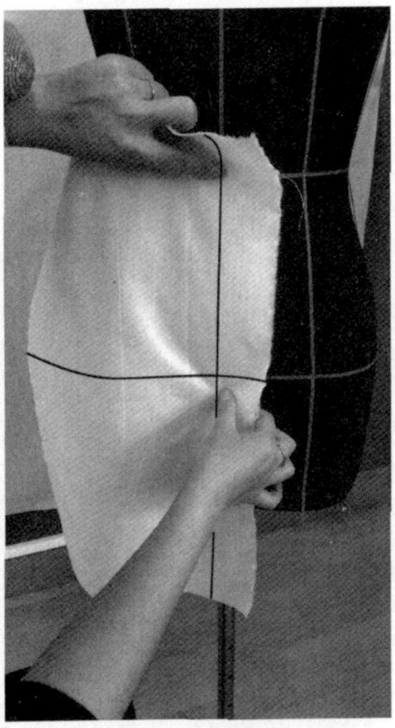

图3-4-6　披布

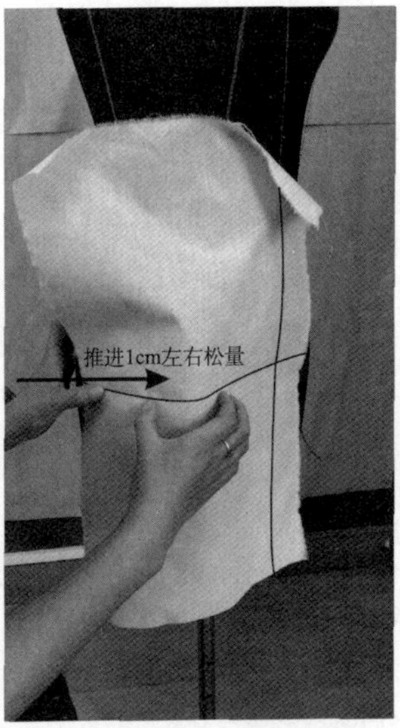

图3-4-7　加放松量

③确定裙侧缝：在臀围线水平的前提下，将侧缝捋垂直，在布样侧缝腰节点的位置自然取出腰节点，双针固定。最终使腰到臀的侧缝形成一条自然而美观的弧线（图3-4-8）。

④臀腰省：剩下的臀腰差作为两个腰省量，将两个腰省设在前公主线至侧缝处并等分，腰部打剪口保证裙片平服（图3-4-9）。

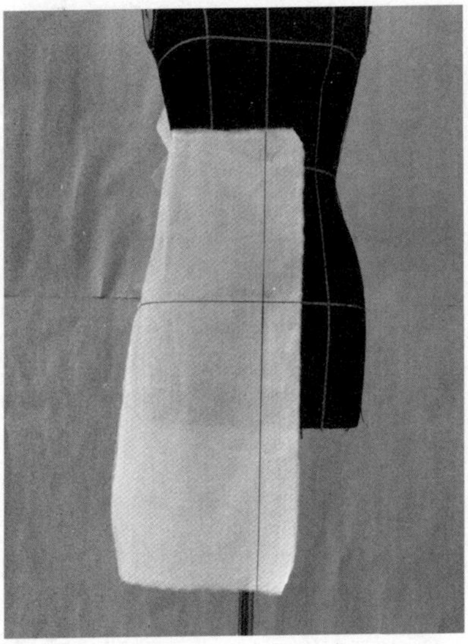

图3-4-8　定侧缝

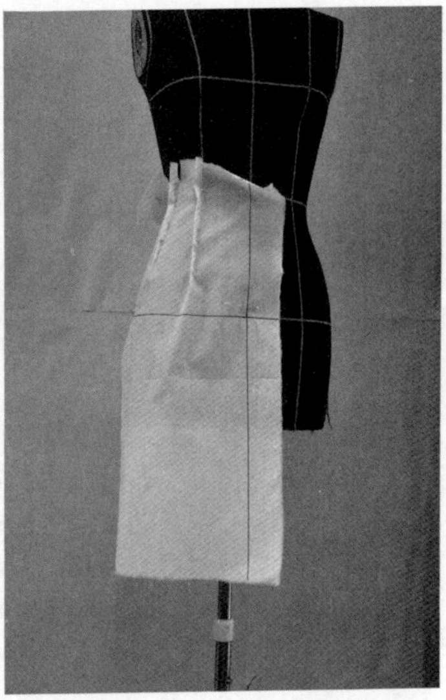

图3-4-9　臀腰省

（2）后裙片：

①披布：将布披到人台后身，臀围线对齐人台臀围线，固定后中腰节点、后中线与后臀围线交点（图3-4-10）。

②加放松量：在臀围处如图3-4-11箭头所示方向推进0.5～1cm松量，在臀围线侧缝点双针固定。

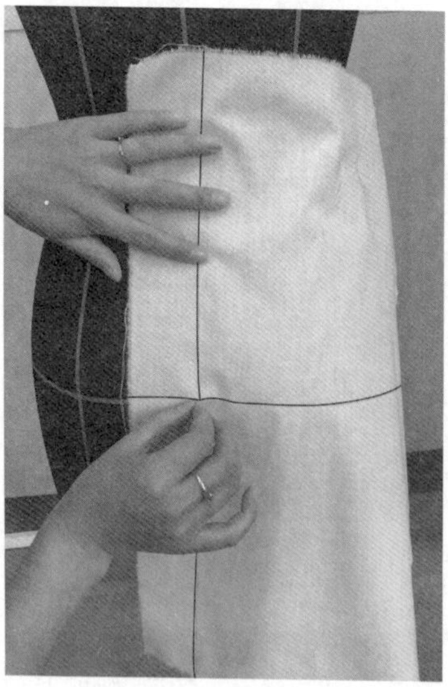

图3-4-10　披布

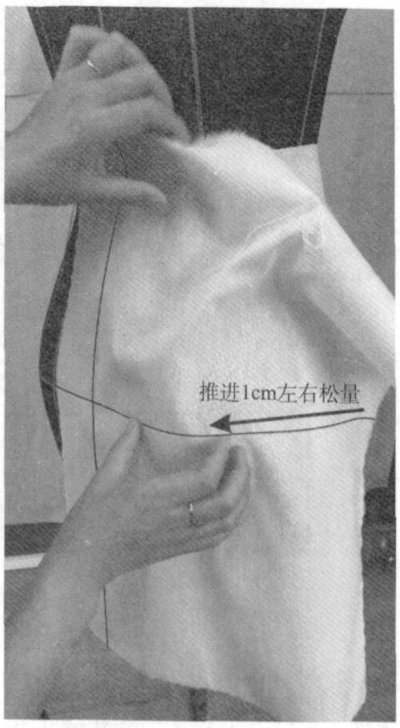

图3-4-11　加放松量

③定侧缝：在臀围线水平的前提下，将侧缝捋垂直，在布样侧缝腰节点的位置自然取出腰节点，双针固定。最终使腰到臀的侧缝形成一条自然美观的弧线（图3-4-12）。

④臀腰省：剩下的臀腰差作为两个腰省量，将腰省位置设在后公主线至侧缝处，在腰围处受到牵扯的地方打剪口，使裙片平服，并在后腰围线、侧缝线处画线做标记，将后省道用大头针固定（图3-4-13）。

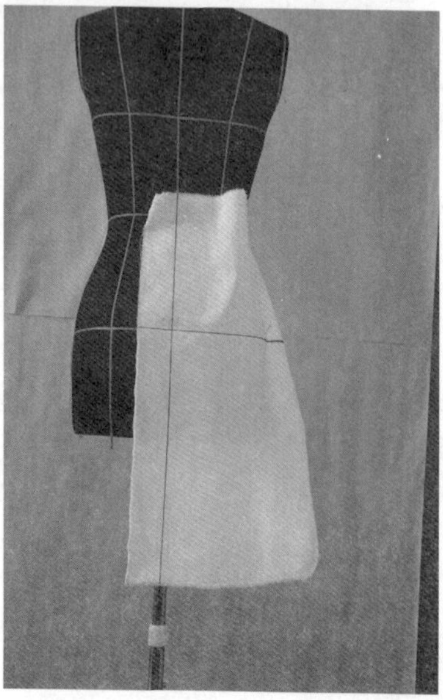

图3-4-12　定侧缝

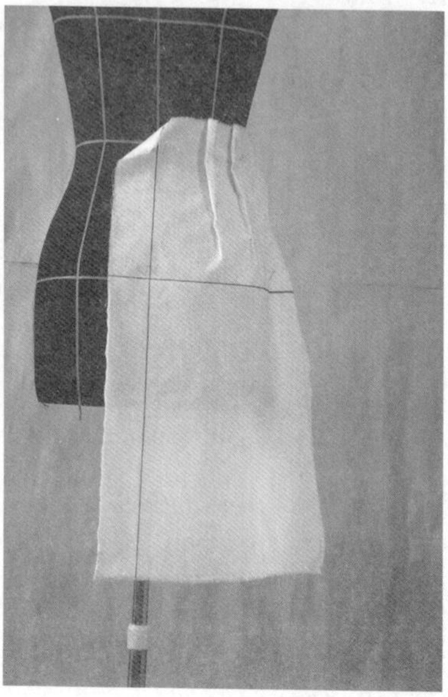

图3-4-13　做臀腰省

⑤抓和调整：在保证丝缕顺直、裙片平服、松量自然的情况下，抓和侧缝，对别，剪掉余量，调整裙身（图3–4–14）。

⑥划样：剪掉裁片多余的布量，正确地画出腰围线、侧缝线和省道线（图3–4–15）。

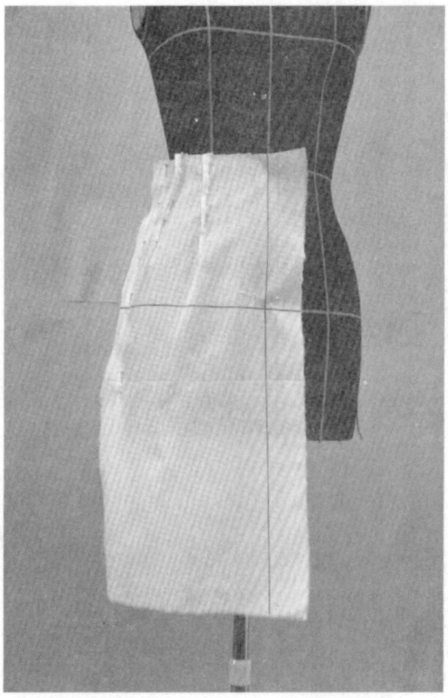

图3–4–14　抓和调整

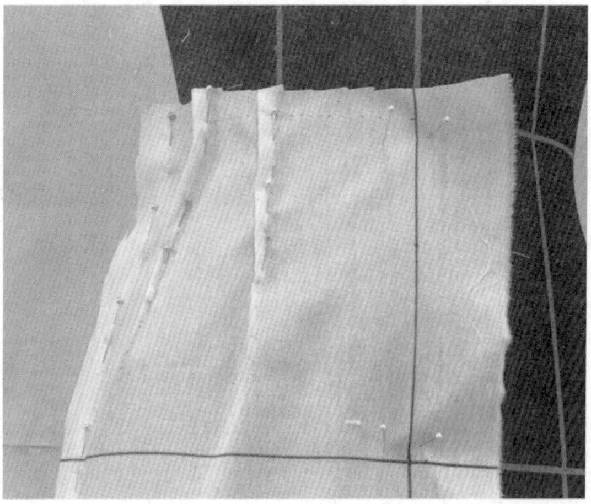

图3–4–15　划样

⑦试样补正：假缝后将原型裙穿在人台上，观察裙片前后各部位效果，调整不合适的部位并进行调整标记，注意腰省应自然流畅，直至满意为止（图3–4–16）。

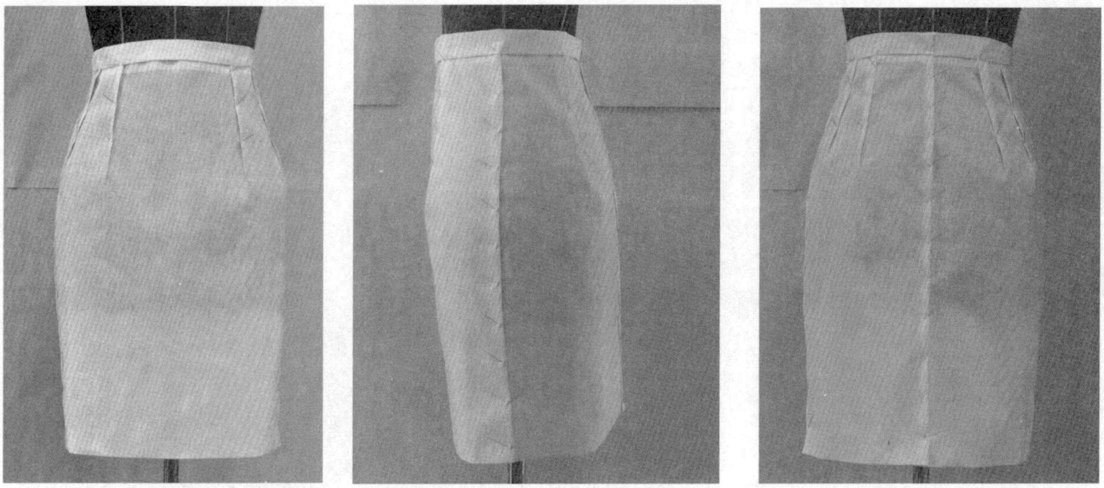

图3–4–16　确定结构线

⑧拓印、样板标注：用滚轮或其他方法将裙片布样拓印到纸样上，并在纸样上标注对位记号、对合点、纱向等（图3–4–17）。

（四）知识拓展

基础原型裙装的立体裁剪是基础，在今后的裙装制作中常常用到，我们可以根据产品需要设计规格尺寸制取所需原型，也可以利用它进行适当改变设计制作成其他各种廓型的裙装。

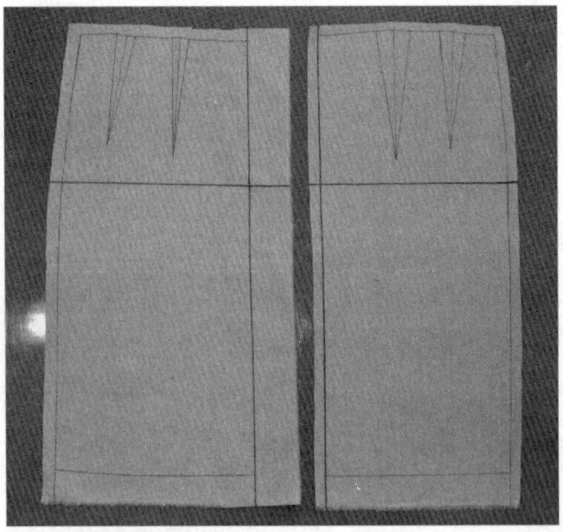

图3-4-17　拓印、样板标注

（五）小贴士

1．人体形态变化与基本裙装的关系

半身裙是围绕人体下半身的一种形式，基本裙是围绕腰臀设计的款式结构，故而一定要领悟人体形态变化与裙子之间的运动关系。

2．裙子的机能性

制作基本裙要考虑到人体下肢运动的形态，例如，行走、跑步、上下台阶、站起、坐下等下半身的一系列动作，要使裙的对应各部位放入适当的余量，尽可能考虑到符合人体形态、面料、穿用目的等的功能性。

四、学习思考与练习

1．了解立体裁剪原型与平面裁剪原型的相互关联。

2．基本裙的裁剪、放缝和试样制作工艺的操作方法，哪个地方难度较大？操作时要注意哪些问题？

3．请利用原型裙的操作技巧完成其他款式裙的立体裁剪造型（图3-4-18）。

图3-4-18　原型裙的衍生款式

4. 请按表3-4-2所提供的产品尺寸完成图3-4-19所示的一款基本裙。

表3-4-2　裙装基础造型通知单

<table>
<tr><td>规格</td><td>160/84A</td><td>款式名称</td><td>基础裙装</td><td>工具</td><td>珠针、大剪刀、白坯布、熨斗、168/84人台</td></tr>
<tr><td colspan="4"></td><td>日期</td><td>年　　月</td></tr>
<tr><td colspan="4">款式图：

图3-4-19　裙装基础造型</td><td colspan="2" rowspan="4">裙立体裁剪质量要求：
1. 放松量自然，纱向顺直、平服。
2. 产品无起吊、拉紧、起涟现象。
3. 省缝：省道位置正确，省长位置正确，倒向对称，省尖处平顺，符合人体。
4. 侧缝：顺直，左右侧缝长短一致。
5. 前后腰线自然顺畅。</td></tr>
<tr><td colspan="2">腰围</td><td colspan="2">66cm</td></tr>
<tr><td colspan="2">臀围</td><td colspan="2">92cm</td></tr>
<tr><td colspan="2">裙长</td><td colspan="2">50cm</td></tr>
<tr><td>编制</td><td></td><td>审核</td><td></td><td>审核日期</td><td></td></tr>
</table>

五、检查与评价

1. 检查要求

（1）放松量自然，纱向顺直、平服，产品无起吊、拉紧、起涟现象。

（2）省缝：前、后省道位置正确，省长位置正确，倒向对称，省尖处平顺，符合人体。

（3）侧缝：顺直，左右侧缝长短一致。

（4）整烫：各部位熨烫到位，平服，无亮光、水花、污迹，底边平直。

（5）针距美观、对称。

（6）纸样拓样准确。

2. 评价表（表3-4-3）

表3-4-3　评价表

序号	具体指标	分值	自评	小组互评	教师评价	小计
1	面料经纬纱向整理正确，熨烫干净整洁	2				
2	省道的方向与位置合理，纱向正确	2				
3	放松量合理，无拉紧	2				
4	裁片符合人体	2				
5	外观效果好，针距美观	2				
合计		10				

任务五　波浪裙的立体造型及操作

技能目标

1. 能分析原型波浪裙款式，并进行估料预算。
2. 掌握面料经纬纱向整理。
3. 把握整体尺寸合理和保证纱向正确。
4. 学会使裁片符合人体的方法。
5. 能根据造型塑造省道。
6. 了解从合体度、悬垂效果、纱向顺直、比例及修正等方法检查并分析立体裁剪的基础裙装样衣。

知识目标

1. 能按照波浪裙装款式图进行款式分析。
2. 了解面料特点、款式规格。
3. 能运用正确方法进行面料估算，掌握面料整理。
4. 培养对于波浪大小量的控制能力。
5. 了解波浪裙装的质量要求，树立服装品质概念。
6. 能分析同类变化裙型的款式特点，根据裁片进行假缝和纸样取样。

一、任务描述

根据波浪裙装的款式通知单，分析款式特点，按规格号型进行立体造型并完成前后裙片样板，并根据样板完成假缝制作。

二、必备知识

（一）波浪裙概念

波浪裙属斜裙的式样变化之一。往往利用两片式斜裙裙片，在腰口的某一部位，缝纫时作略微的拔开和上提，具体方法是将这一部位裙片的丝楼上提，形成高低起伏的波浪状，故名。

（二）波浪裙装形成原理

波浪裙装形成原理是利用服装材料的悬垂性，使用有内外径差值的裁片，裁片外径在悬垂状态下聚拢，形成立体的波浪形态，裁片的内外径差越大，波浪形态越明显。

（三）波浪的设置

波浪的设置必须是前后左右对称，一般以四波浪或八波浪式较多。

（四）波浪裙适合的面料

波浪裙面料往往会采用悬垂性好的面料，对于厚实面料应采用45°斜纱裁剪制作。

三、任务实施

波浪裙装造型款式纸样设计与立体造型通知单见表3-5-1。

（一）款式分析

这是一款最常见的波浪裙，也可称作斜裙或喇叭裙，其裙摆量大，腰部无省，整条裙子前片为整片，后片为两片组成。前、后片各设四个波浪，整条裙子共做八个波浪，波浪位置为公主线至侧缝处各两个，要求波浪清晰、分布均匀、大小均衡、富有动感（图3-5-1）。

表3-5-1　波浪裙装造型款式纸样设计与立体造型通知单

<table>
<tr><td>规格</td><td>160/84A</td><td>季节</td><td>—</td><td>作者</td><td colspan="4">参考规格与松量设计</td></tr>
<tr><td rowspan="2">款号</td><td rowspan="2">04-01</td><td rowspan="2">款式名称</td><td rowspan="2">波浪裙</td><td rowspan="2">日期</td><td>部位
规格</td><td>后衣长</td><td>胸围</td><td>肩宽</td></tr>
<tr><td>160/84A</td><td>38cm</td><td>92cm</td><td>37cm</td></tr>
<tr><td colspan="5" rowspan="2">款式图：
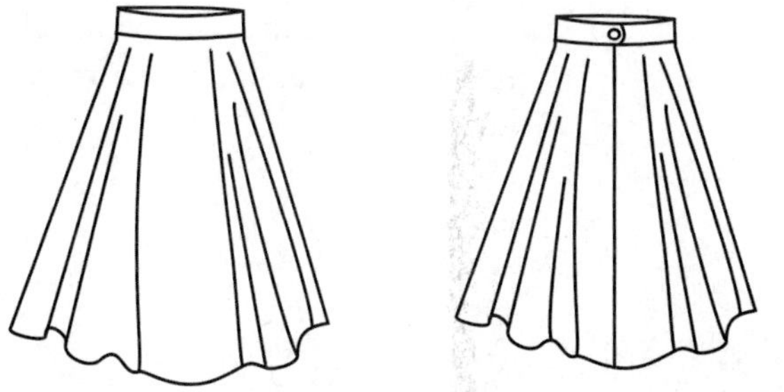
前　后
图3-5-1　波浪裙造型</td><td colspan="4">松量设计：
1. 与款式整体造型和谐。
2. 符合人体运动功能和舒适度要求。</td></tr>
<tr><td colspan="4" rowspan="3">技术要求
工艺要求：
1. 大头针针尖排列有序、间距均匀、针尖方向一致、针脚小。把针方法恰当，缝合线迹的技术处理合理，标记点表示清楚。
2. 缝份平整倒向合理，操作方法准确，无毛茬外露。
3. 布料纱向正确，符合结构和款式风格造型要求。
4. 操作时注意归缩部分余量。
纸样设计要求：
1. 立体裁剪应与款式图的造型要求相符，拓纸样准确，缝份设计合理。
2. 制图符号标注准确，包括各部位对位标记、纱向标记、归拔符号等。
材料准备：
面料：白坯布。
成分：100%棉。
织物组织：平纹。</td></tr>
<tr><td colspan="5">款式特点与外观要求</td></tr>
<tr><td colspan="2">款式特征描述：
1. 款式：波浪裙装造型，腰部装腰头，前片为整片，后片为两片组成。
2. 波浪：前后八个波浪。
3. 腰围：符合人台。
4. 侧缝：前、后片侧缝长度相等，符合面料特性。</td><td colspan="3">外观造型要求：
1. 裙身外观评价：正反面干净、整洁，松量分配适度。
2. 波浪外观评价：波浪放量均匀。
3. 腰外观评价：腰部无浮量，线型流畅，波浪起始位置准确。
4. 侧缝顺滑清晰。
5. 准确纱向，各缝线与人台缝线自然吻合。</td></tr>
</table>

（二）实践准备

1. **面料的准备**（图3-5-2）

裙片长度为裙长加33～40cm，裙片宽度为120～150cm。

2. **整理布纹**

将布反方向拉扯，并用熨斗将丝缕归直、熨平，布料垂直方正。

3. 标记基准线

用铅笔标记裙片的前、后中线和臀围线，前、后中线一定要与径向丝缕平行，臀围线一定要与前、后中心垂直，臀围线只需标记距离中心线的一小段即可。

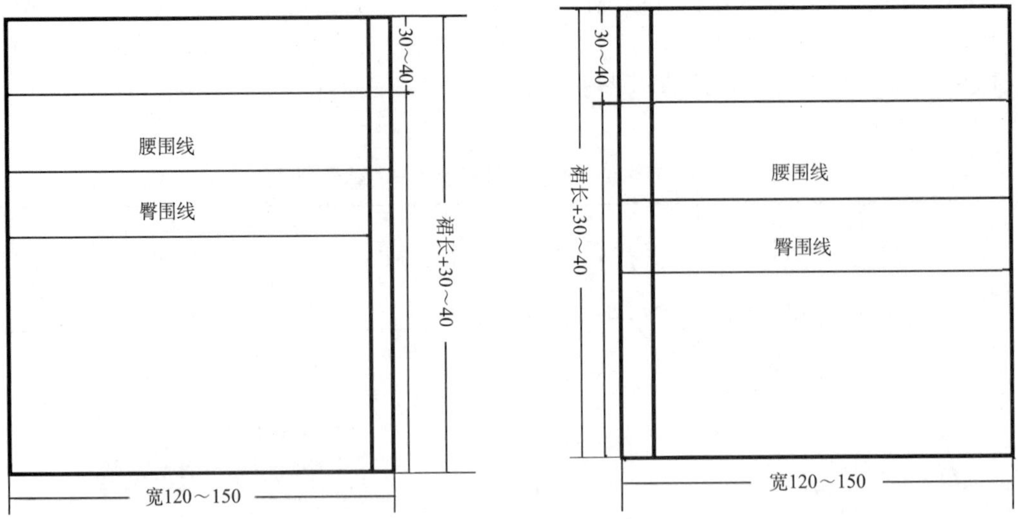

图3-5-2 面料准备

（三）实践实施

1. 技术要求与注意事项

本款操作分为前后各半件裙片制作，为避免混淆，前中与后中处可根据需要考虑是否进行面料对合制作。

2. 操作步骤

（1）前裙片：

①前、后片款式定位：根据款式，在腰围线上确定波浪位置A、B、C、D点（图3-5-3）。

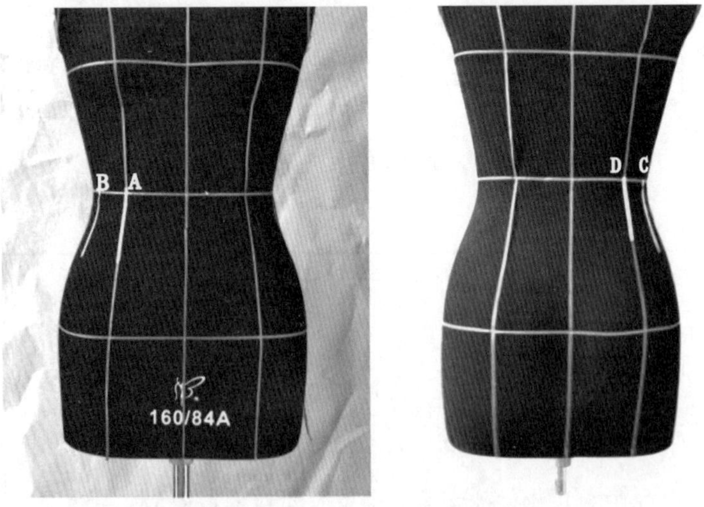

图3-5-3 前、后片款式定位

②披布：把确定好前中线和腰围线的布料覆于人台右侧，与人台的前中线、腰围线重合，双针固定腰围线、臀围线与前中线交点（图3-5-4）。

③前片剪口：顺腰围线由前中线抚平布料，至腰部公主线A点，打一剪口，深度约距腰围线0.1cm，并插针固定（图3-5-5）。

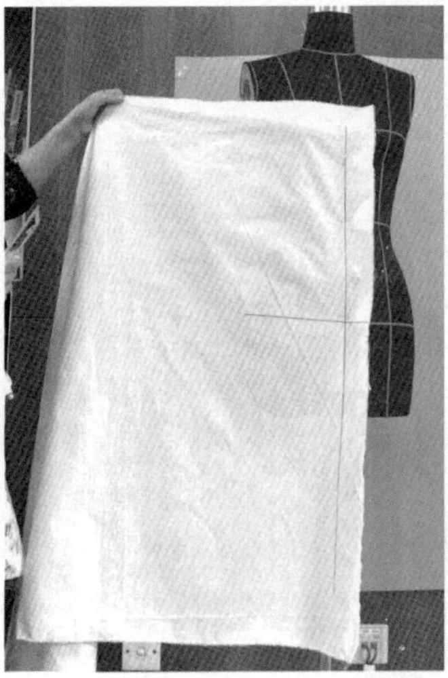

图3-5-4　披布

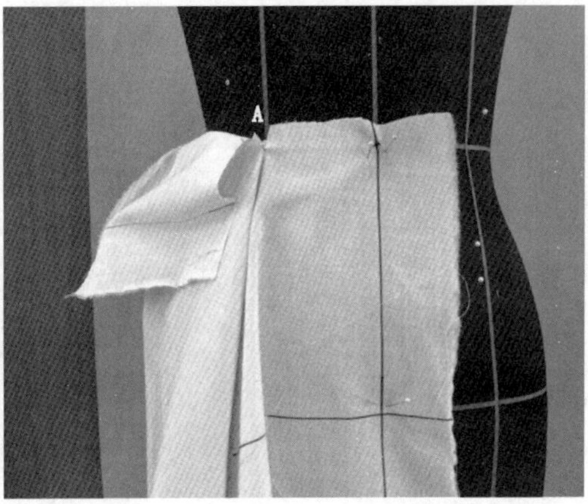

图3-5-5　前片剪口

④第一波浪：在波浪位置A点，以插针点为原点将右侧坯布向下慢慢旋转，使裙摆形成波浪，调整至所需波浪大小，可沿臀围线插针固定，以免面料移动（图3-5-6）。

⑤第二波浪：在波浪位置B点，以插针点为原点将右侧坯布向下慢慢旋转，使裙摆形成波浪，经调整使此波浪大小与第一波浪大小一致，可沿臀围线插针固定，以免面料移动。至此，右前片波浪基本完成（图3-5-7）。

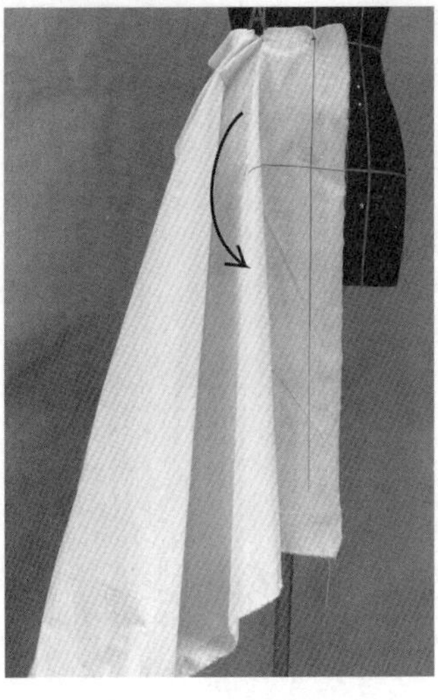

图3-5-6　第一波浪

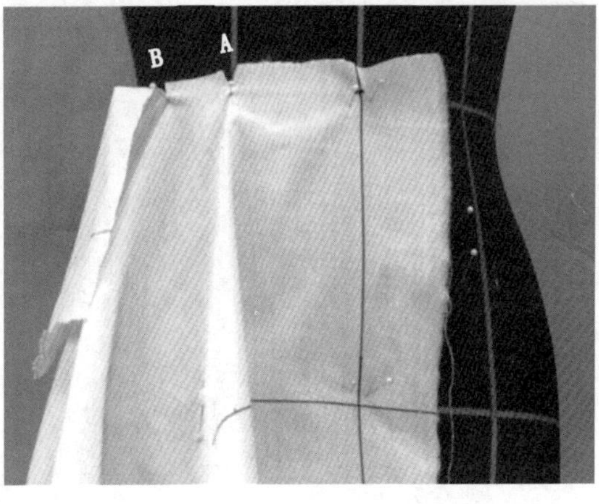

图3-5-7　第二波浪

⑥调整：确定波浪大小均衡。每做一个波浪，都需要与已完成波浪进行比较，保证最终所有波浪大小均衡（图3-5-8）。

（2）后裙片：

①披布：将布披到人台右后身，腰围线对齐人台腰围线，后中线对齐人台后中线，并进行固定（图3-5-9）。

②后片剪口：顺腰围线由后中线抚平布料，至腰部公主线，打一剪口，深度约距腰线0.2cm，并插针固定（图3-5-10）。

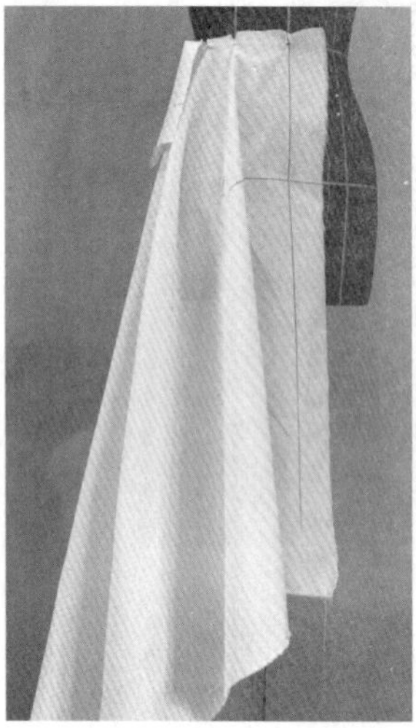
图3-5-8 调整

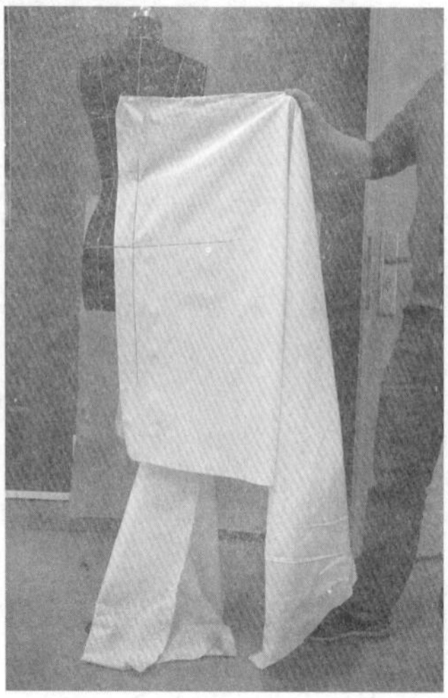
图3-5-9 披布

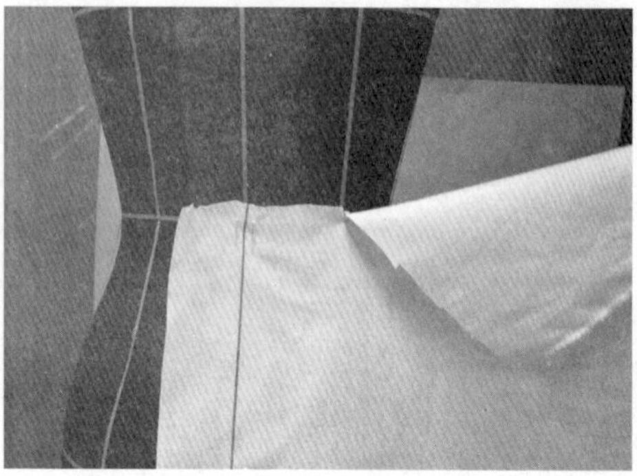
图3-5-10 后片剪口

③做后片波浪：后片波浪的做法与前片相同（图3-5-11）。

④抓合后定侧缝：完成后片波浪后，用抓合法拼合前、后片，调整裙身，保证侧面波浪自然（图3-5-12）。

图3-5-11 后片波浪

图3-5-12 定侧缝

⑤粗裁下摆：根据款式确定裙长，并以地面为基准，用大头针或色带做下摆线标记，保留缝份，修正裙子底摆，注意保证底摆圆顺（图3–5–13）。

（3）波浪裙的制板：

①确定结构线条：用专业尺描画出结构线，不顺直的线要修正。

②侧缝线对合：将前、后侧缝线对合，观察其长度是否相等，侧缝曲线是否圆顺流畅（图3–5–14）。

图3–5–13　粗裁下摆

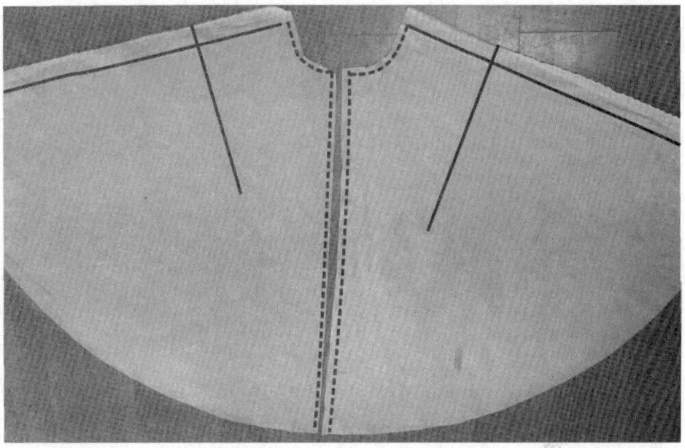

图3–5–14　侧缝线对合

（4）假缝试样：

试样补正：假缝后将波浪裙穿在人台上，观察裙片前、后各部位效果，调整不合适的部位并进行调整标记，注意波浪应自然流畅，直至满意为止（图3–5–15）。

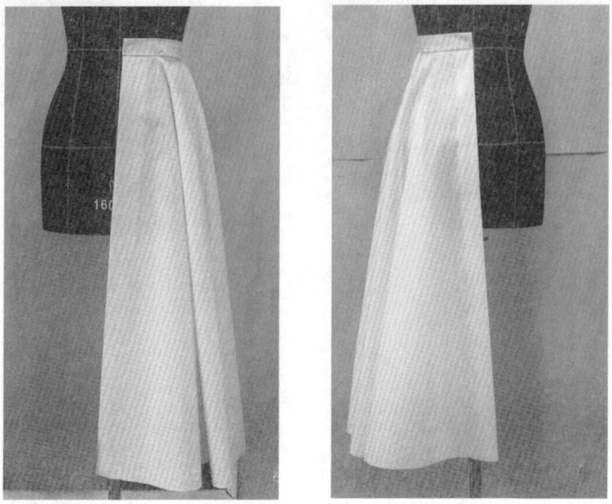

图3–5–15　试样补正

（5）拓印样板：

拓印、样板标注：用滚轮或其他方法将裙片布样拓印到样上，并在纸样上标注对位记号、对合点、纱向等。

（四）知识拓展

（1）有很多方法可使裁片产生内外径差，常见的有抽缩、剪切展开、插角、扇环设计、扇形设计等，可以结合平面裁剪加以理解。

（2）裙片的角度取决于裙摆波浪的个数以及波浪的大小，有90° 斜裙、180° 半圆裙、360° 全圆裙等。

（五）小贴士

（1）布丝自然：布丝顺直、平服是立体造型至关重要的外观效果。

（2）合理对位：因为波浪裙为斜丝布纹容易拉伸，请酌情增加对位标记点。

（3）波浪自然、对称：根据款式造型可以设计不同的对称点完成波浪裙制作，但在操作时一定要注意左、右片的对称，波浪大小均衡。

（4）成品要求：整洁，无拉紧。

四、学习思考与练习

1. 了解波浪裙立裁制作与平面制作时的联系吗？想一想，哪种方式更为灵活？
2. 波浪裙立裁制哪个地方操作难度最大？怎样去做？操作时要注意哪些问题？
3. 按图3–5–16所示波浪裙该用何种方法进行，具体操作方法？

图3–5–16　波浪裙变化

4. 请按表3–5–2所提供的产品尺寸完成图3–5–17所示的裙装基本原型。

表3-5-2　波浪裙通知单

<table>
<tr><td>规格</td><td>160/84A</td><td>款式名称</td><td>波浪裙制作</td><td>工具</td><td>珠针、大剪刀、褪色笔、熨斗、168/84人台</td></tr>
<tr><td colspan="4"></td><td>日期</td><td></td></tr>
<tr><td colspan="4">款式图：
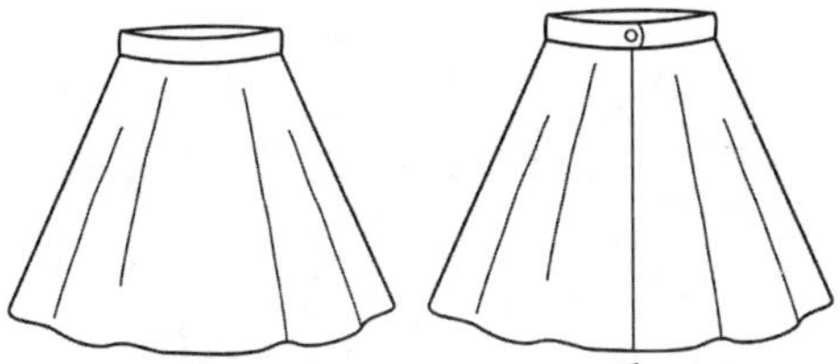
图3-5-17　波浪裙</td><td colspan="2" rowspan="3">波浪裙立裁说明：
1. 波浪：前、后中线两侧各一个波浪，前后片侧缝处各一个波浪共六个波浪，波浪位置正确，大小均匀、对称，下摆处自然、优美。
2. 产品无起吊、拉紧、起涟现象。
3. 腰围放松量自然，纱向顺直、平服。
4. 侧缝：顺直，左、右侧缝长短一致。
5. 前、后腰围线自然顺畅。</td></tr>
<tr><td colspan="2">腰围</td><td colspan="2">66cm</td></tr>
<tr><td colspan="2">裙长</td><td colspan="2">75cm</td></tr>
<tr><td colspan="2">编制</td><td>审核</td><td></td><td>审核日期</td><td></td></tr>
</table>

五、任务评价

1. 检查要求

（1）布丝自然，纱向顺直、平服、产品无起吊、拉紧、起涟现象。

（2）波浪位置：前、后片波浪位置正确，波浪的大小均衡、自然。

（3）前、后侧缝：侧缝波浪自然、顺直，左、右侧缝长短一致，可适当增加对位记号以确保长度一致。

（4）裙摆：裙摆圆顺，各部位长度均匀。

（5）扣烫：各部位熨烫到位，底边顺直。

（6）纸样拓样准确。

2. 评价表（表3-5-3）

表3-5-3　评价表

序号	具体指标	分值	自评	小组互评	教师评价	小计
1	面料经纬纱向整理正确，熨烫干净整洁	2				
2	波浪的方向与位置合理，纱向正确	2				
3	波浪自然、大小均衡、合理	2				
4	裁片符合人体	2				
5	外观效果好，针距漂亮	2				
合计		10				

六、职业技能鉴定指导

（一）单选题

1	服装的使用功能，认为穿着只能流行一时的服装是一种浪费的观点，消费者属于（　　）。 A．理论型　　B．经济型　　C．审美型　　D．政治型	B
2	人体是服装画的基础，（　　）就是基础中的基础。 A．添加形体　　B．勾画草图　　C．服装人体　　D．人体动态草图	D
3	在时装画中，（　　）是勾画服装人体的重要依据。 A．人体的形体造型　　B．服装人体比例　　C．人体动态　　D．人体模特	B
4	黏合过程由四个要素控制，即温度、时间、压力和（　　）。若要达到理想的粘合效果，必须对这四个要素进行合理的组合。 A．衬的厚度　　B．有效温度　　C．冷却　　D．面料的性质	C
5	男衬衫的号型一般都标示在衣领上，并印有三个数字，如38、70、60，这表示（　　）。 A．肩宽38cm、衣长70cm、袖长60cm B．领围38cm、衣长70cm、半胸围60cm C．肩宽38cm、衣长70cm、半胸围60cm D．领围38cm、衣长70cm、袖长60cm	D
6	天然纤维的伸长率由大到小排列正确的是：（　　）。 A．羊毛、蚕丝、棉、麻 B．羊毛、棉、蚕丝、麻 C．蚕丝、麻、羊毛、棉 D．蚕丝、羊毛、麻、棉	A
7	以下方法对于提高面料的利用率、节约面料行之有效的方法是：（　　）。 A．先小后大、紧密排料、缺口相拼 B．先大后小、紧密排料、缺口相拼 C．先小后大、单件排料、缺口相拼 D．先小后大、多件套排、缺口相拼	B
8	为把好裁剪质量关，必须进行确认核对的是（　　）。 A．生产制造单、原辅料、样板、用料定额、铺料层数 B．生产制造单、样板数量、用料定额、规格、样衣 C．生产制造单、用料定额、开裁数量、样衣、出货期 D．服装工艺单、装箱通知书、裁剪通知单	A
9	在样板规格准确无误的情况下影响并造成成衣产品规格缺陷的因素是（　　）。 A．铺料时拉布过紧自然缩率不足 B．缩水率不准确 C．铺料时拉布过紧，熨烫热缩率和缝纫损耗不足 D．缝纫损耗率未计	C
10	服装工业生产时最容易造成成品规格不准确的面料是（　　）。 A．质地疏松的面料　　B．轻薄的面料 C．厚重硬挺的面料　　D．有花型、图案和格子的面料	C

（二）判断题

1	对于不符合要求、又不能修补的裁片，必须重新配片，才能投入缝纫制作。	√
2	服装夹里的背中缝和侧缝的腰节线剪三个眼刀。主要是为了熨烫后的夹里不起吊。	√
3	在进行女衬衫绱领工序时，如领子略大于领圈，只需在领圈直线处稍稍拉伸，但斜丝不能拉伸。	×
4	服装品牌所涵盖的内容是：品牌名称、品牌标志、品牌独特的造型风格及质量信誉。	√
5	服装造型常常以它的外观总体轮廓代表其特征，这个“外轮廓”简称“廓型”。	√
6	色彩之间差异小，色彩的对比就强，效果就强烈，色彩之间的关系就疏远；色彩之间差异大，色彩就容易统一，效果就柔和，色彩之间的关系就亲近。	×
7	在裁剪制作过程中，用人台或真人试穿是很重要的环节，便于即时发现问题，修改完善。	√
8	我们可以把童装看作是成人装的缩小版，这样，成人装的好设计就可以用到童装上，取得较好效果。	×
9	服装材料对廓型有较大的影响，廓型在一定程度上也取决于穿着者自身的体型和仪态。	√
10	生产成本和零售价之间的差距越大，说明产品的附加值越高，也表明档次越高。	√

（三）操作题

1. 按要求完成原型衣片省道立体裁剪操作

原型衣片外形描述：做整件上衣，原型前、后衣片各有2个肩省和2个腰省（图3-5-18）。

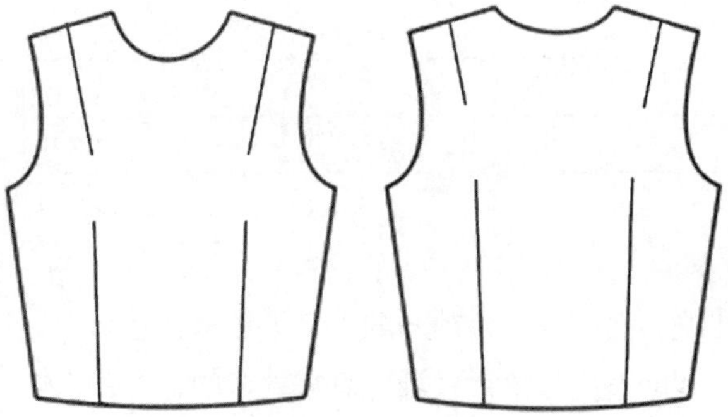

图3-5-18　原型衣片

号型：160/84A　　单位：cm

部位	胸围	肩宽	背长
规格	92	36	37

原型上衣的质量要求：

（1）符合成品规格。

（2）外形美观，放松量自然，纱向顺直、平服。
（3）产品无起吊、拉紧、起涟现象。
（4）省道：省道位置正确，倒向对称，省尖处平顺，符合人体。
（5）侧缝：顺直，左、右侧缝长短一致。
（6）注意前、后肩吃势。
（7）整烫：各部位熨烫到位、平服，无亮光、水花、污迹，底边平直。
（8）针距美观、对称。
（9）纸样拓样准确。

2. *以原型省道的变化为基础，进行前片胸省转移立体裁剪操作*

T型省衣片外形描述：围绕胸省进行子母T型省道转移（图3-5-19）。

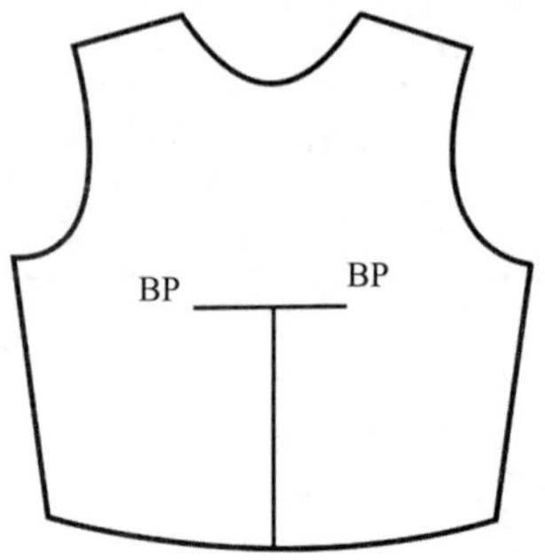

图3-5-19　T型省

号型：160/84A　　单位：cm

部位	胸围	背长	肩宽
规格	92	37	35

T型省上衣的质量要求：
（1）造型：规格正确，造型自然，纱向顺直、平服，松量合理。
（2）省道：省道转移的方向与位置合理，省尖处平顺，符合人体。
（3）侧缝：顺直，左、右侧缝长短一致。
（4）整烫：各部位熨烫到位、平服，无亮光、水花、污迹，底边平直。
（5）针距美观、对称。
（6）纸样拓样准确。

3. *按要求完成波浪裙的立体裁剪制作*

波浪裙外形描述：

腰部无省，裙子正、背面各设4个波浪，整条裙子共做8个波浪，波浪位置为公主线至侧缝处各2个，总体要求波浪清晰、分布均匀、大小均衡、富有动感（图3-5-20）。

图3-5-20　波浪裙

号型：160/84A　　单位：cm

部位	腰围	裙长	腰头宽
规格	70	68	6

波浪裙的质量要求：

（1）符合成品规格要求。

（2）腰围放松量自然，纱向顺直、平服。

（3）外廓型美观，无起吊、拉紧、起涟现象。

（4）波浪：波浪位置正确，大小均匀、对称，下摆处自然、优美。

（5）侧缝：顺直，左、右侧缝长短一致。

（6）前、后腰线自然顺畅。

七、模块小结

通过本模块的实操训练，我们应该已经基本掌握了女上衣基本立体裁剪技能，学会围绕胸高点进行省道转移的技能，同时也掌握了裙基本立体裁剪技能。基础服装立体造型是我们需要完成的衣身基础，它是最原始的衣身纸样，也是一切变化服装款式的基础，在操作过程中我们应该反复思考立体裁剪与人体之间的关系，认识立体裁剪与平面裁剪之间的互补性。

模块四　各种领型款式与造型

【技能目标】

1. 根据款式进行面料的预估。
2. 掌握面料经纬纱向整理。
3. 准确贴出不同领型的标识线。
4. 根据领子舒适度、尺寸间的比例，分析和裁剪不同领型。
5. 能对裁片进行纸样的取样及假缝。

【知识目标】

1. 了解颈部的构造特点及颈部与衣领的关系。
2. 了解立领、波浪领、翻领、翻驳领、坦领（也称趴领）的概念、结构和特点。
3. 学会分析不同的领型所适合的服装款式。
4. 掌握不同领型的变化要素和设计要点。
5. 掌握基础款领型的裁剪方法，并能举一反三，裁剪出更多变化领型。

【模块导读】

衣领装缝在衣身领圈上，是距脸部最近的服装部位，并与人体的颈部相贴，具有保护和装饰颈部的双重功能，对于在服装设计中具有非常重要的作用。衣领的造型受风格、流行元素、脸型、面料等因素的影响，所以造型变化多样，再细小的领型变化也可能会影响整件服装的效果。

领子的构成要素有领线的形状、领座的高低、翻折线形态、领轮廓线的形状等，这些既是构成要素，也是领子的设计要点。立体裁剪时既要考虑穿着者头部、颈部及肩部的形态，也要把握领座的高度、领面的宽度、领外轮廓线等比例尺寸的合体、美观。

本单元主要介绍立领、波浪领、翻领、翻驳领、坦领共五款基本领型的造型方法，希望通过基本领型的学习，能设计出更多不同的领型。

任务一　立领造型及操作

技能目标

1. 能准确黏贴出立领的标识线，线条要求流畅自然，与款式图造型相同。
2. 能运用立体裁剪的造型方法完成立领的裁剪。
3. 掌握立领裁片、纸样取样和假缝的方法。

4．根据立领特点，设计裁剪更多不同造型的立领，提高拓展能力。

知识目标

1．掌握立领的概念，了解立领的款式特点，对款式图中的领型进行类别分析。

2．能分析立领的高度和颈脖的贴合度，以及各尺寸之间的比例关系。

3．掌握立领的构成要素和变化要点，分析不同立领的造型特点，拓宽设计思路。

一、任务描述

根据基本立领造型的款式通知单，分析款式特点，根据造型需要进行立体裁剪，完成立领样板，并根据样板进行假缝制作。

二、必备知识

（一）立领的概述

立领是比较贴合脖子的一款领型，形状与脖子相符，是一种只有领座、没有领面的领型，也被称作中式领或中国领（图4–1–1），这种领型体现出了一种庄重、严谨的服装风格。

图4–1–1　立领

（二）立领的变化要点

1．领口的变化

根据领口和颈部之间的贴合度可分为领口紧贴、宽松、内倾、外倾四种造型。

2．领座高度的变化

根据服装风格及款式，领座有高低之分。

3．领座形状的变化

领座有方形、圆形、角形、不规则形等造型变化。

4．立领开合的变化

立领的开合方式可以有正开、侧开、不开、半开等变化。

5．立领扣合的变化

根据款式风格不同，立领有纽扣、拉链、系带等扣合方式的变化。

（三）立领与人体的关系

立领造型可以修饰人的脸型，选择正确的领型可以起到画龙点睛的作用，但并不是所有的脸型都适合立领，比如颈脖较短的人不太适合领座较高的立领，在实际运用中，要根据不同体型特征和功能需求选择不同的领型。

三、任务实施

基础立领造型款式纸样设计与立体造型通知单见表4–1–1。

（一）款式分析

此款立领不同于传统意义上合体保守的立领，它前中开口较大，向内倾斜，其款式比传统的立领更大气、时尚、性感（图4–1–2）。

表4–1–1　基础立领造型款式纸样设计与立体造型通知单

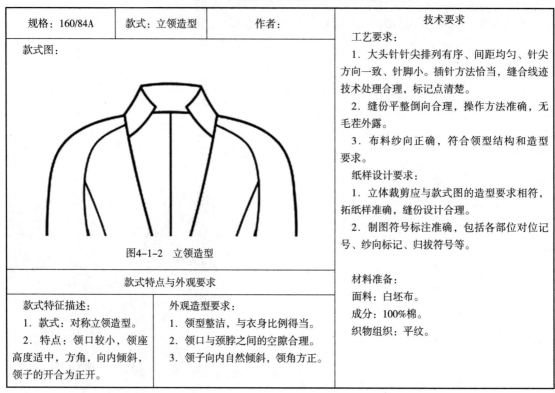

<table>
<tr><td>规格：160/84A</td><td colspan="2">款式：立领造型</td><td>作者：</td><td rowspan="4">技术要求
工艺要求：
1．大头针针尖排列有序、间距均匀、针尖方向一致、针脚小。插针方法恰当，缝合线迹技术处理合理，标记点清楚。
2．缝份平整倒向合理，操作方法准确，无毛茬外露。
3．布料纱向正确，符合领型结构和造型要求。
纸样设计要求：
1．立体裁剪应与款式图的造型要求相符，拓纸样准确，缝份设计合理。
2．制图符号标注准确，包括各部位对位记号、纱向标记、归拔符号等。

材料准备：
面料：白坯布。
成分：100%棉。
织物组织：平纹。</td></tr>
<tr><td colspan="4">款式图：
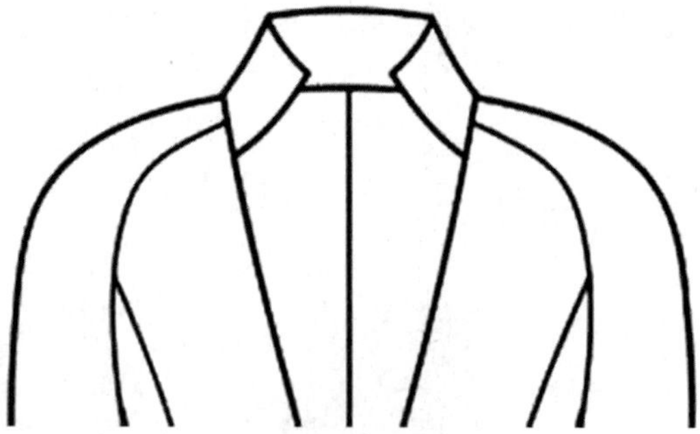
图4–1–2　立领造型</td></tr>
<tr><td colspan="4">款式特点与外观要求</td></tr>
<tr><td colspan="2">款式特征描述：
1．款式：对称立领造型。
2．特点：领口较小，领座高度适中，方角，向内倾斜，领子的开合为正开。</td><td colspan="2">外观造型要求：
1．领型整洁，与衣身比例得当。
2．领口与颈脖之间的空隙合理。
3．领子向内自然倾斜，领角方正。</td></tr>
</table>

（二）实践准备

1．标识线的准备

根据立领的高度及形状在人台上贴出造型线（图4–1–3）。

2．面料的准备

准备一块长30cm，宽15cm的面料，撕去布边，用熨斗将丝缕归直、熨平（图4–1–4），

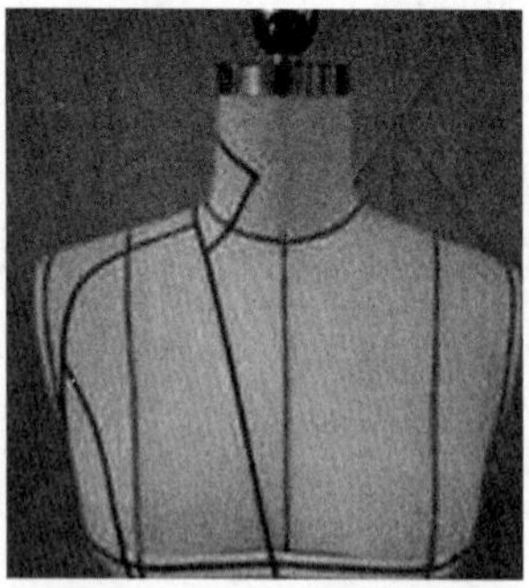

图4–1–3　标识线的准备

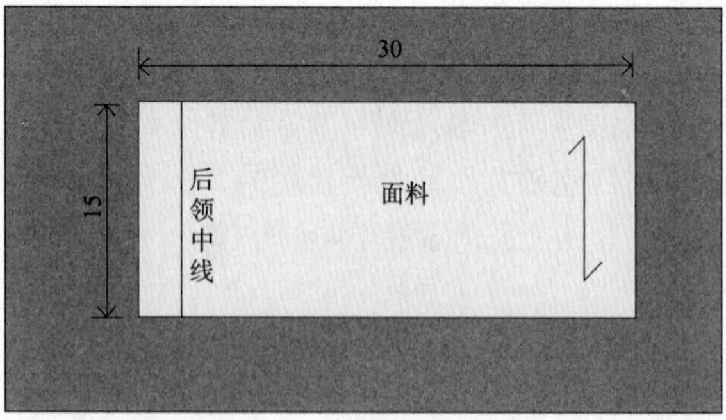

图4–1–4　面料的准备

并画出后领中线。

（三）实践实施

1. **操作步骤要求与注意事项**

在操作过程中注意立领与脖子之间空隙的把握，空隙过大或过小都会影响领子造型。

2. **操作步骤**

①领裁片后中线与人台后中线相吻合后插上大头针，使布片稳定（图4-1-5）。

②领裁片由后中线至前中线，一边打剪口一边抚平领围，使领围服帖圆顺（图4-1-6）。

图4-1-5　重合后中线

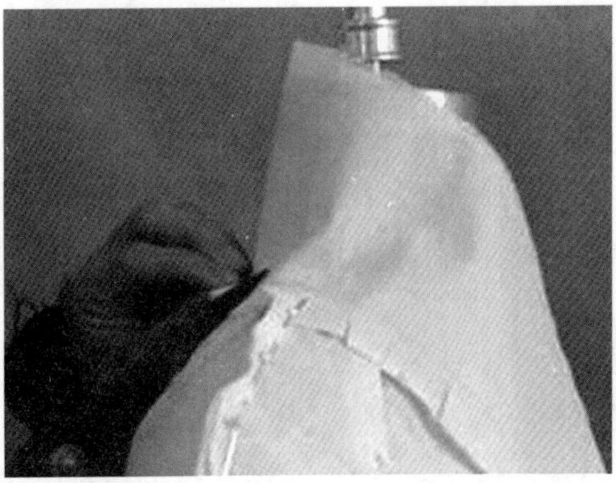

图4-1-6　打剪口

③顺颈围抚平布料，布往前绕，注意把握领与人台脖子之间的空隙（图4-1-7）。

④将领子固定在衣身侧部、前部位置，剪掉多余的量，初步确定立领造型（图4-1-8）。

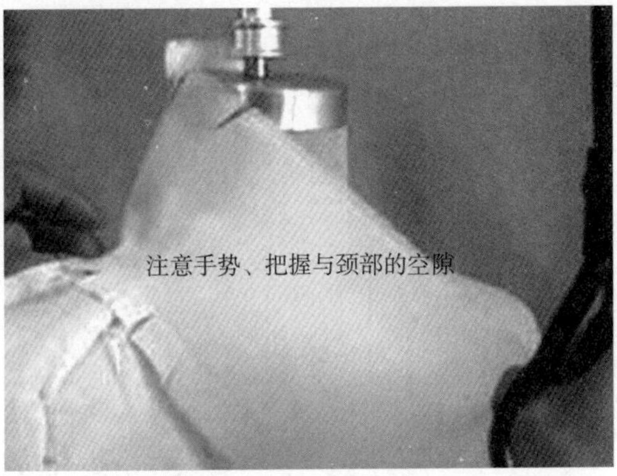

图4-1-7　把握空隙

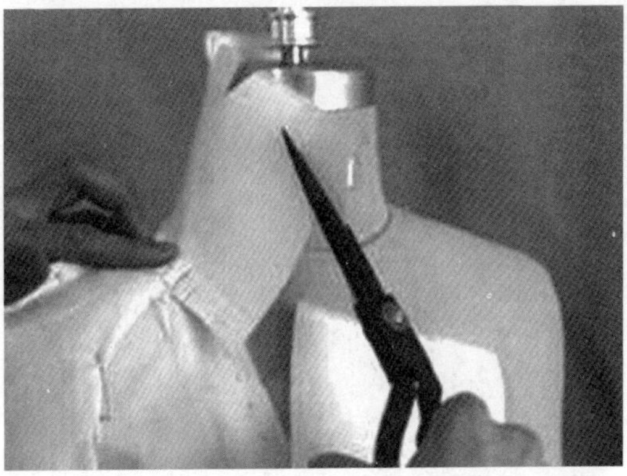

图4-1-8　初步确定立领造型

⑤再次调整确认立领与脖子之间的空隙，并用大头针固定领子和衣片（图4-1-9）。

⑥固定领子和衣片后，确定立领的高度和形状，再次用标识线贴出。留出缝头，裁去多余的量确定造型（图4-1-10）。

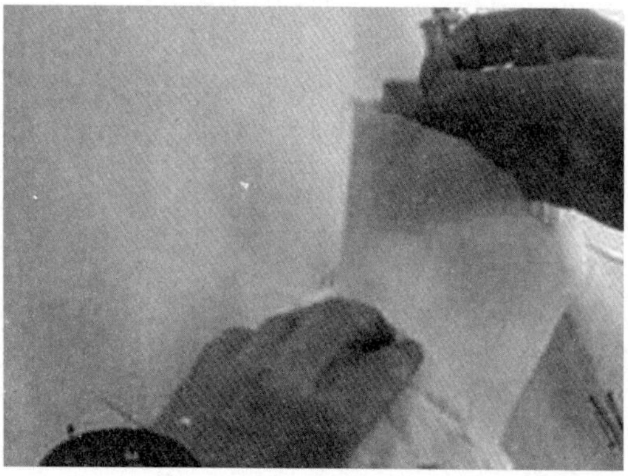

图4-1-9　固定领子与衣片

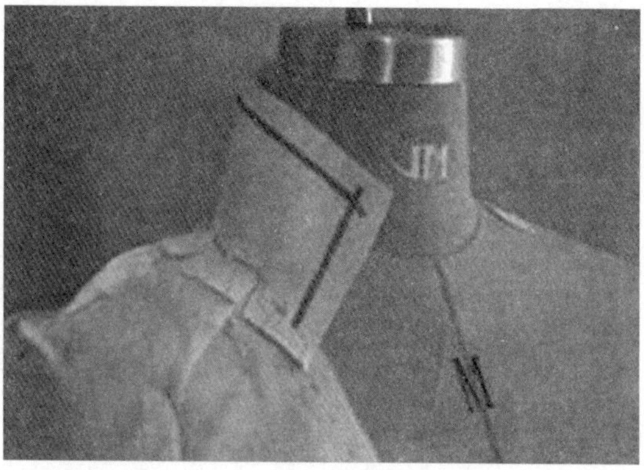

图4-1-10　确定立领高度及形状

3. **效果展示**（图4-1-11）

完成后根据款式图检查立领正面、侧面、背面效果，从立领的横开领大、高度及上口线与颈部的空间量观察立体效果，并做适当的调整。

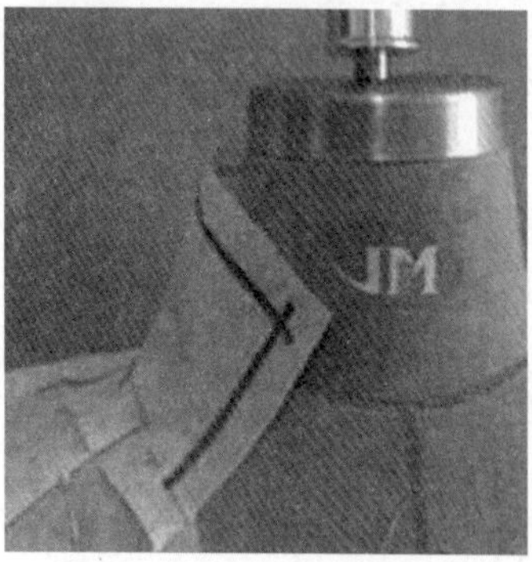

正面

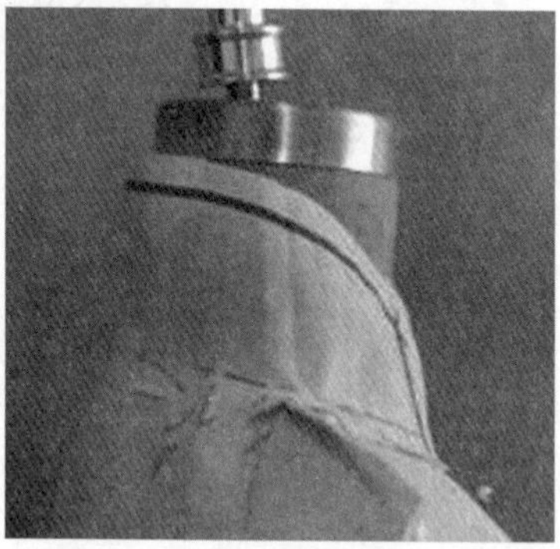

侧面

背面

图4-1-11　效果展示

4. **拓印样板**（图4-1-12）

用滚轮或其他方法，将立领布样拓印到纸上，并在纸样上标注对位记号、对合点、纱向等。

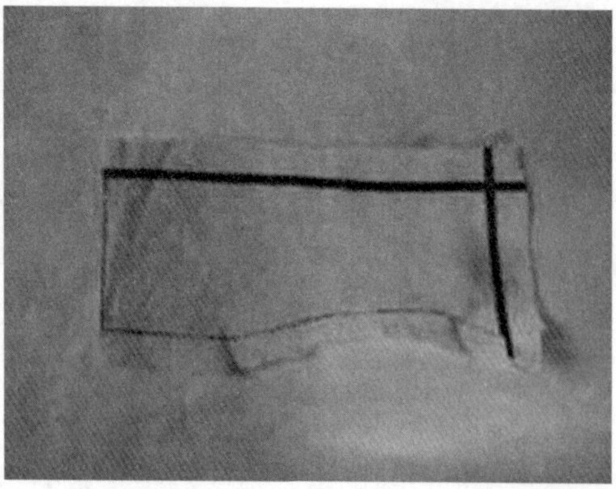

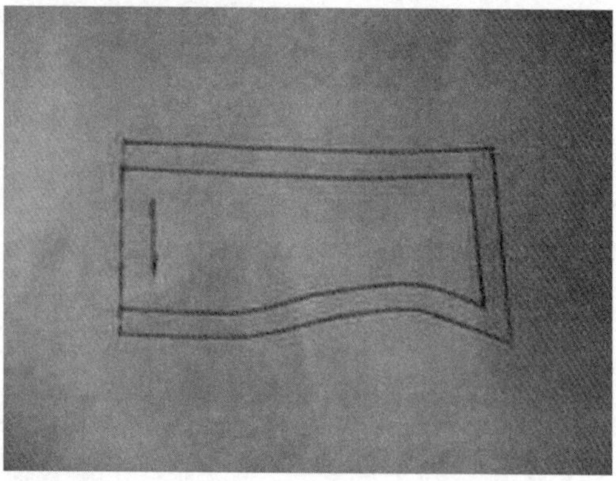

图4-1-12　描图取样

5. 假缝完成效果（图4-1-13）

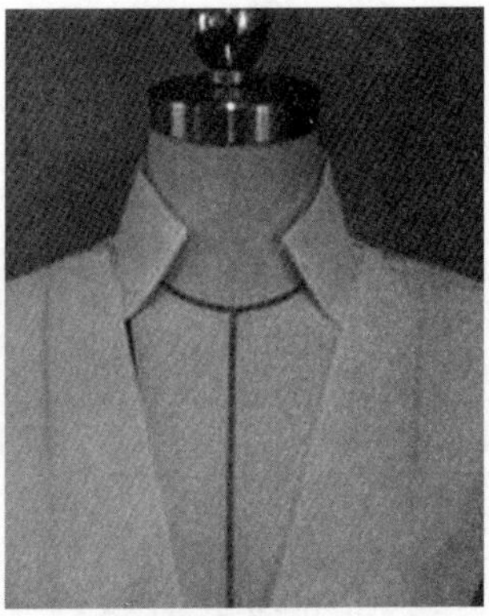

正面

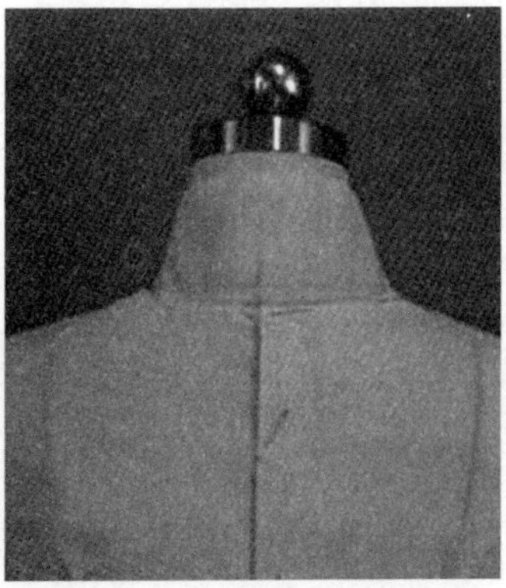

背面

图4-1-13　假缝效果

（四）特别提示

此款为正开、前中不并拢的立领，要在衣身上做好对位记号，以便准确装上领子，做到左右对称、高低一致。

四、学习思考与练习

1. 想一想立领的形状和设计还可以有哪些变化？
2. 用立体裁剪的方法完成如图4-1-14所示的立领设计（表4-1-2）。

表4-1-2　双层立领通知单

规格：160/84A	领型：双层立领	工具：珠针、大剪刀、褪色笔、熨斗
款式图： 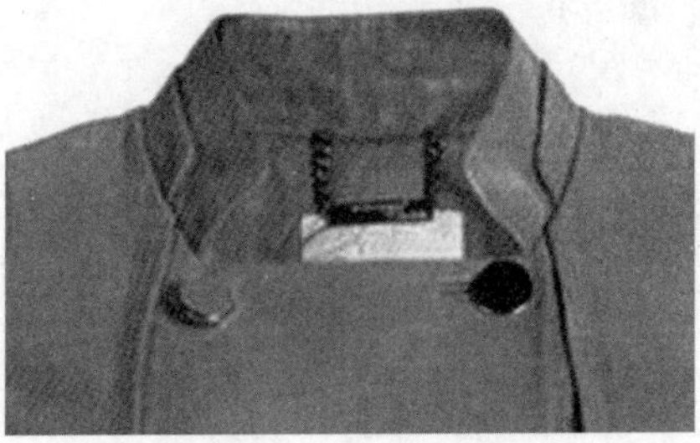 图4-1-14　双层立领		款式要求 1. 纱向顺直、平服。 2. 领型挺拔，无起吊、拉紧、起涟现象，外观美观。 3. 前中不合拢立领，双层设计，比例大小准确。 4. 各部位熨烫到位，无亮光、水花、污迹。 5. 外观效果好，针距匀称，针尖方向一致。
		编制：　　审核：　　审核日期：

五、检查与评价

1. 检查要求

（1）纱向顺直、平服、领型无拉紧、起涟现象。

（2）立领左右对称、挺拔，领角平整。

（3）领口与颈部空隙得当，双层立领外观合理美观。
（4）各部位熨烫到位、平服。
（5）针距美观、对称。
（6）纸样拓样准确。
2. **评价表（表4-1-3）**

表4-1-3 评价表

序号	具体指标	分值	自评	小组互评	教师评价	小计
1	面料经纬纱向整理正确，熨烫干净整洁	2				
2	立领外形对称、各部位比例、尺寸、造型合理美观	2				
3	松量合理，无拉紧	2				
4	外观效果好，针距美观	2				
5	纸样准确、符号完整	2				
合计		10				

任务二 波浪领造型及操作

【技能目标】

1. 能准确贴出波浪领的标识线，要求线条流畅自然，与款式图造型相同。
2. 预估波浪领的面料，丝缕归直熨平。
3. 掌握波浪领裁片、纸样取样和假缝的方法。
4. 根据波浪领特点，设计裁剪更多不同的波浪领型，提高拓展能力。

【知识目标】

1. 掌握波浪领的概念，根据款式分析波浪领的造型特点。
2. 分析波浪领的大小、各尺寸的比例，制作的领型美观。
3. 掌握波浪领的变化要点，拓宽设计思路。

一、任务描述

根据波浪领造型的款式通知单，分析款式特点，根据造型需要进行立体裁剪，完成样板，并根据样板进行假缝制作。

二、必备知识

（一）波浪领的概述

波浪领造型是服装平面装饰立体化的重要手段，通过线与面的组合形成不规则造型（图

4-2-1）。波浪领常常被运用在女装和童装中，是一种独具特色且具有无穷创新空间的领型，大大增强了服装的空间感和立体感。

（二）波浪领的变化要点

波浪领的波浪设计极具律动感和自由感，有起有伏、有简有繁，在设计制作时可根据具体的款式，目标人群进行变化。

图4-2-1　波浪领造型

三、任务实施

波浪领造型款式纸样设计与立体造型通知单见表4-2-1。

（一）款式分析

此款波浪领横开领较大，波浪无规则，前中处波浪较密，领面窄，越往后波浪越宽量越大（图4-2-2）。

表4-2-1　波浪领造型款式纸样设计与立体造型通知单

<table>
<tr><td>规格：160/84A</td><td colspan="2">款式：波浪领</td><td>作者：</td><td rowspan="5">技术要求
工艺要求：
1．大头针针尖排列有序，间距均匀、针尖方向一致、针脚小。插针方法恰当，缝合线迹技术处理合理，标记点交代清楚。
2．缝份平整倒向合理，操作方法准确，无毛茬外露。
3．布料纱向正确，符合领型结构和造型要求。
纸样设计要求：
1．立体裁剪应与款式图的造型要求相符，拓纸样准确，缝份设计合理。
2．制图符号标注准确，包括各部位对位记号、纱向标记、归拔符号等。
材料准备：
面料：白坯布。
成分：100%棉。
织物组织：平纹。</td></tr>
<tr><td colspan="4">款式图：
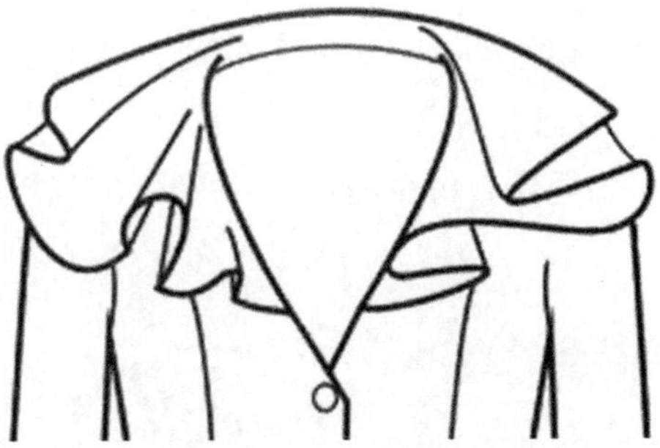
图4-2-2　波浪领造型</td></tr>
<tr><td colspan="4">款式特点与外观要求</td></tr>
<tr><td colspan="2">款式特征描述：
1．款式：波浪领造型。
2．特点：领面较大，平摊在肩部，无领座，横开领较大，领子波浪量大。</td><td colspan="2">外观造型要求：
1．领型整洁，与衣身比例得当。
2．领子的波浪量平衡、自然美观。</td></tr>
</table>

（二）实践准备

1．标识线的准备

根据波浪领的款式特点在人台上贴出造型线（图4-2-3）。

2．面料的准备

预估波浪领的形状大小，在面料上画螺旋形样片并剪下（图4-2-4）。准备一块

60cm×60cm左右的面料，在面料上画上后中线，并以后领宽20cm左右画出螺旋状领圈造型，并预剪领圈。

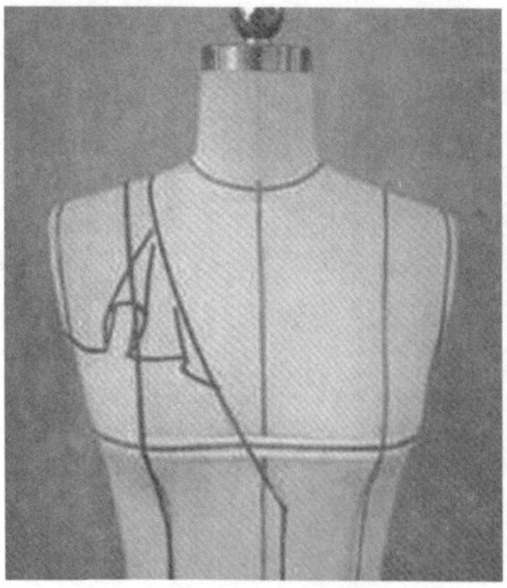

图4-2-3 标识线的准备

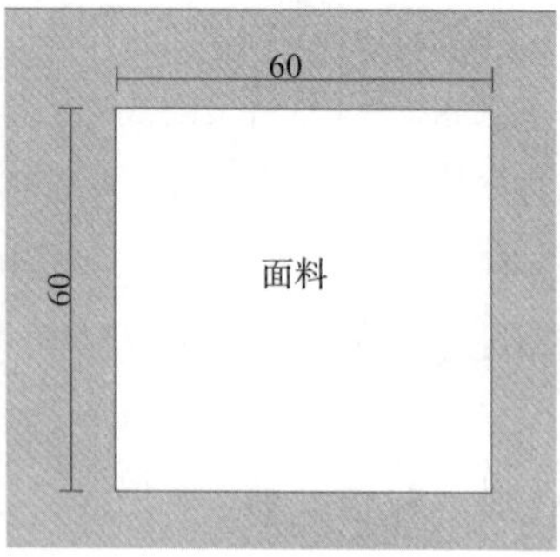

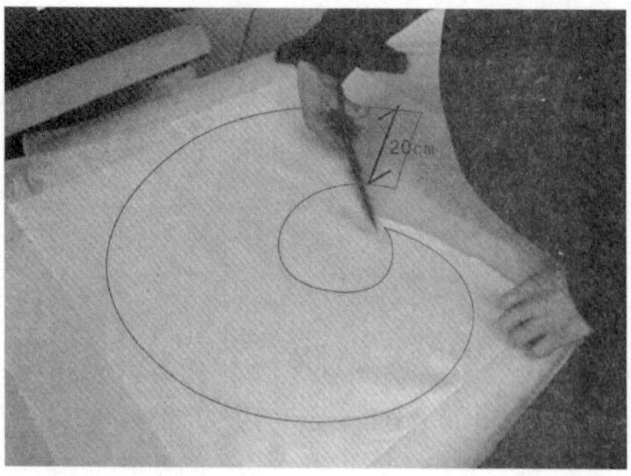

图4-2-4 面料的准备

（三）任务实施

1. 操作步骤要求与注意事项

在操作过程中注意波浪领大小与衣身之间的比例，以及对波浪形态的把握。

2. 操作步骤

①将领面裁片弧线的两端拉开，与人台波浪领标识线的领围用大头针固定，自然形成波浪造型。根据款式设计初步摆放波浪领的位置（图4-2-5）。

②调整波浪领位置，一手按住装领位置点，一手捏住布料做波浪，并用大头针将领子固定在人台的标识线处（图4-2-6）。

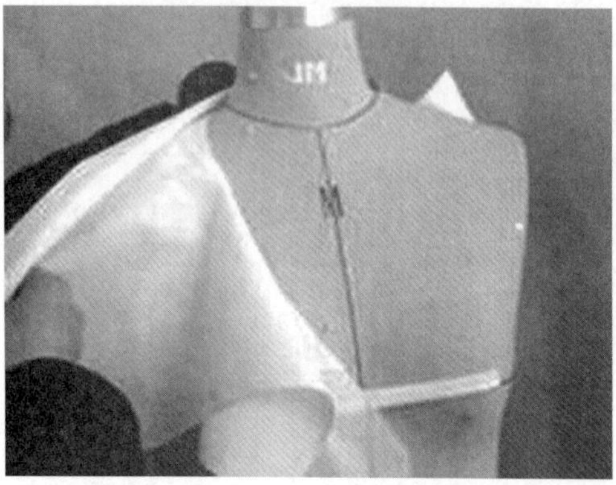

图4-2-5 摆放波浪领位置

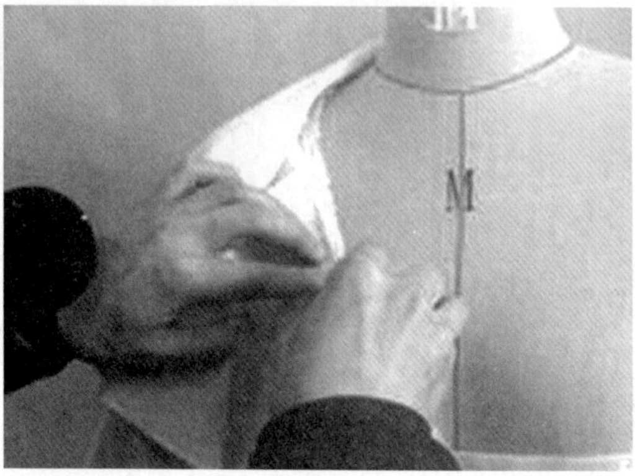

图4-2-6 调整波浪领位置

③观察领波浪量是否合理，并根据领面大小初步裁剪多余布料（图4-2-7）。

④调整后领圈，适当调整后领圈与领座的翻领松度关系，让波浪领的造型更符合款式要求，更加流畅。（如图4-2-8）

⑤再次修剪波浪领造型，调整波浪的分配及大小。注意保持波浪的协调均匀（图4-2-9）。

⑥留出缝头后修剪波浪领，确定造型并画线（图4-2-10）。

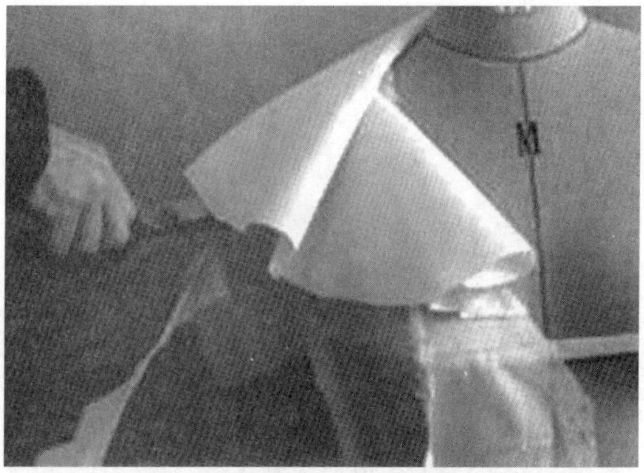

图4-2-7　剪去余料

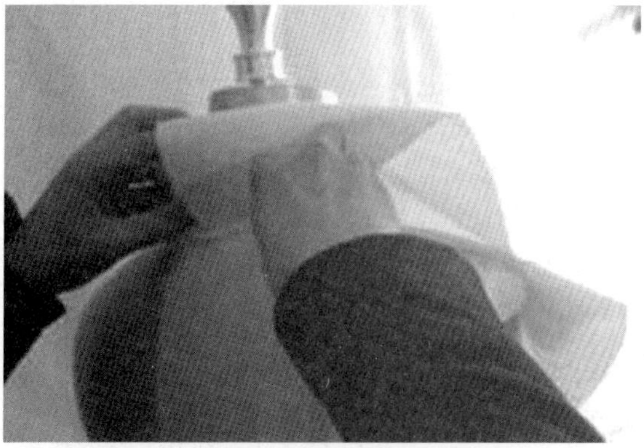

图4-2-8　调整后领圈

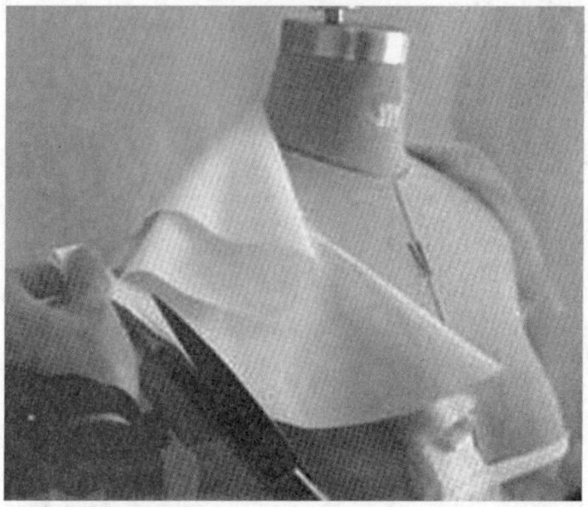

图4-2-9　再次调整波浪领

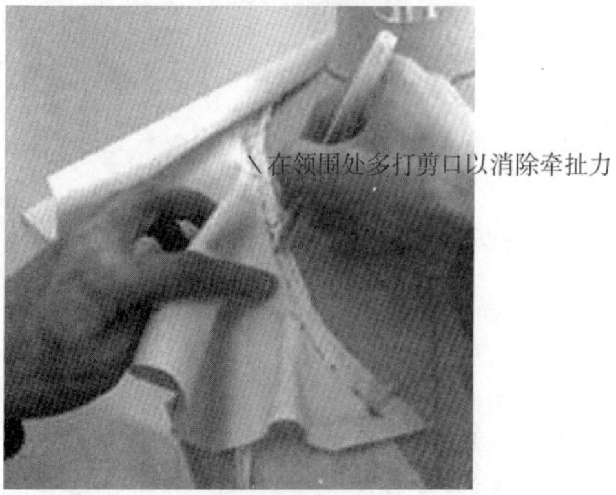

图4-2-10　确定造型并画线

3. **效果展示**（图4-2-11）

完成后对比款式图检查波浪领正面、侧面、背面效果，从波浪领的外形、波浪领的大小、形状上观察立体效果，并做适当的调整。

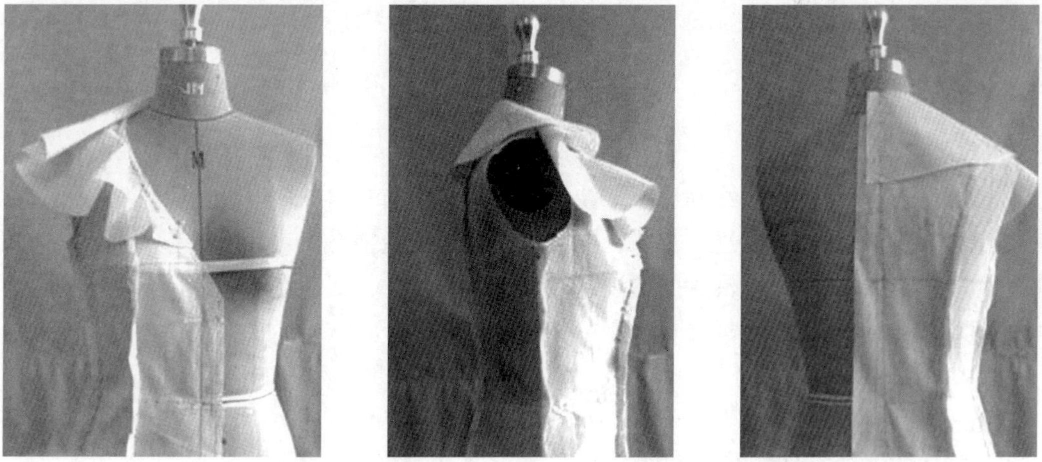

正面　　侧面　　背面

图4-2-11　效果展示

4. 描图取样（图4–2–12）

用滚轮或其他方法将波浪领布样拓印到纸样上，并在纸样上标注领侧点、波浪点等的对位记号、纱向记号等。

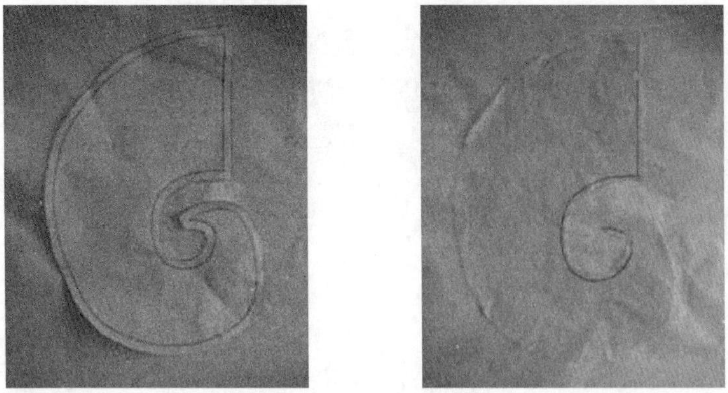

图4–2–12 描图取样

5. 假缝完成效果（图4–2–13）

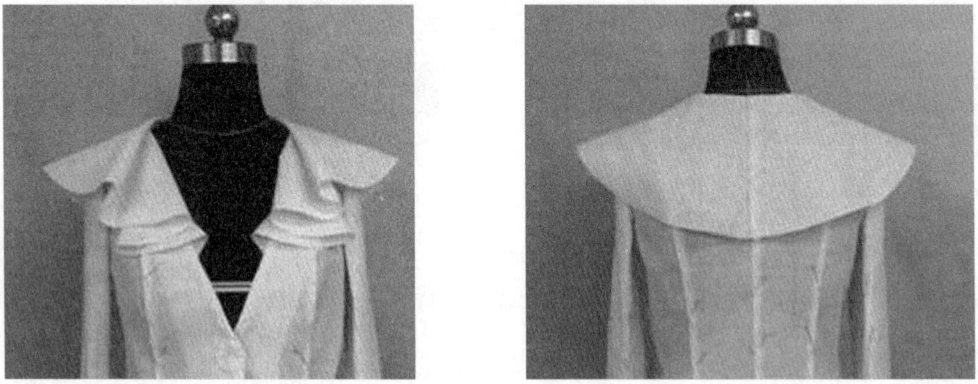

正面 背面

图4–2–13 假缝效果

（四）特别提示

一般在完成波浪领后会用标识线把波浪领造型贴出来，但此款波浪领较灵活，贴标识线有一定的难度，故我们省去这一步骤，在面料上直接把造型剪出来，弧度有不顺的地方可以到平面上进行修正。另外波浪领的波浪量较难控制和预估，因而在裁剪螺旋形面料时，可多预估些面料，以免面料不够导致波浪量变小或不足。

四、学习思考与学习

1. 搜集波浪领的服装图片，想一想波浪领还可以有哪些变化？
2. 用立体裁剪的方法完成图4–2–14所示的波浪领设计（表4–2–2）。

表4-2-2　波浪领通知单

<table>
<tr><td>规格：160/84A</td><td>领型：波浪领</td><td>工具：珠针、大剪刀、褪色笔、熨斗</td></tr>
<tr><td colspan="2" rowspan="3">款式图：

图4-2-14　波浪领</td><td>款式要求</td></tr>
<tr><td>1．纱向顺直、平服。
2．波浪造型自然流畅、美观。
3．领面较大，波浪量较大，领型比例大小准确，与颈肩、衣身比例关系合理。
4．各部位熨烫到位，无亮光、水花、污迹。
5．外观效果好，针距匀称，针尖方向一致。</td></tr>
<tr><td>编制：　　　　审核：　　　　审核日期：</td></tr>
</table>

五、检查与评价

1．**检查要求**

（1）领型平整自然、无拉紧、起涟现象。

（2）波浪量大小平衡、与衣身比例得当。

（3）波浪弧度顺畅、自然，外观合理美观。

（4）各部位熨烫到位，平服，无亮光、水花、污迹。

（5）针距美观、对称。

（6）纸样拓样准确。

2．**评价表（表4-2-3）**

表4-2-3　评价表

序号	具体指标	分值	自评	小组互评	教师评价	小计
1	面料经纬纱向整理正确，熨烫整洁	2				
2	领型与颈肩、衣身关系合理	2				
3	波浪量大小合理美观、波浪弧度顺畅	2				
4	整体效果好，针距均匀、针尖方向一致	2				
5	纸样准确、制图符号完整	2				
合计		10				

任务三　翻领造型及操作

技能目标

1. 能准确贴出翻领的标识线，要求线条流畅自然，与款式图造型相同。
2. 分析领型结构，根据领座高度、领面宽度，预估面料，丝缕归直熨平。
3. 掌握翻领裁片、纸样取样和假缝的方法。
4. 根据翻领特点，设计裁剪不同的翻领造型，提高拓展能力。

知识目标

1. 掌握翻领的概念，根据款式分析翻领的造型特点和构成要素。
2. 了解翻领的大小、各尺寸的比例，制作的领型要美观。
3. 掌握翻领的变化要点，拓宽设计思路。

一、任务描述

根据翻领造型的款式通知单，分析款式特点，根据造型需要进行立体裁剪，完成样板，并根据样板完成假缝制作。

二、必备知识

（一）翻领的概述

翻领是领面向外翻折的领型（图4-3-1），有加领座和不加领座（但有隐形领座）两种方式。翻领常运用在衬衫、运动衫和夹克中。由领座、领面、领角、翻折线、装领线和领外轮廓线六个部分构成。它们的不同参数及其相互之间存在着的内在联系，决定着翻领的不同造型。

图4-3-1　翻领

（二）翻领的变化要点

根据翻领的六个构成要素，可变化出多样的翻领造型。如领座有高低大小的变化；领角形状可方可圆，可长可短；领外轮廓线变化范围广，可曲可直；领宽可以宽到翻至腰节线，形成夸张的披肩领，也可只保留细细的一条翻折边，还可与帽子相连成为连衣帽等。

三、任务实施

不对称翻领造型款式纸样设计与立体造型通知单见表4-3-1。

（一）款式分析

此款翻领是不加领座不对称翻领，左右领面大小不同，领面交叠形成大气时尚的造型效果（图4-3-2）。

表4-3-1　不对称翻领造型款式纸样设计与立体造型通知单

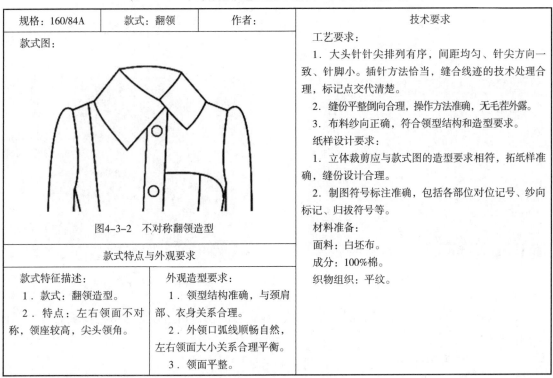

<table>
<tr><td>规格：160/84A</td><td>款式：翻领</td><td>作者：</td><td rowspan="4">技术要求
工艺要求：
1. 大头针针尖排列有序，间距均匀、针尖方向一致、针脚小。插针方法恰当，缝合线迹的技术处理合理，标记点交代清楚。
2. 缝份平整倒向合理，操作方法准确，无毛茬外露。
3. 布料纱向正确，符合领型结构和造型要求。
纸样设计要求：
1. 立体裁剪应与款式图的造型要求相符，拓纸样准确，缝份设计合理。
2. 制图符号标注准确，包括各部位对位记号、纱向标记、归拔符号等。
材料准备：
面料：白坯布。
成分：100%棉。
织物组织：平纹。</td></tr>
<tr><td colspan="3">款式图：

图4-3-2　不对称翻领造型</td></tr>
<tr><td colspan="3">款式特点与外观要求</td></tr>
<tr><td>款式特征描述：
1. 款式：翻领造型。
2. 特点：左右领面不对称，领座较高，尖头领角。</td><td colspan="2">外观造型要求：
1. 领型结构准确，与颈肩部、衣身关系合理。
2. 外领口弧线顺畅自然，左右领面大小关系合理平衡。
3. 领面平整。</td></tr>
</table>

（二）实践准备

1. 标识线的准备

根据翻领的款式造型在人台上贴出造型线（图4-3-3）。

2. 面料的准备

准备一块长75cm，宽30cm的面料，并根据领圈弧度预剪一条弧线便于装领（图4-3-4）。

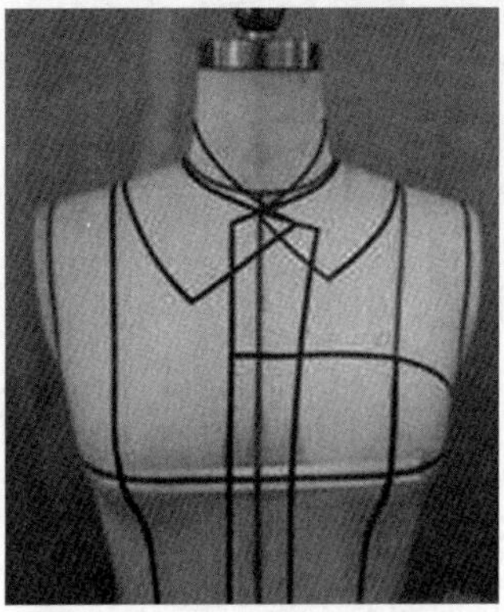

图4-3-3　标识线的准备

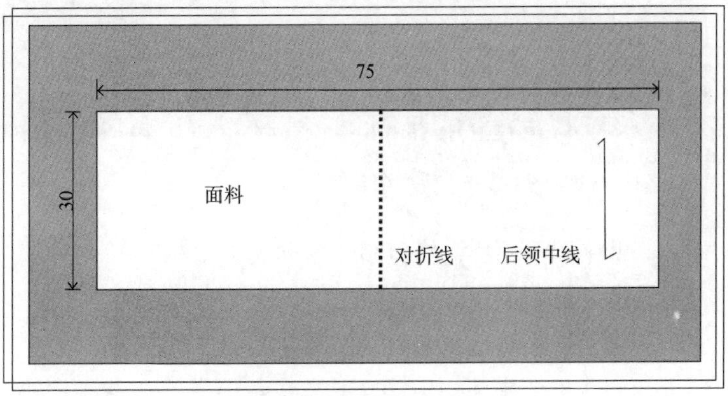

图4-3-4　面料的准备

（三）实践实施

1. **操作步骤要求与注意事项**

在操作过程中注意领底、领面、领外口轮廓线三者的协调，保证领型的舒适美观。

2. **操作步骤**

①根据款式、形状将衣领裁剪面料摆放在人台翻领的位置（图4–3–5）。

②将对折线对准人台后中线，调整翻领位置，并用大头针固定，稳定布片（图4–3–6）。

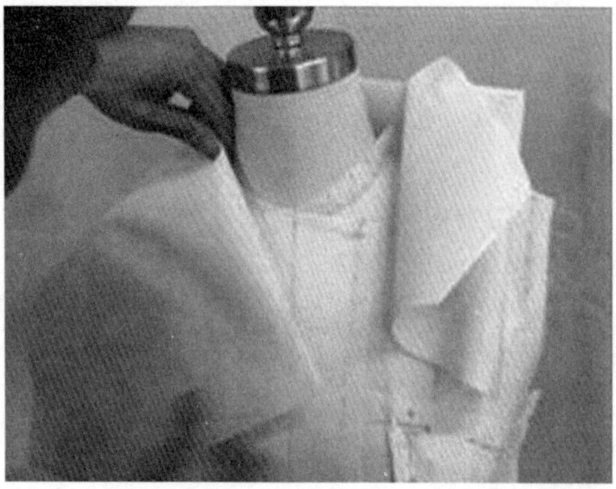

图4–3–5　初步摆放翻领

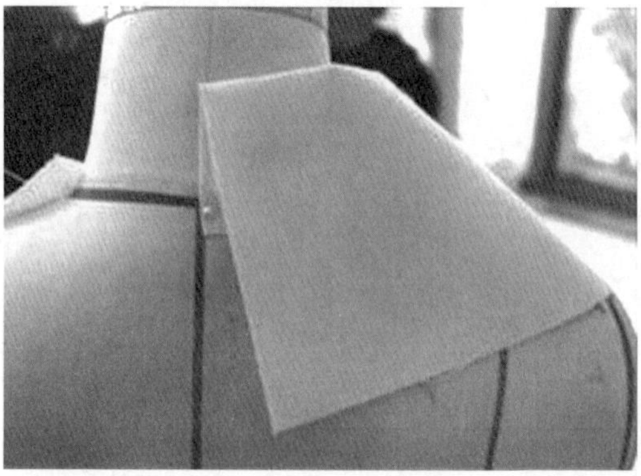

图4–3–6　调整翻领位置

③调整领子与颈部之间的空隙，观察翻折线是否满意，根据领面形状初步裁剪多余布料（图4–3–7）。

④在领圈弧线附近打剪口，抚平领圈（图4–3–8）。

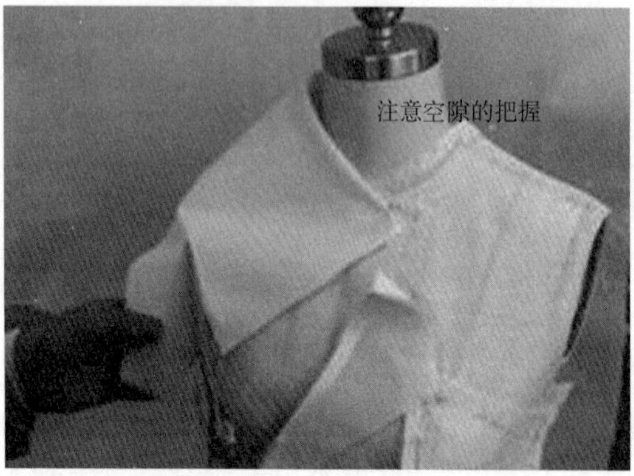

图4–3–7　剪去余量

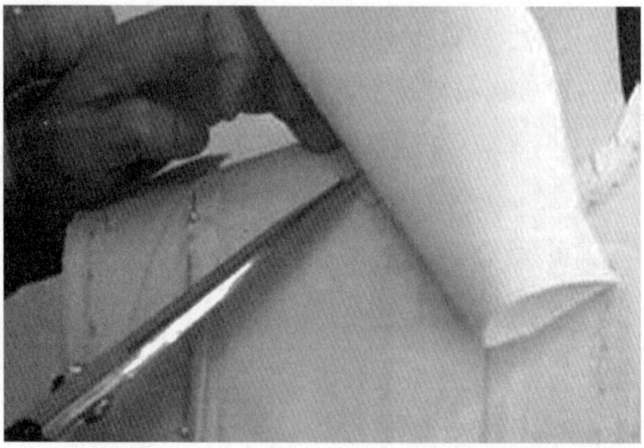

图4–3–8　打剪口

⑤继续调整领型，修剪领外轮廓线（图4–3–9）。

⑥确定领型，用标识线贴出领子造型，并用大头针固定领子和衣身（图4–3–10）。

⑦根据款式确定领面形状（图4–3–11）。

⑧展开整个领面，用同样的方法裁出另一边的领面（本款领型为左右不对衬式），并与衣身固定（图4–3–12）。

⑨根据款式再次调整领型，裁剪出不对称的领面效果，用标示线贴出领外轮廓线（图4-3-13）。

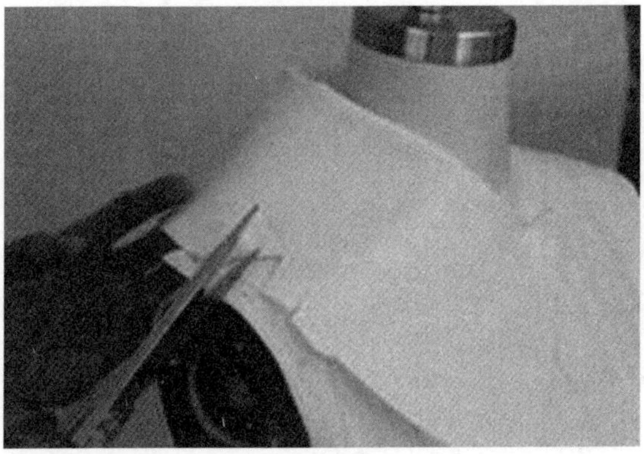

图4-3-9　修剪外领口

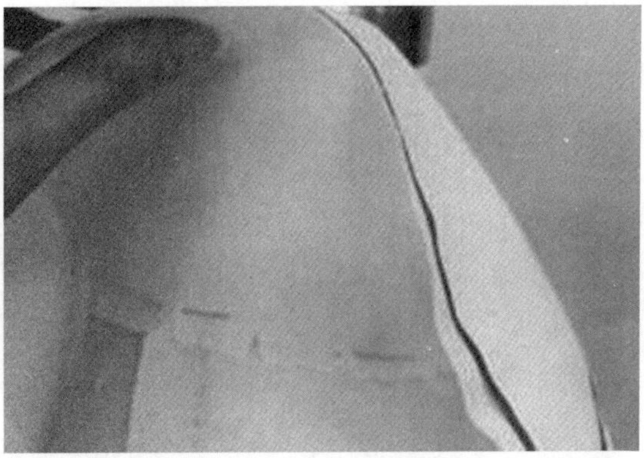

图4-3-10　确定领型

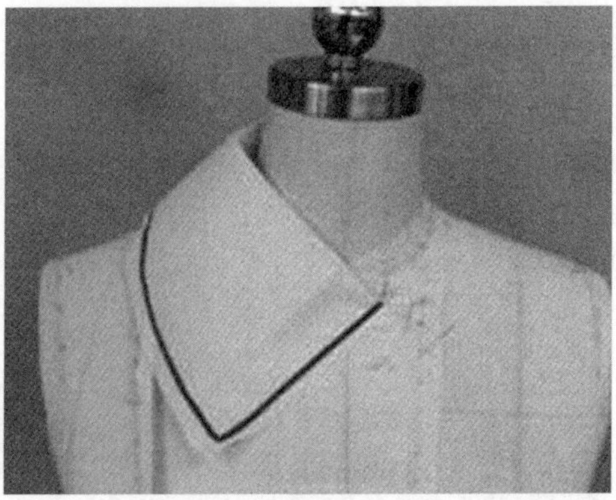

正面

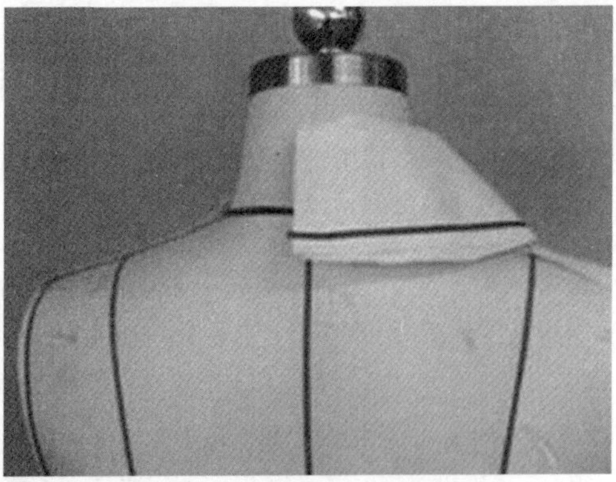

背面

图4-3-11　确定领面形状

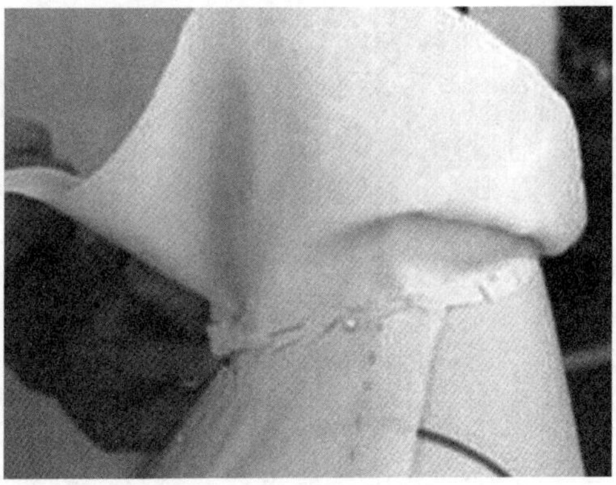

图4-3-12　裁剪另一边领面

图4-3-13　调整另一边领面

3. 描图取样（图4-3-14）

用滚轮或其他方法，将翻领布样拓展到纸样上，并在纸样上标注对位记号、对合点、纱迥等。

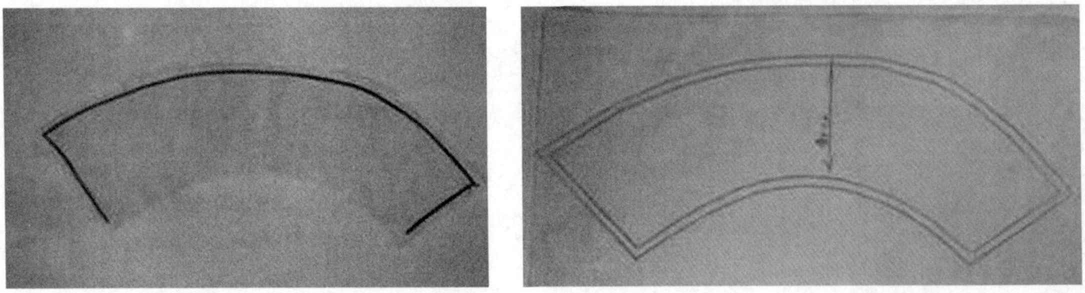

图4-3-14 描图取样

4. 假缝完成效果（图4-3-15）

假缝完成后的翻领穿在人台上观察前后各部位效果，调整不舒适的部位，并进行调整标记。注意翻领松度，应自然流畅，领外口线松紧适度，不宜过紧或过松。

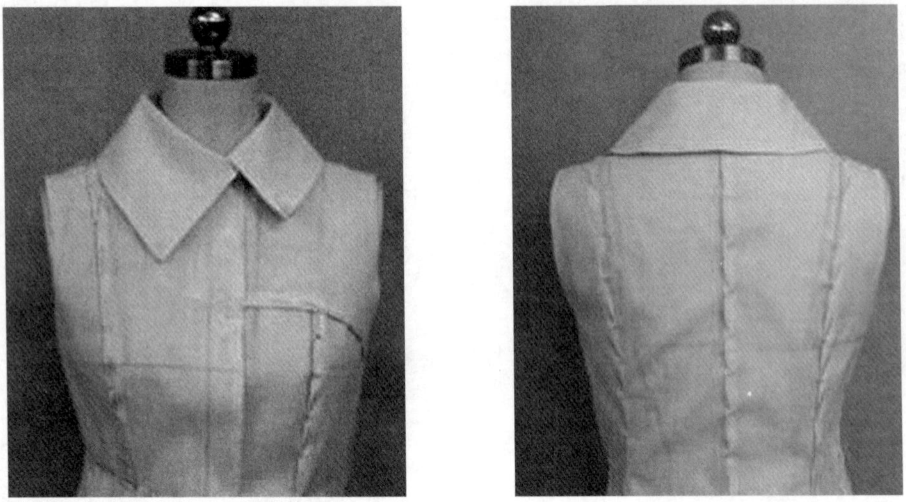

正面　　背面

图4-3-15 假缝效果

（四）特别提示

此款翻领，有别于一般完全对称的翻领，在裁剪领外轮廓线时既要考虑到左右领型的不对称，又要把握好左右领型的视觉平衡。

四、学习思考与练习

1. 翻领在服装中运用较广，款式变化多样，请搜集一些翻领的款式。
2. 翻领的制作方法学会了吗？请完成图4-3-16所示领型的立体裁剪（表4-3-2）。

表4-3-2　翻领通知单

<table>
<tr><td>规格：160/84A</td><td>领型：翻领</td><td>工具：珠针、大剪刀、褪色笔、熨斗</td></tr>
<tr><td colspan="2" rowspan="3">款式图：
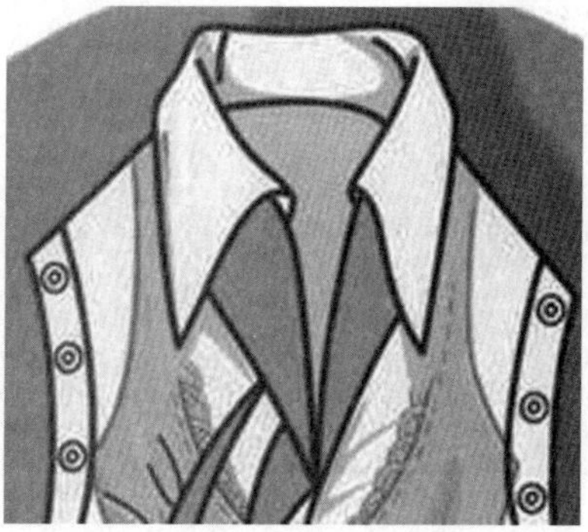
图4-3-16　翻领</td><td>款式要求</td></tr>
<tr><td>1. 纱向顺直、平服。
2. 翻领结构准确，比例合理、造型美观。
3. 领座高度、领面大小适中，领外轮廓线平直，领角尖锐。
4. 各部位熨烫到位，无亮光、水花、污迹。
5. 外观效果好，针距匀称，针尖方向一致。</td></tr>
<tr><td>编制：　　审核：　　审核日期：</td></tr>
</table>

五、检查与评价

1. **检查要求**

（1）领型平整、无拉紧、起涟现象。

（2）领型与颈肩、衣身比例得当。

（3）领型平服、造型美观。

（4）各部位熨烫到位，无亮光、水花、污迹。

（5）针距均匀、对称美观。

（6）纸样拓样准确。

2. **评价表（表4-3-3）**

表4-3-3　评价表

序号	具体指标	分值	自评	小组互评	教师评价	小计
1	面料经纬纱向整理正确，熨烫干净整洁	2				
2	领型结构准确，与颈肩部、衣身的关系的合理	2				
3	领型平服，造型美观、视觉平衡	2				
4	整体效果好，针距均匀、针尖方向一致	2				
5	纸样准确、制图符号完整	2				
合计		10				

任务四　翻驳领造型及操作

技能目标

1. 能准确贴出翻驳领的标识线，包括驳口线、领底弧线、串口线、止口弧线、领外轮廓线等，要求与款式造型图相同。

2．分析领型结构，预估面料，丝缕归直熨平。

3．掌握翻驳领裁片、纸样取样和假缝的方法。

4．根据翻驳领特点，设计裁剪不同的翻驳领，提高拓展能力。

知识目标

1．掌握翻驳领的概念，根据款式分析翻驳领的造型特点和构成要素。

2．分析翻驳领各尺寸间的比例，制作的领型要美观。

3．掌握翻驳领的变化要点，拓宽设计思路。

一、任务描述

根据翻驳领造型的款式通知单，分析款式特点，根据造型需要进行立体裁剪，完成翻驳领样板，并根据样板完成假缝制作。

二、必备知识

（一）翻驳领的概述

翻驳领是翻领的一种，但多了一个与衣片连在一起的驳头，形状由领座、翻折线和驳头三部分决定（图4-4-1）。翻驳领具有所有领型结构的综合特点，是一种技术性强、用途广、结构复杂的领型。

图4-4-1 翻驳领

（二）翻驳领的变化要点

1．**驳头的变化**

驳头长短、宽窄、方向都可以变化，驳头向上为枪驳领，向下为平驳领。驳头小比较优雅秀气，驳头大比较粗犷大气。

2．**翻折线的变化**

翻折线有直线到曲线的变化，直线给人刚挺硬朗的感觉，曲线给人柔和细腻的感觉。

3．**翻领的变化**

翻领宽窄可根据款式、风格而变化。

三、任务实施

翻驳领造型款式纸样设计与立体造型通知单见表4-4-1。

（一）款式分析

此款翻驳领是较为常见的翻驳领造型，翻折止点较低，驳头较宽，领角较尖（图4-4-2）。

表4-4-1　翻驳领造型款式纸样设计与立体造型通知单

<table>
<tr><td>规格：160/84A</td><td colspan="2">款式：翻驳领</td><td>作者：</td><td>技术要求</td></tr>
<tr><td colspan="4">款式图：

图4-4-2　翻驳领造型</td><td rowspan="3">工艺要求：
1．大头针针尖排列有序、间距均匀、针尖方向一致、针脚小。插针方法恰当，缝合线迹的技术处理合理，标记点交代清楚。
2．缝份平整倒向合理，操作方法准确，无毛茬外露。
3．布料纱向正确，符合领型结构和造型要求。
纸样设计要求：
1．立体裁剪应与款式图的造型要求相符，拓纸样准确，缝份设计合理。
2．制图符号标注准确，包括各部位对位记号、纱向标记、归拔符号等。
材料准备：
面料：白坯布。
成分：100%棉。
织物组织：平纹。</td></tr>
<tr><td colspan="4">款式特点与外观要求</td></tr>
<tr><td colspan="2">款式特征描述：
1．款式：翻驳领造型。
2．特点：翻驳领结构，尖领角，驳头与衣身相连，且较宽，翻驳止点位于腰围线上。</td><td colspan="2">外观造型要求：
1．领面、领座光滑平顺，翻领线圆顺，外领轮廓线长度合适，驳头平服。
2．翻驳领结构准确，与颈肩、衣身关系合理。</td></tr>
</table>

（二）实践准备

1．标识线的准备

根据翻驳领款式特点在人台上贴出领子造型线（图4-4-3）。

2．面料的准备（图4-4-4）

①准备两块面料。面料一，根据翻驳领款式图准备一块宽45cm，长75cm的面料。量取前衣片面料，预留上下余量，在前中心线处预留8～10cm门襟宽，用于驳头造型，并画出中心线和胸围线。

②面料二，准备一块长30cm，宽20cm的面料，画上后领中线，并根据领圈弧度大致画出领圈弧线，并剪出弧度便于装领。

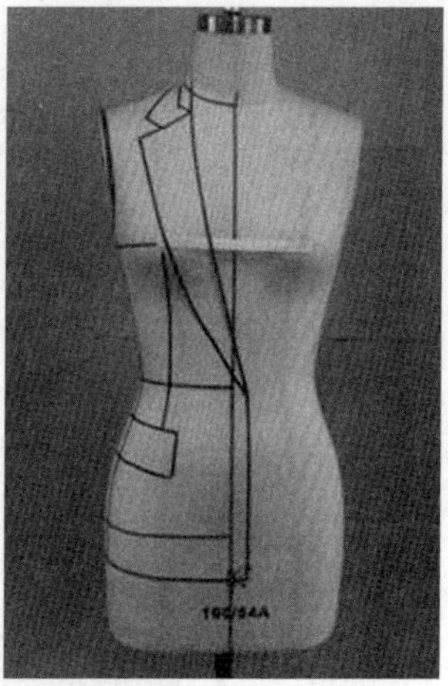

图4-4-3　标识线的准备

（三）实践实施

1．操作步骤要求与注意事项

在操作过程中注意把握领子与脖子之间的贴合度，注意驳头与翻领之间的比例关系。

2．操作步骤

①将画好前中线的驳头面料对准人台的前中线，在颈窝点和衣摆处用针固定裁片（图4-4-5）。

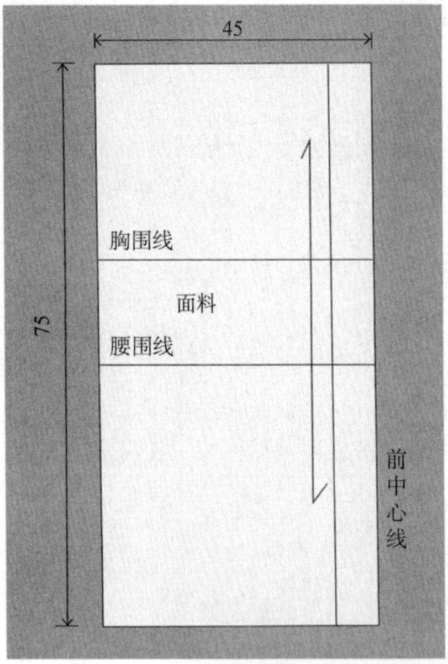

②按照领型的翻折线将驳头面料裁剪、翻折，初步剪出驳头的形状（图4-4-6）。

③修剪驳头，在裁片正面贴出驳头形状（图4-4-7）。

④完成驳头裁剪，将驳头打开固定在人台上（图4-4-8）。

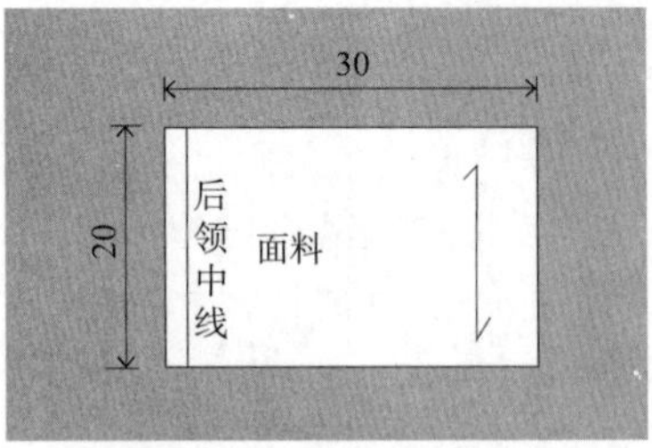

图4-4-4　面料的准备

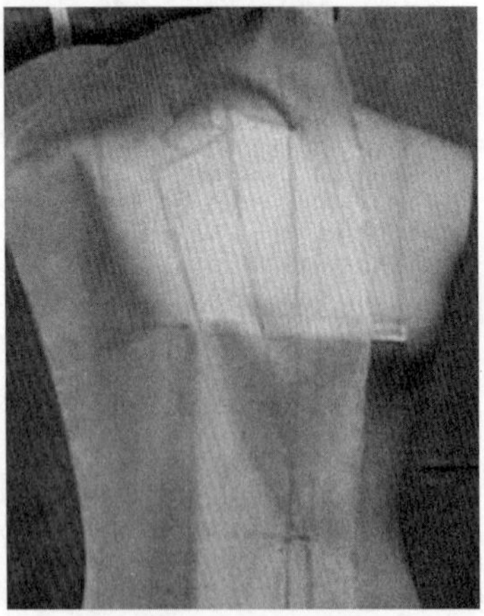

图4-4-5　固定衣片

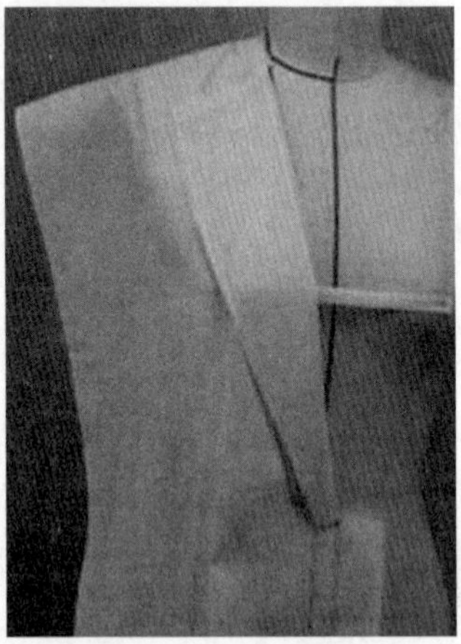

图4-4-6　初剪驳头

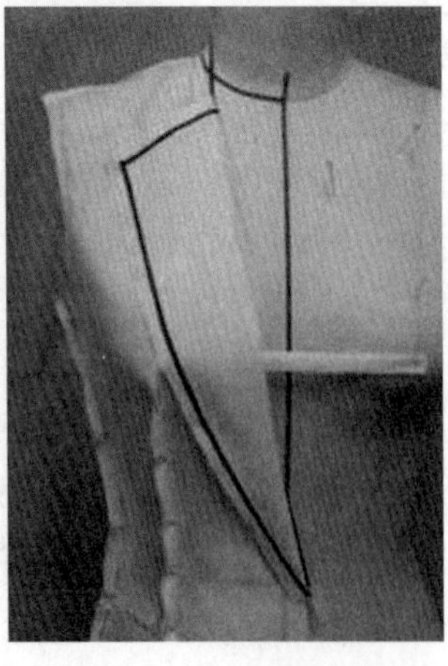

图4-4-7　贴出驳头形状

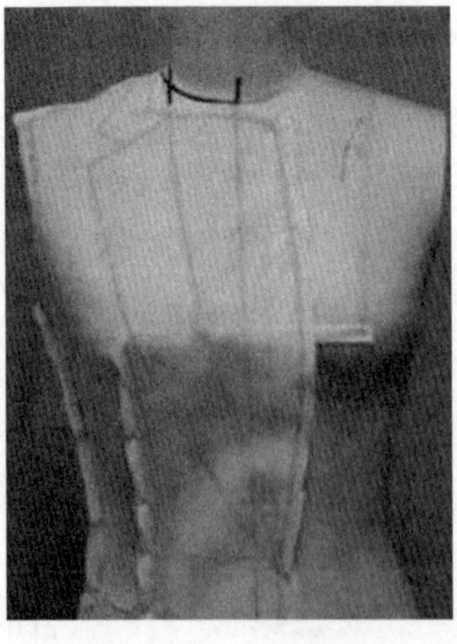

图4-4-8　裁剪驳头

⑤在准备裁剪翻领的面料上，沿直丝方向距布边1～2cm画领后中线。根据款式预剪领底线。（图4-4-9）。

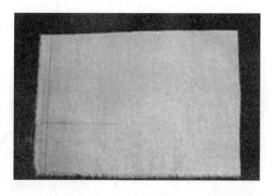

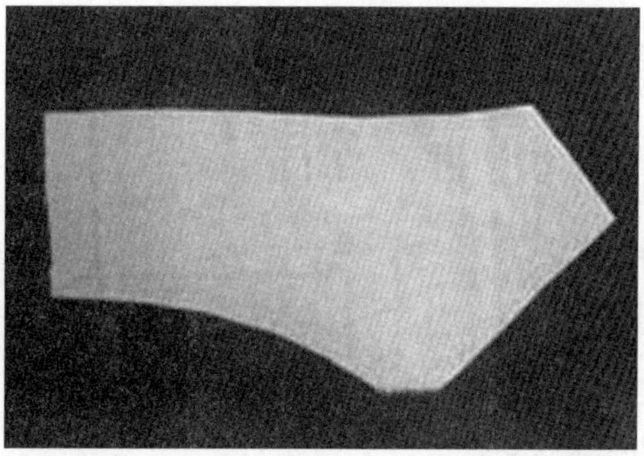

图4-4-9　翻领面料的准备

⑥将翻领裁片由后中线至前固定在衣身领圈上（图4-4-10）。

⑦在领圈弧线上打剪口，抚平弧线，并把握领子与颈部间的空隙（图4-4-11）。

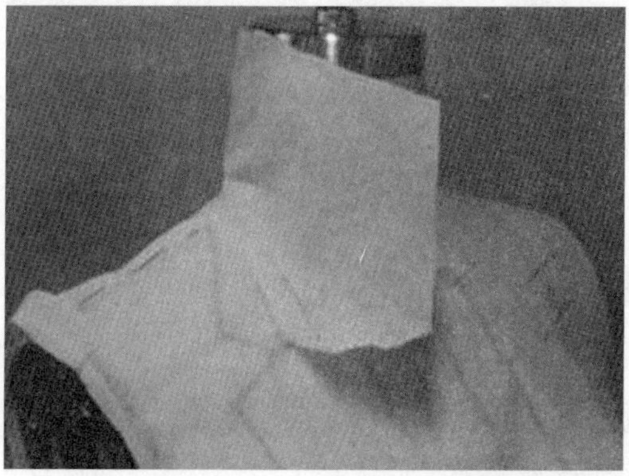

图4-4-10　固定领片

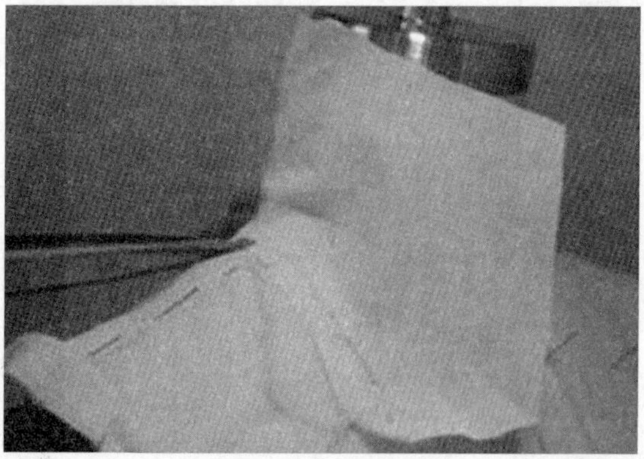

图4-4-11　打剪口

⑧将翻领固定在衣身部位领圈，外翻后领宽，整理形状，并确定缺嘴的位置，确认领子的形状，贴好标示带（图4-4-12）。

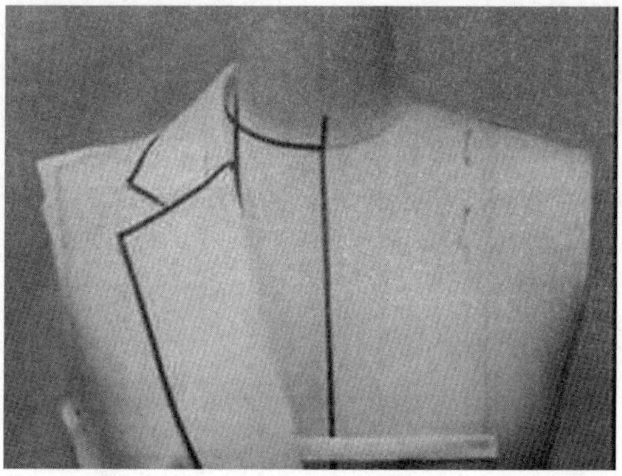

图4-4-12　整理翻领

3. 效果展示（图4-4-13）

根据展示检查翻驳领外观效果。观察领外口弧线、领角、驳头与缺口比例是否恰当，翻驳线与翻领松度是否合适。可根据需要适当调整翻领领脚与领圈关系，以达到最佳外观效果。

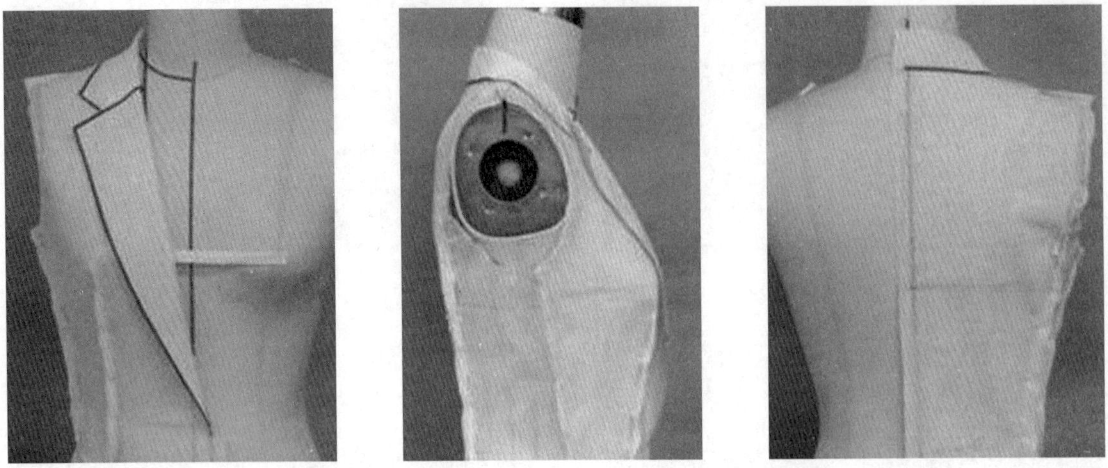

正面　侧面　背面

图4-4-13　效果展示

4. 描图取样（图4-4-14）

用滚轮或其他方法将翻驳领布样拓印到纸样上，并在纸样上标记对位记号、对合点、纱向等。

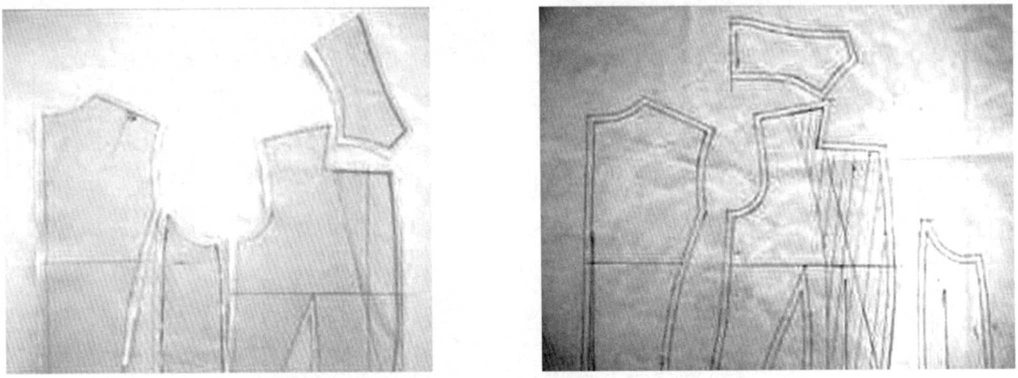

图4-4-14　描图取样

5. 假缝完成效果（图4-4-15）

（四）特别提示

翻驳领的结构比其他领型更复杂，在裁剪制作时要做好驳头和翻领上的对位记号，以便准确装合。

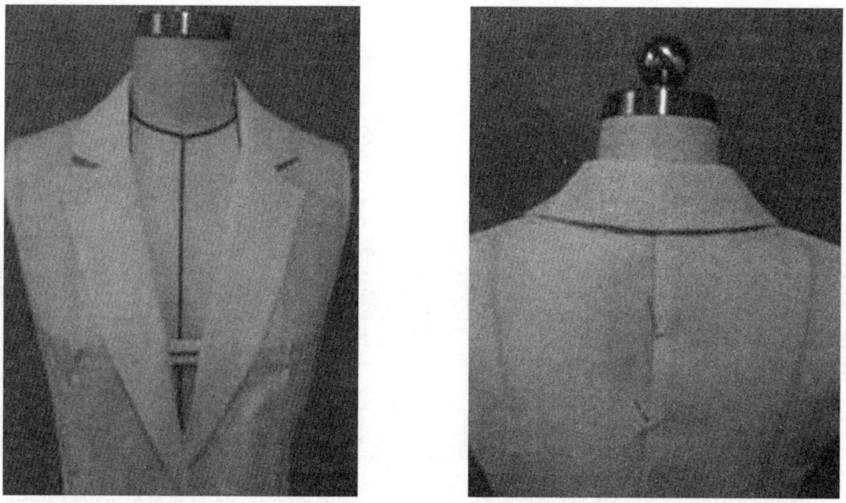

正面　　　　背面

图4-4-15　假缝效果

四、学习思考与练习

1．翻驳领常出现在西服等正装中，较其他领型复杂，请搜集翻驳领的服装款式，观察翻驳领还有哪些变化设计？

2．用立体裁剪的方法完成如图4-4-16所示的翻驳领（表4-4-2）。

表4-4-2　翻驳领通知单

规格：160/84A	领型：翻驳领	工具：珠针、大剪刀、褪色笔、熨斗
款式图： 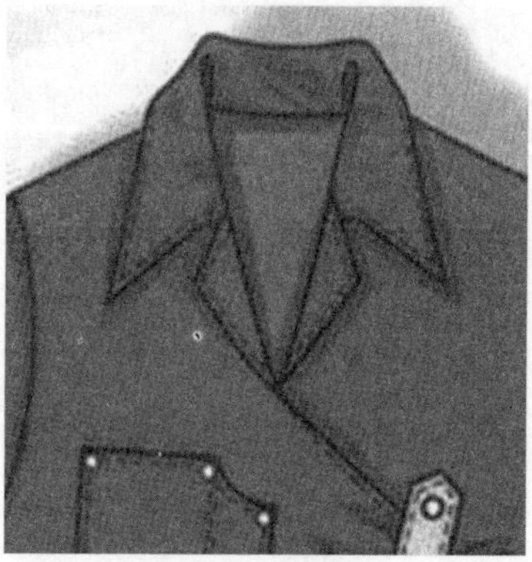 图4-4-16　翻驳领		款式要求 1．纱向顺直、平服。 2．翻驳领结构准确。 3．领面大、领角尖，驳头小方向向下，翻折止点位置高，各部位比例合理，造型美观。 4．各部位熨烫到位，无亮光、水花、污迹。 5．外观效果好，针距匀称，针尖方向一致。
		编制：　　审核：　　审核日期：

五、检查与评价

1．检查要求

（1）领面平整干净，驳头平服、无拉紧、起涟现象。

（2）领面、驳头与颈肩、衣身的比例准确。

（3）领型结构准确。

（4）各部位熨烫到位、平服，无亮光、水花、污迹。
（5）针距美观、对称。
（6）纸样拓样准确。

2. 评价表（表4-4-3）

表4-4-3 评价表

序号	具体指标	分值	自评	小组互评	教师评价	小计
1	面料经纬纱向整理正确，熨烫干净整洁	2				
2	领型结构准确，与颈肩部、衣身的关系的合理	2				
3	领型平直、领角尖，外观平服美观	2				
4	整体效果好，针距均匀、针尖方向一致	2				
5	纸样准确、制图符号完整	2				
合计		10				

任务五 坦领造型及操作

技能目标

1. 能准确贴出坦领的标识线，要求线条流畅自然，与款式图造型相同。
2. 分析坦领结构，预估面料，丝缕归直熨平。
3. 掌握坦领裁片、纸样取样和假缝的方法。
4. 根据坦领特点，设计裁剪更多不同的翻领，提高拓展能力。

知识目标

1. 掌握坦领的概念，根据款式分析坦领的造型特点和构成要素。
2. 掌握坦领的变化要点，拓宽设计思路。

一、任务描述

根据坦领造型的款式通知单，分析款式特点，根据造型需要进行立体裁剪，完成样板，并根据样板进行假缝制作。

二、必备知识

（一）坦领的概述

坦领是一种仅有领面而没有领座的领形（图4-5-1），整个领子平摊在肩背部或前胸，领外轮廓线不能翘起，以达到整体平服的效果。领后部要略微有点领底，即保留一小部分领座，促使领底与领窝的接缝隐藏起来，同时又要使平领靠近颈部位置处略微隆起状态，产生立体造型效果。

图4-5-1　坦领

（二）坦领的变化要点

坦领的结构较为简单，外形可依据设计意图自行设计。一般可从领面的大小宽窄及外领轮廓的形状进行变化，还可以处理成双层或多层效果等。

三、任务实施

坦领造型款式纸样设计与立体造型通知单见表4-5-1。

（一）款式分析

此款坦领是较为常见的一种，无领座，领面较小，领外轮廓线圆顺（图4-5-2）。

表4-5-1　坦领造型款式纸样设计与立体造型通知单

<table>
<tr><td>规格：160/84A</td><td colspan="2">款式：坦领</td><td>作者：</td><td rowspan="5">技术要求
工艺要求：
1. 大头针针尖排列有序、间距均匀、针尖方向一致、针脚小。插针方法恰当，缝合线迹的技术处理合理，标记点交代清楚。
2. 缝份平整倒向合理，操作方法准确，无毛茬外露。
3. 布料纱向正确，符合领型结构和造型要求。
纸样设计要求：
1. 立体裁剪应与款式图的造型要求相符，拓纸样准确，缝份设计合理。
2. 制图符号标注准确，包括各部位对位记号、纱向标记、归拔符号等。
材料准备：
面料：白坯布。
成分：100%棉。
织物组织：平纹。</td></tr>
<tr><td colspan="4">款式图：
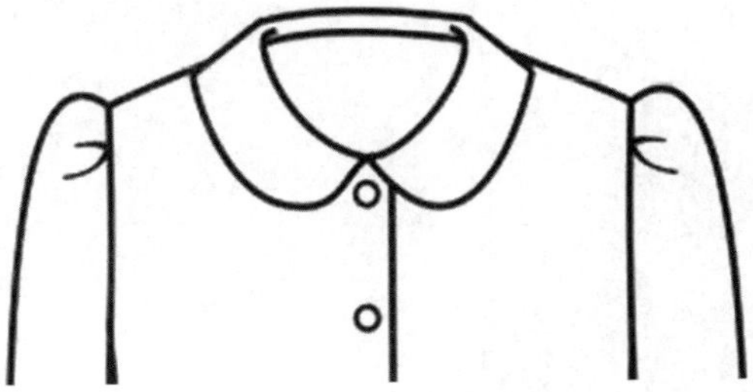
图4-5-2　坦领造型</td></tr>
<tr><td colspan="4">款式特点与外观要求</td></tr>
<tr><td colspan="2">款式特征描述：
1. 款式：坦领造型。
2. 特点：坦领结构无领座，领面平摊于肩部，领外轮廓线圆顺，圆形领角。</td><td colspan="2">外观造型要求：
1. 领面光滑平服，领外轮廓线圆顺、美观。
2. 领型与颈肩、衣身关系合理，比例得当。</td></tr>
</table>

（二）实践准备

1. **标识线的准备**

根据坦领款式特点在人台上贴出坦领形状（图4-5-3）。

2. **面料的准备**

准备一块长35cm，宽25cm的面料，在准备好的面料上画出后中线（图4-5-4）。

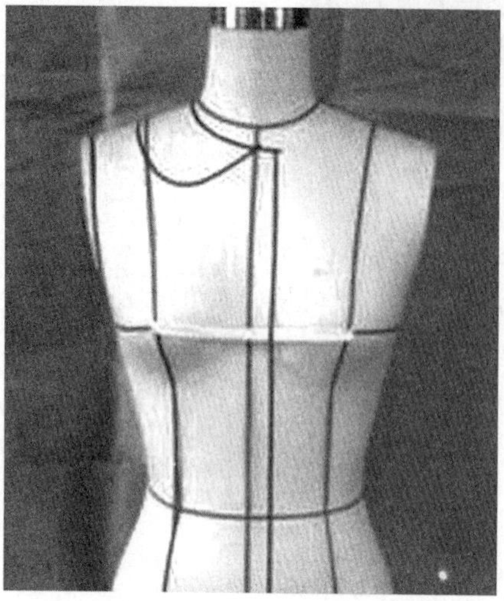

图4-5-3　标识线的准备

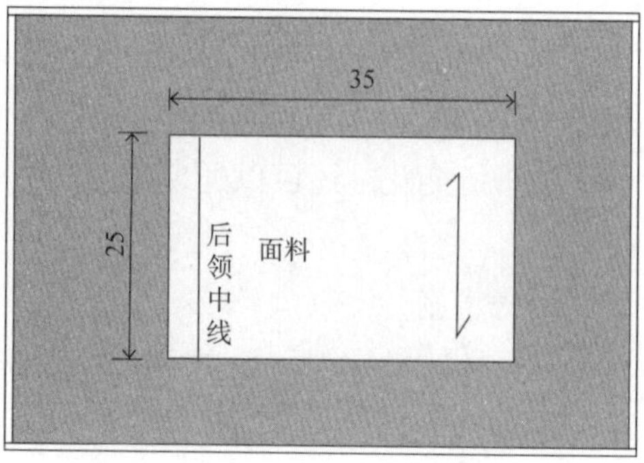

图4-5-4　面料的准备

（三）实践实施

1. **操作步骤要求与注意事项**

虽然坦领是一种没有领座的领型，但在操作过程中仍然要注意领座厚度量的把握（图4-5-5）。

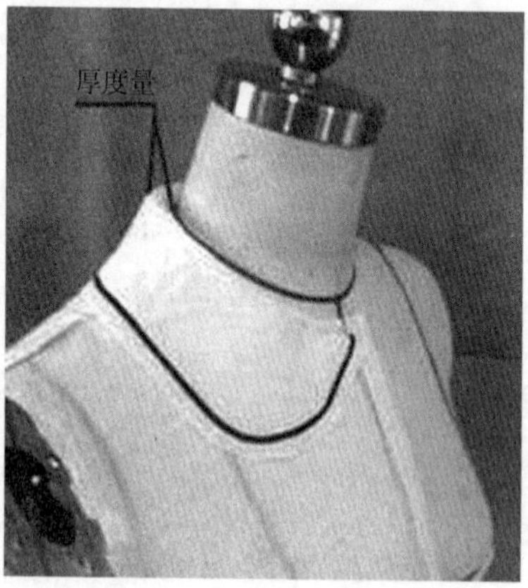

图4-5-5　领座厚度量

2. **操作步骤**

①将画好领后中线的面料与人台后中心线对齐，按图4-5-6所示，用大头针固定后领中线。

②根据造型确定领座和领宽的量，初裁面料（图4-5-7）。

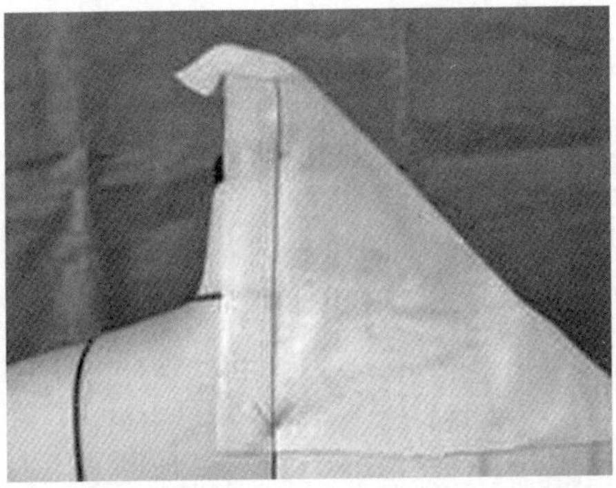

图4-5-6　固定领巾

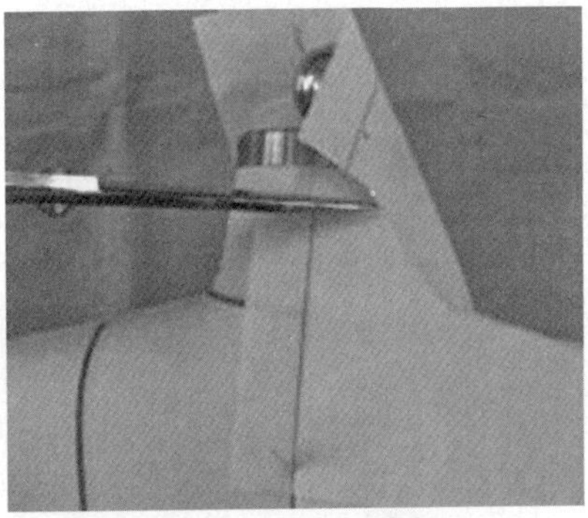

图4-5-7　初裁领

③从后中线领座处捏出0.5～1cm领座厚度的量，预留缝份（图4-5-8）。

④自后领中线往前中心线处依次剪口，用大头针固定领脚与领圈，并注意领座厚度量逐渐变小，并消失在前中心线处（图4-5-9）。

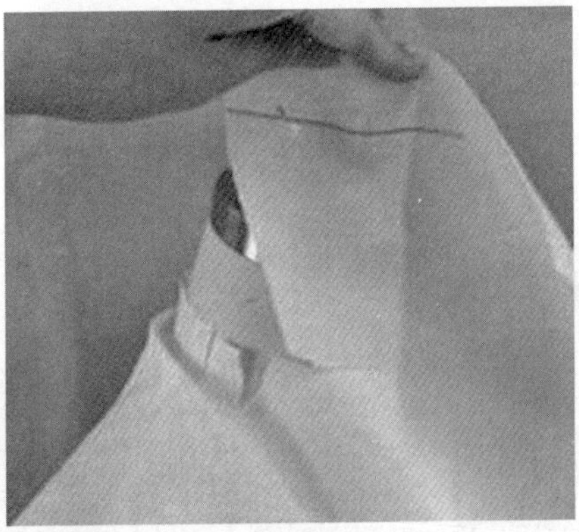

图4-5-8　捏出厚度量

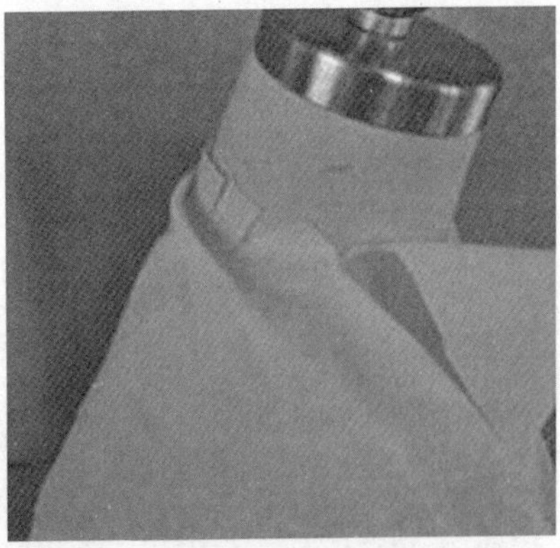

图4-5-9　裁去余布

⑤估算领面和缝份的量，初裁领外（图4-5-10）。

⑥用标识线贴出领子造型线（图4-5-11）。

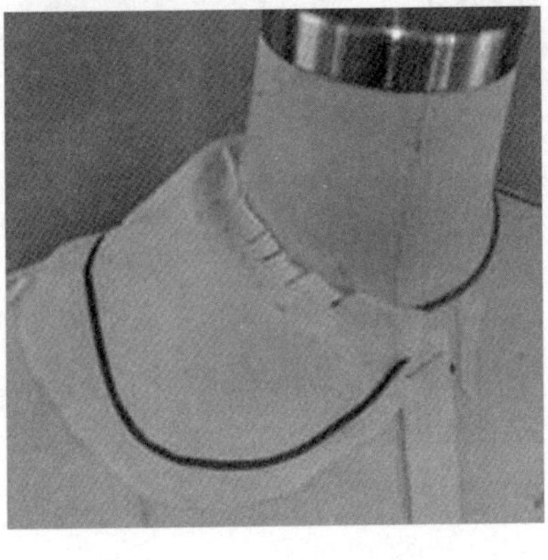

图4-5-10　初裁领外轮廓线

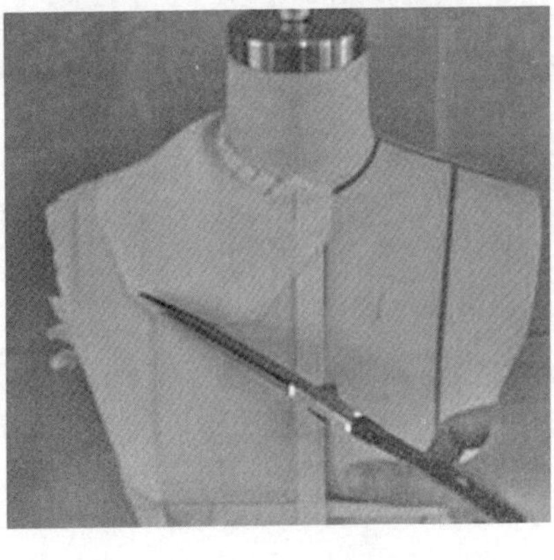

图4-5-11　贴出领子造型线

⑦将领子翻起，缝份拉向外侧，用大头针将领片固定于衣身（图4-5-12）。

⑧整理领子，固定成型（图4-5-13）。

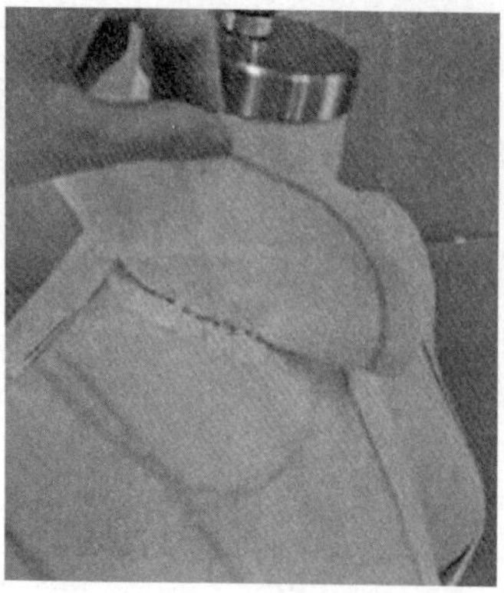

图4-5-12　固定领片

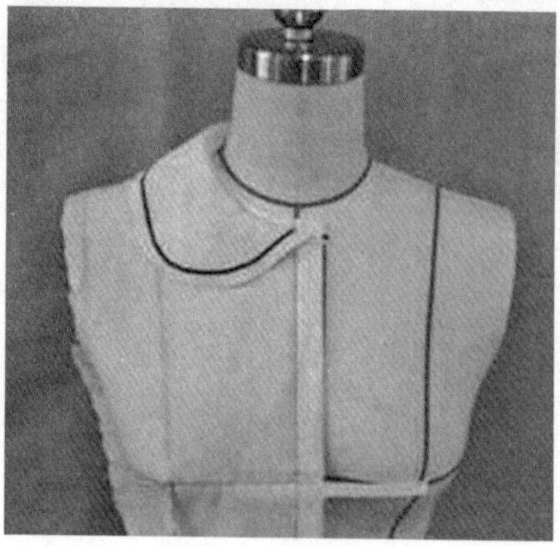

图4-5-13　整理领型

3. **效果展示**（图4-5-14）

完成的坦领要对照款式图对比检查领外口线是否流畅，有无太松或太紧，领座厚度大小是否自然，领角造型与原图对比效果是否需要微调。

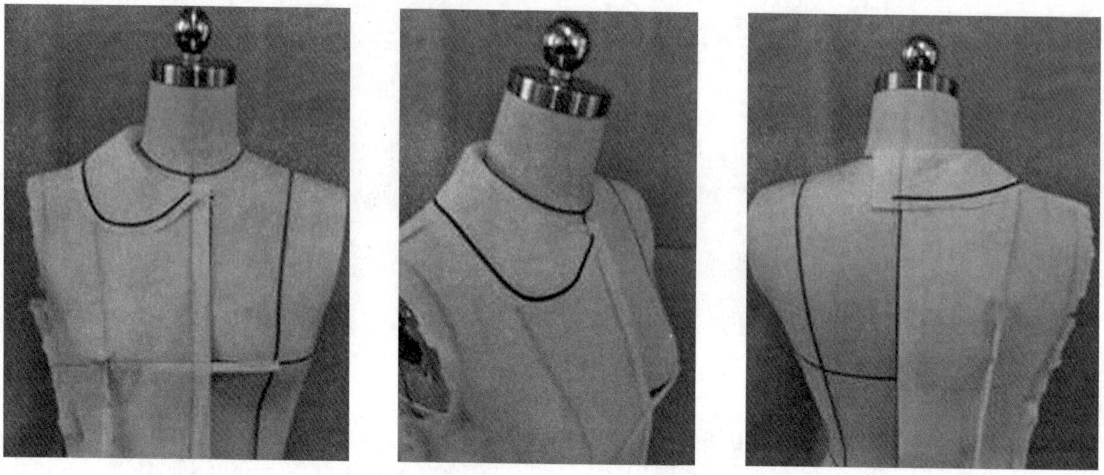

正面　　侧面　　背面

图4-5-14　效果展示

4. **描图取样**（图4-5-15）

用滚轮或其他方法，将布样拓印到纸样上，并在纸样上标记对位刀眼、对合点、纱向等。

5. 假缝完成效果（图4-5-16）

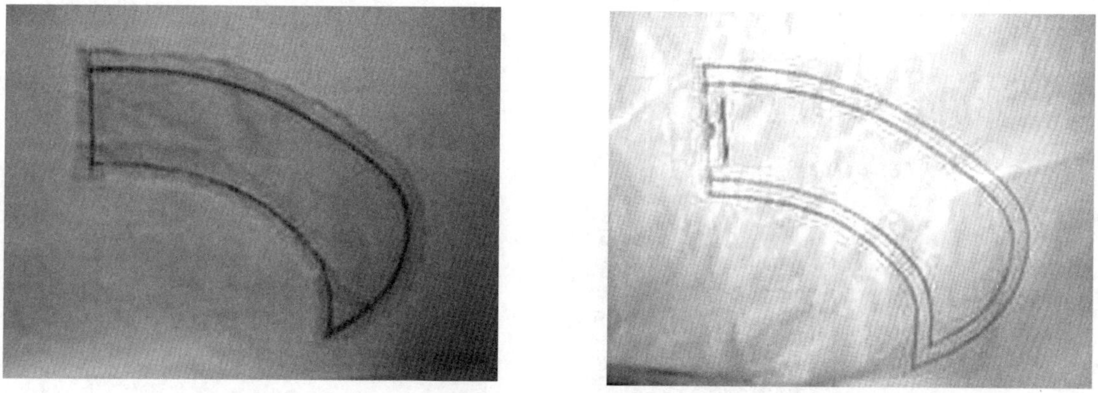

图4-5-15　描图取样

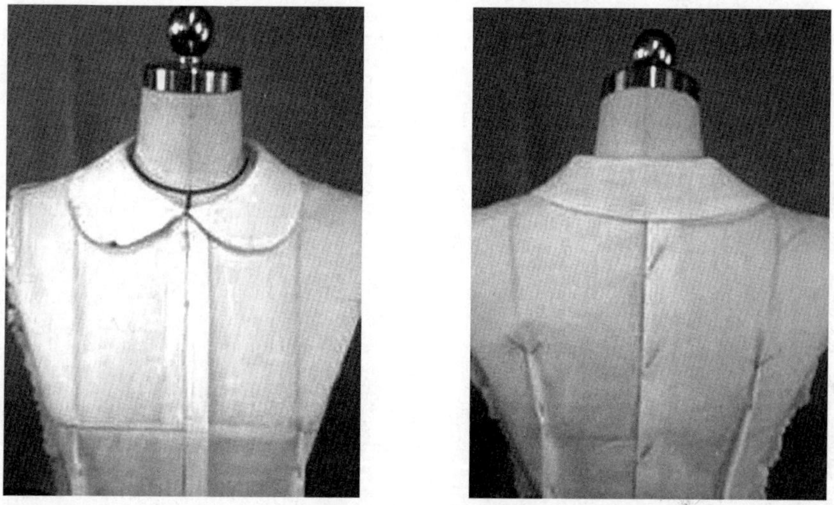

正面　　背面

图4-5-16　假缝效果

（四）特别提示

此款趴领外形较为圆顺，领角呈圆形，在裁剪制作时要在圆角处打剪口，以保证领角的圆顺美观。

四、学习思考与练习

1. 趴领在女装和童装中常使用，请搜集不同趴领款式，并观察它的设计要点有哪些？
2. 用立体裁剪的方法完成如图4-5-17所示中的坦领（表4-5-2）。

表4-5-2　坦领通知单

规格：160/84A	领型：坦领	工具：珠针、大剪刀、褪色笔、熨斗
款式图：  图4-5-17　坦领		款式要求 1. 纱向顺直、平服。 2. 坦领结构准确。 3. 领型左右对称，领面大、双层设计，造型圆顺、平整，与衣身比例准确。 4. 各部位熨烫到位，无亮光、水花、污迹。 5. 外观效果好，针距匀称，针尖方向一致。 编制：　审核：　审核日期：

五、检查与评价

1. 检查要求

（1）纱向顺直、平服、领型无拉紧、起涟现象。

（2）领角圆顺、左右对称、外观合理美观。

（3）坦领与颈肩、衣身的关系合理。

（4）各部位熨烫到位，平服，无亮光、水花、污迹。

（5）针距美观、对称。

（6）纸样拓样准确。

2. 评价表（表4-5-3）

表4-5-3　评价表

序号	具体指标	分值	自评	小组互评	教师评价	小计
1	面料经纬纱向整理正确，熨烫干净整洁	2				
2	领型对称美观	2				
3	领型圆顺平服，与颈肩、衣身比例关系合理	2				
4	外观效果好，针距美观	2				
5	纸样准确、制图符号完整	2				
合计		10				

六、职业技能鉴定指导

（一）选择题

序号	题目	参考答案
1	（　　）的结构设计是将翻领切展成为波浪形状。 A．中式领　B．青果领　C．荷叶领　D．西服领	C
2	驳领是（　　）中最典型的代表，其用途广、结构复杂。 A．关门领　B．开门领　C．翻领　D．立领	B
3	（　　）是驳领服装衣身领口前端的直线，是反映领型分割的重要线条。 A．翻折线　B．止口线　C．叠门线　D．串口线	D
4	（　　）是驳头翻折的基本线。 A．串口线　B．领口线　C．驳口线　D．领中线	C
5	驳领翻领宽与领座宽差数越大，翻领的松量（　　）。 A．越大　B．不变　C．可自由设计	A
6	测量女衬衫领围一般在（　　）约3cm处量一圈，轻尺保持松动。 A．颈根以上　B．颈根中间　C．颈根以下　D．颈窝点上	A
7	驳头是由（　　）三要素组成的。 A．驳头宽　B．领口　C．驳口线　D．驳头外廓型	A、C、D
8	驳口线倾斜状态直接受（　　）的影响。 A．驳口止点　B．叠门宽度　C．串口线的高低　D．缺嘴的大小	A、B
9	翻领松量主要受（　　）。 A．驳头宽窄的制约 B．翻领宽和领座宽差数的制约 C．面料质地、工艺制作方法的制约 D．串口线倾斜度的制约	B、C
10	平驳领设计的配比关系有（　　）。 A．后领座宽小于后领面宽 B．后领面宽等于翻领角宽 C．翻领角宽小于驳领脚宽 D．驳口夹角等于或小于90° E．驳领角宽的三倍等于总串口线宽	A、B、C、D、E

（二）判断题

序号	题目	参考答案
1	翻领是一种只有领面没有领座的领型。（　　）	×
2	在实际设计中，服装领型要根据人体的特征进行设计，如脖子较长的人适合穿V型领。（　　）	×
3	在翻驳领中，驳口线是指驳头翻折的线，又称驳折线。（　　）	√

续表

序号	题目	参考答案
4	人体颈部呈上细下粗、不规则的圆台状，从侧面看略向前倾斜，颈根部的截面近似桃形，颈长相当于头长的三分之一。（　　）	√
5	颈部的形状决定了衣领的基本结构，因此上衣前后的弧线弯曲度一般是前平后弯。（　　）	×
6	驳领中领和过面翻折外露的部位称之为驳角。（　　）	×
7	用软尺测量经喉结下2cm处垂直脖颈柱体围量一周所得的量是颈根围。（　　）	×
8	在服装制图中，领围线的代号是NL。（　　）	√
9	在领子的设计中具有舒展、柔和、女性特征比较强的领型是立领。（　　）	√
10	领口线领主要由领口线的形状决定，常见的有圆领、U型领、V型领、方领、一字领等。（　　）	√

（三）操作题

根据表4-5-4款式通知单，分析图4-5-18所示领型特点，根据造型需要进行领立体裁剪，完成样板，并根据样板完成假缝制作。

表4-5-4　拓展款式纸样设计与立体造型通知单

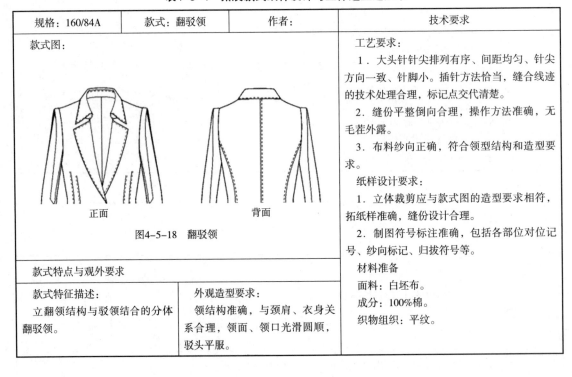

<table>
<tr><td>规格：160/84A</td><td>款式：翻驳领</td><td>作者：</td><td>技术要求</td></tr>
<tr><td colspan="3">款式图：
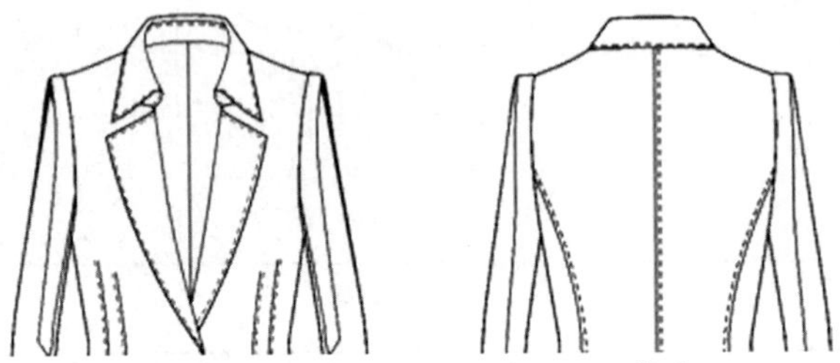

图4-5-18　翻驳领</td><td rowspan="3">工艺要求：
1．大头针针尖排列有序、间距均匀、针尖方向一致、针脚小。插针方法恰当，缝合线迹的技术处理合理，标记点交代清楚。
2．缝份平整倒向合理，操作方法准确，无毛茬外露。
3．布料纱向正确，符合领型结构和造型要求。
纸样设计要求：
1．立体裁剪应与款式图的造型要求相符，拓纸样准确，缝份设计合理。
2．制图符号标注准确，包括各部位对位记号、纱向标记、归拔符号等。
材料准备
面料：白坯布。
成分：100%棉。
织物组织：平纹。</td></tr>
<tr><td colspan="3">款式特点与观外要求</td></tr>
<tr><td>款式特征描述：
立翻领结构与驳领结合的分体翻驳领。</td><td colspan="2">外观造型要求：
领结构准确，与颈肩、衣身关系合理，领面、领口光滑圆顺，驳头平服。</td></tr>
</table>

七、模块总结

领子造型在服装中至关重要，领有贴颈领，如立领、翻领等，有离开颈部的领子，如波浪领、翻驳领等。每款领子都有自己的特点和适用范围，我们要根据衣服款式选择适合的领型。除了本单元学习的五款领型，生活中还有很多其他领型，如青果领、连衣领、装饰领等，在掌握了基本领型的裁剪方法后，对于其他领型也能举一反三，得心应手。

模块五　变化上衣立体造型

【技能目标】

通过本任务学习，应该做到：

1. 能分析变化上衣服装款式，与基础服装立体造型进行比较，并进行估料预算。
2. 掌握面料经纬纱向的整理。
3. 能控制放松量及整体尺寸和正确纱向。
4. 能根据造型的变化塑造省道、褶裥、分割线等，并合理进行省道转移。
5. 学会使裁片符合人体结构特点的方法。
6. 了解合体度、悬垂效果、纱向顺直、比例及修正等方法，检查并分析立体裁剪的样衣。

【知识目标】

1. 能按照变化上衣的款式图进行款式分析。
2. 了解面料特点、款式规格。
3. 能运用正确方法进行面料估算，掌握面料整理能力，培养对于放松量的控制能力。
4. 了解变化上衣服装立体造型样衣的质量要求，树立服装品质概念。
5. 能分析同类省道变化、省道转移、结构性变化、褶裥设计等款式特点。
6. 能根据裁片进行假缝和纸样取样。

【模块导读】

随着国内经济水平和物质文化水平的不断提高，新一代的年轻人对于个性化要求和使用私人定制服装的人越来越多，在不久的将来，定制服装将成为一种趋势，而变化上衣的立体造型则是服装定制中的关键所在。

变化上衣的立体造型是在我们学习基础服装立体造型，掌握领型、袖型变化的基础上进行结构的变化和练习。这是最基础的变化造型，相比之前单元其难度加大，需要读者理解掌握人体结构的特点，学会分析变化款式与原型之间的关系，包括衣片的构成、款式的变化以及褶裥的设计、省道的转移与运用等各种知识的综合运用。

变化上衣立体造型主要分为腰节线以上的变化衣身以及在变化衣身基础上延伸到臀部，使整个衣身成为更为完整的适体衣型。

在变化上衣的操作练习中，因款式的不同，可根据款式的对称性来决定操作半身或者全身。

任务一　女上衣对称褶裥造型及操作

技能目标

1. 能按照对称褶裥款式图进行款式分析。

2. 能根据面料特点、款式规格，运用立体裁剪原理进行造型设计、工艺假缝制作。

3. 能分析同类款式的操作流程。

4. 能合理加放放松量，检查整体尺寸和正确纱向。

5. 能根据裁片进行假缝和纸样取样。

知识目标

1. 了解对称褶裥服装款式结构特点，并能进行描述。

2. 了解面料的性能，能从合体度、悬垂效果、纱向顺直、比例及修正等检查并分析立体裁剪样板。

3. 能根据造型的变化合理进行省道转移塑造褶裥。

4. 了解变化上衣造型样衣的质量要求，树立服装品质概念，把控成品质量。

5. 能分析同类变化褶裥上衣分割变化及褶裥设计的特点。

一、任务描述

根据对称褶裥女上衣款式通知单，分析款式特点，依据规格号型进行立体造型并完成前衣片样板，进行假缝制作。

二、必备知识

（一）褶裥的概述

褶裥在现代服装中被广泛使用，是常见的服装造型手法之一，尤其是女装设计中，褶裥是常见的变现手段，其方法是通过对面料有规律或无规律的抽缩加工，使服装产生各种褶裥，在光影变化中增加服装的层次感和空间感。

（二）褶裥的基本形式

褶裥的基本形式有规律褶裥和自由褶裥。

（1）规律褶裥：褶与褶之间表现为一种有规律性的造型，如褶的大小、间距、长短相同或相似，表现出一种成熟、端庄的气质。

（2）自由褶裥：与规律褶裥相反，表现出一种随意性的造型，在褶的大小、间隔等方面都表现出了一种随意的感觉，体现出活泼大方的服装风格。

（3）褶量处理：褶量处理有两种表现形式。

①变省为褶：通过省道转移将余量集中，再以褶裥形式将余量进行整合。

②褶量追加：在前者基础上进行褶量追加，处理成更多的褶皱效果。

三、任务实施

对称褶裥上衣款式纸样设计与立体造型通知单见表5-1-1。

（一）款式说明

这是一款对称省道转移基础上的褶裥上衣，由胸点至左、右腰节间进行省的分割处理。前片腰省对称，腰省剪口处进行省道转移，将余量集中，进行褶裥造型。操作要求为褶裥清晰、分布均匀，大小均衡，富有动感。各个褶裥间距要相等，注意在进行成衣调整前要做好记号（图5-1-1）。

表5-1-1　对称褶裥上衣款式纸样设计与立体造型通知单

<table>
<tr><td>规格</td><td>160/84A</td><td>季节</td><td></td><td>作者</td><td colspan="4">参考规格与松量设计</td></tr>
<tr><td rowspan="2">款号</td><td rowspan="2">04-01</td><td rowspan="2">款式名称</td><td rowspan="2">对称褶裥上衣</td><td rowspan="2">日期</td><td>部位
规格</td><td>后衣长</td><td>胸围</td><td>肩宽</td></tr>
<tr><td>160/84A</td><td>38cm</td><td>90cm</td><td>37cm</td></tr>
<tr><td colspan="5" rowspan="2">款式图：
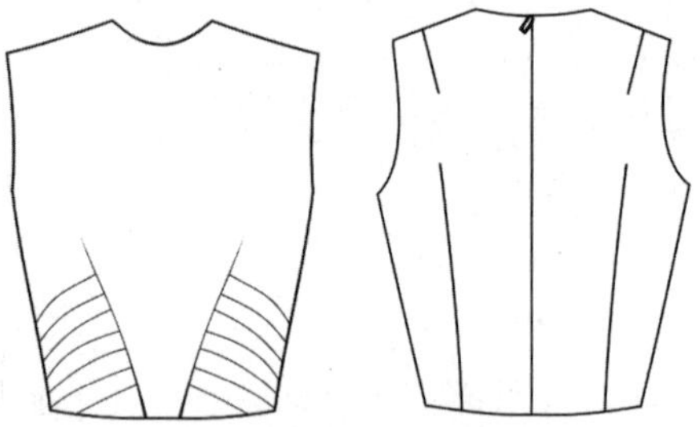
图5-1-1　对称褶裥造型</td><td colspan="4">松量设计：
1．与款式风格搭配。
2．符合人体运动功能和舒适度要求。
3．与面料性能搭配。</td></tr>
<tr><td colspan="4" rowspan="3">技术要求
工艺要求：
1．大头针针尖排列有序、间距均匀、针尖方向一致、针脚小。插针方法恰当，缝合线迹的技术处理合理，标记点交代清楚。
2．缝份平整倒向合理，操作方法准确，无毛茬外露。
3．布料纱向正确，符合结构和款式风格造型要求。
纸样设计要求：
1．立体裁剪应与款式图的造型要求相符，拓纸样准确，缝份设计合理。
2．制图符号标注准确，包括各部位对位记号、纱向标记、归拔符号等。
材料准备：
面料：白坯布。
成分：100%棉。
织物组织：平纹。</td></tr>
<tr><td colspan="5">款式特点与外观要求</td></tr>
<tr><td colspan="3">款式特征描述：
1．款式：对称形褶裥的造型。
2．分割：由胸点至左、右腰节间进行省的分割处理。
3．省位：前片腰省对称。
4．褶裥：在前片腰省剪口处进行省道转移，将余量集中，进行褶裥造型。</td><td colspan="2">外观造型要求：
1．衣身外观评价要点：衣身正面干净、整洁，胸腰围松量分配适度，胸立体肩胛骨凸出适度，腰部合体袖窿无浮起或拉紧，无不良皱褶。
2．褶裥外观评价要点：褶裥对称自然。
3．侧缝评价要点：褶裥在侧缝消失自然。</td></tr>
</table>

（二）实践准备

1．**布料的准备**

（1）布样长度：测量人台颈侧点到前腰围线再加上30～40cm。

（2）布样宽度：人台胸围的1/2宽度再加上30cm。

2. 整理布纹

撕去布边，将布反方向拉扯，用熨斗将丝缕归直、熨平，布料垂平方正。

3. 标记基准线

用铅笔标记前片的前中线和胸围线，居中画出前中线，在距横丝布边线28～30cm处画横向丝缕线即胸围线。

（三）实践实施

1. 技术要求与注意事项

在操作过程中要把握好褶裥的合理布局与衣身松量的控制。保持面料挺括、顺直流畅。

2. 操作步骤

①标识：在人台上根据款式对称褶裥的特点贴出褶裥位置，注意省道消失的方向（图5–1–2）。

②披布、处理颈部：把确定好前中线和胸围线的布料覆于人台上，与人台的前中线、胸围重合，双针固定BP点、颈窝点腰节点，单针固定肩颈点，剪出领圈（图5–1–3）。

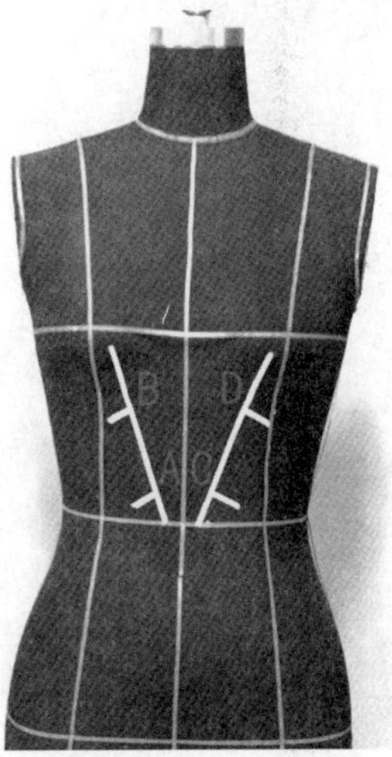

图5–1–2　标识

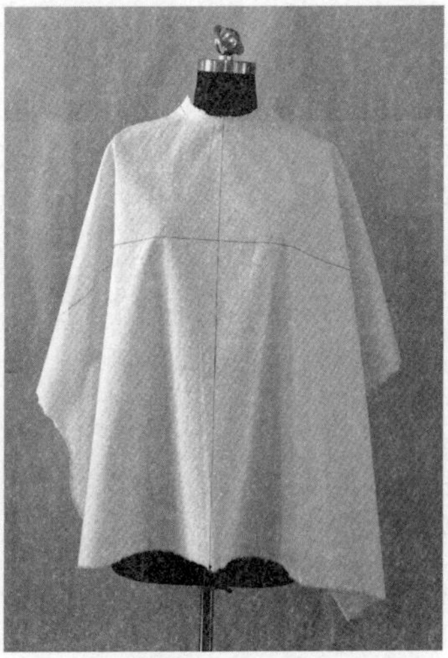
图5–1–3　披布

③省位剪切：按照款式线由腰节处剪开省位线至B点以便进行褶裥操作，注意省缝预留（图5–1–4）。

④做褶裥：按照款式线将右上方余量向右下方推移，注意肩、袖窿、侧缝、腰部平服，切口处集中余量，由A点至B点均匀捏合褶裥，整理好并固定在腰省上，同时将多余面料进行粗剪（图5–1–5）。

⑤完成对称褶裥：依照相同方法在右侧完成省位线的剪口及对称褶裥的捏合和固定（图5–1–6）。

⑥整理后将变化上衣穿在人台上，观察衣片左、右各部位效果，调整不合适的部位并进行调整标记，要求分割线自然流畅、褶裥均匀美观，直至满意为止（图5–1–7）。

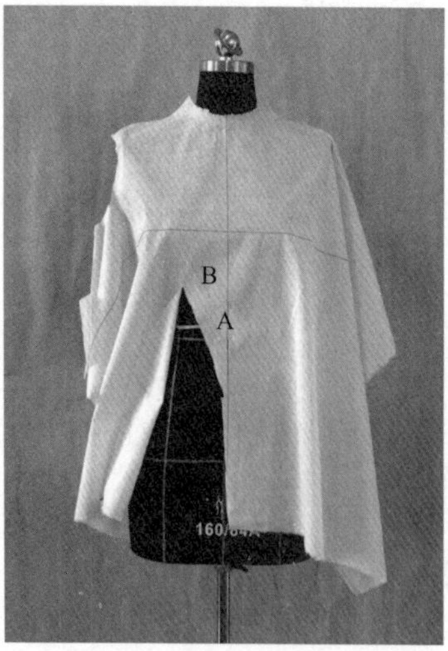

图5-1-4　省位剪切

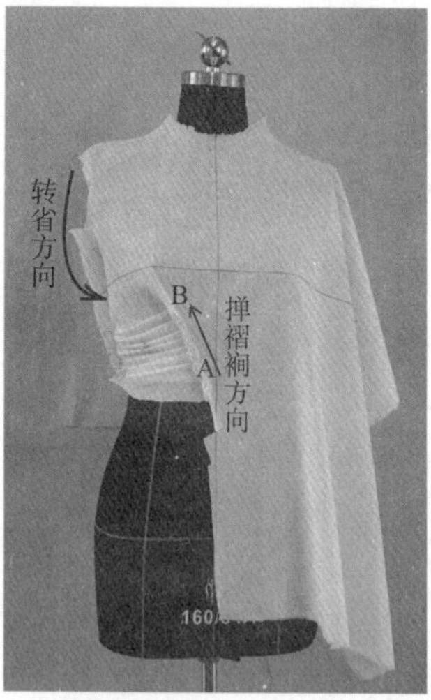

图5-1-5　做褶裥

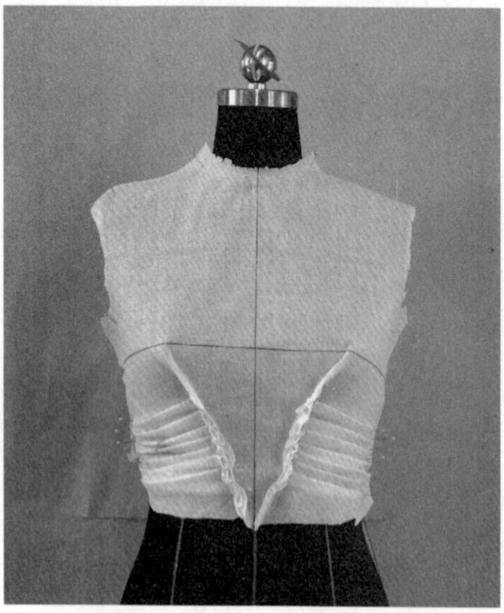

图5-1-6　完成对称褶裥（左侧）

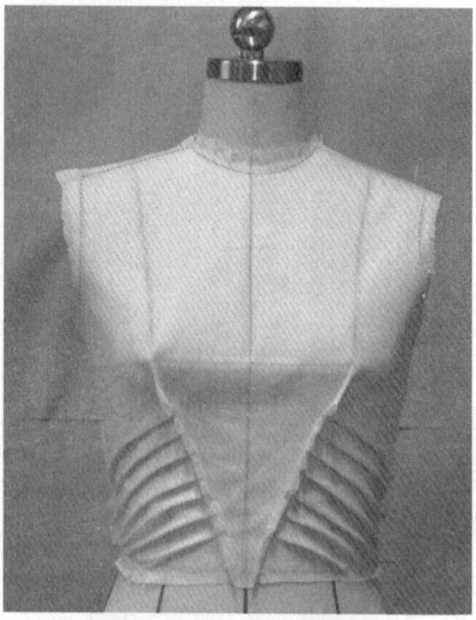

图5-1-7　对称褶裥上衣

⑦假缝后穿在人台上，观察衣片前后各部位效果，再次调整不合适的部位并进行调整标记，最终达到褶裥自然流畅，直至满意为止（图5-1-8）。

⑧拓印、样板标注：用滚轮或其他方法将布样拓印到纸样上，并在纸样上标注对位剪口、对合点、纱向等（图5-1-9）。

（四）特别提示

（1）在立体造型中如果遇到面料估计不足，操作时出现局部缺角、缺块的现象时，可以采用面料拼贴弥补的方式进行不足部分面料的增添，这样既可以提高操作效率，也可以减少浪费。

（2）在进行褶裥款式的操作中，在白坯布的选择上要尽量考虑用与实际面料相同质地的坯布进行操作，如此便可以避免因面料厚薄、质地差别所引起的不同效果。

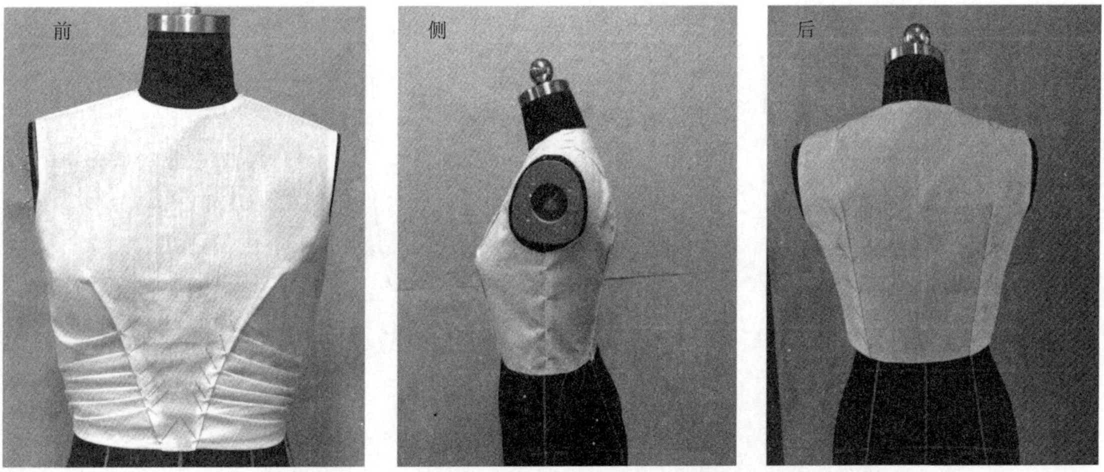

图5-1-8　试样补正

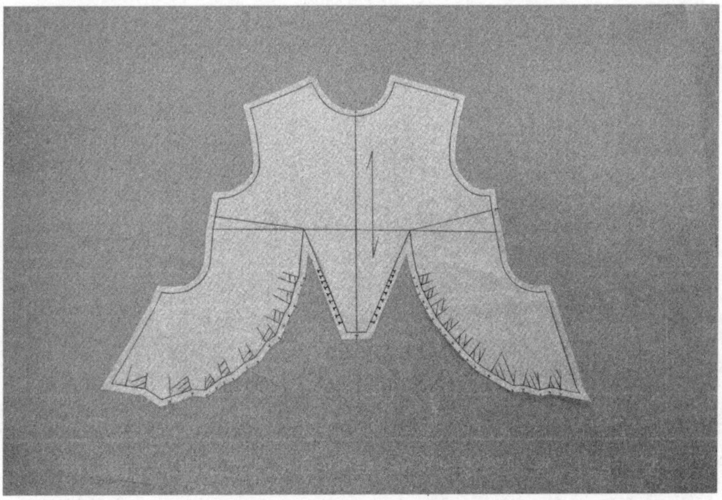

图5-1-9　拓印、标板标注

四、学习思考与练习

1．从原型立体裁剪到变化款立体裁剪，关键的难点在哪里？

2．对称形褶裥上衣裁剪、放缝和样衣制作工艺的操作方法，哪个地方难度最大？怎样去做的？操作时要注意哪些问题？

3．请利用褶裥变化进行款式的拓展（图5-1-10～图5-1-12）。

4．请按表5-1-2所提供的产品尺寸完成图5-1-13所示的对称褶裥上衣的立体造型。

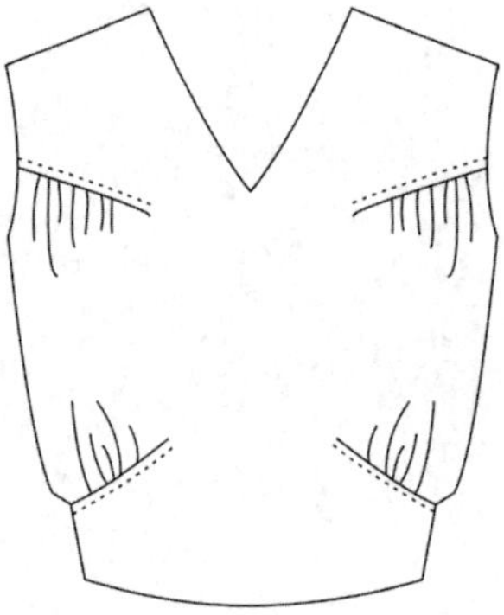

图5-1-10　褶裥款式 1

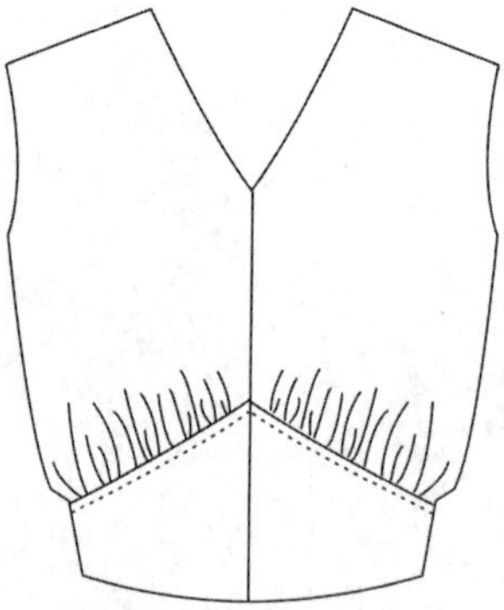

图5-1-11　褶裥款式 2

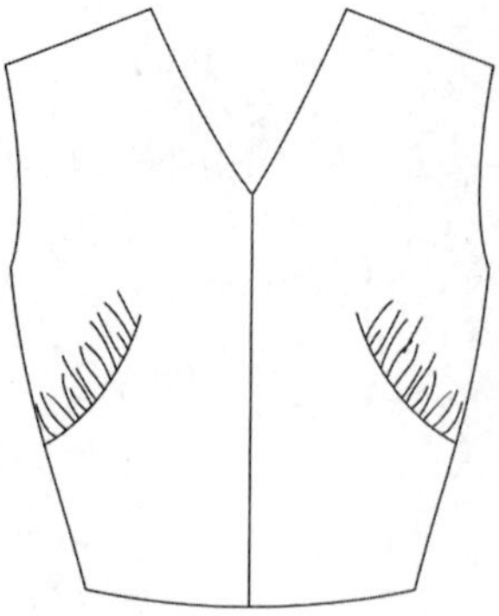

图5-1-12　褶裥款式 3

表5-1-2　对称褶裥上衣通知单

<table>
<tr><td>规格</td><td>160/84A</td><td>款式名称</td><td>对称褶裥上衣</td><td>工具</td><td>珠针、大剪刀、褪色笔、熨斗、168/84人台</td></tr>
<tr><td colspan="4"></td><td>日期</td><td></td></tr>
<tr><td colspan="4" rowspan="2">款式图：
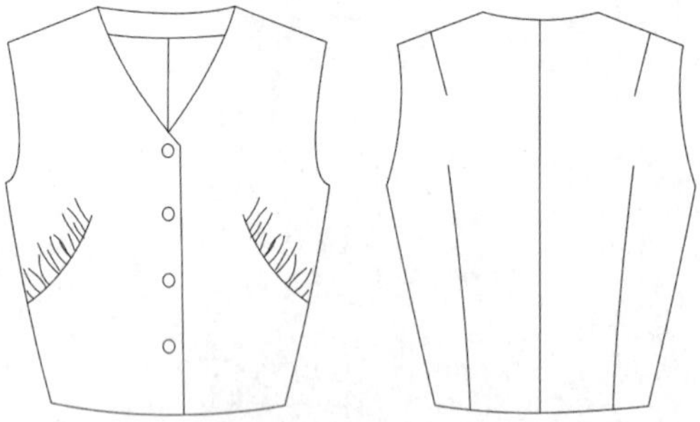
图5-1-13　对称褶裥上衣</td><td colspan="2">对称褶裥上衣质量要求</td></tr>
<tr><td colspan="2" rowspan="3">注意事项：
1. 放松量自然，纱向顺直、平服。
2. 产品无起吊、拉紧、起涟现象。
3. 省道：省道位置正确，省长位置正确，倒向对称。
4. 褶裥：左右褶裥对称，褶裥均匀美观，倒向对称。
5. 侧缝：顺直，左、右侧缝长短一致。
6. 前、后腰线自然顺畅。</td></tr>
<tr><td colspan="2">胸围</td><td colspan="2">90cm</td></tr>
<tr><td colspan="2">背长</td><td colspan="2">39cm</td></tr>
<tr><td>编制</td><td></td><td>审核</td><td></td><td>审核日期</td><td></td></tr>
</table>

五、检查与评价

1. 检查要求

（1）放松量自然，纱向顺直、平服、产品无起吊、拉紧、起涟现象。

（2）褶裥：左、右褶裥对称，褶裥均匀美观，倒向对称。

（3）侧缝：顺直，左、右侧缝长短一致。

（4）注意前、后肩吃势。

（5）整烫：各部位熨烫到位，平服，无亮光、水花、污迹，底边平直。

（6）针距美观、对称。

（7）纸样拓样准确。

2. 评价表（表5-1-3）

表5-1-3　评价表

序号	具体指标	分值	自评	小组互评	教师评价	小计
1	面料经纬纱向整理正确，熨烫干净整洁	2				
2	褶裥位置、方向合理，褶裥匀称	2				
3	放松量合理，无拉紧	2				
4	裁片符合人体	2				
5	外观效果好，针距美观	2				
合计		10				

任务二　女上衣不对称褶裥造型及操作

技能目标

1. 能分析不对称褶裥上衣服装款式，与对称褶裥上衣立体造型进行比较，并进行估料预算。

2. 掌握面料经纬纱向的整理。

3. 能合理加松量，检查整体尺寸和纱向。

4. 能根据造型的变化塑造省道、褶裥、分割线等，并合理进行省道转移。

5. 学会使裁片符合人体结构特点的方法。

6. 从合体度、悬垂效果、纱向顺直、比例及修正等方法检查并分析立体裁剪的样衣。

知识目标

1. 了解不对称褶裥服装款式的结构特点，并进行能描述。

2. 了解面料的性能，能从合体度、悬垂效果、纱向顺直、比例及修正等方面检查并分析立体裁剪样板。

3. 能根据造型的变化，合理进行省道转移、塑造褶裥。

4. 了解变化上衣造型样衣的质量要求，树立服装品质概念，把握成品质量。

5. 能分析同类变化褶裥上衣分割变化及褶裥设计的款式特点。

一、任务描述

根据不对称褶裥女上衣款式通知单，分析款式特点，依据规格号型进行立体造型并完成前衣片样板，并根据样板完成假缝制作。

二、必备知识

（一）不对称褶裥的平衡

在平时的立体裁剪中如果遇到不对称褶裥的款式，需要特别注意左右片褶裥的比重，在操作中需要不断纠正来维持不对称褶裥的平衡。

（二）胸省的转移

前衣身省道可围绕BP点做360° 转移根据需要在实际应用中可以将省量全部转移，也可以转移部分，既可以做省量设计，也可以转移到褶裥。

在本次任务中涉及的款式将胸省转移至两处不对称的褶裥中，在操作之前要求巩固胸省转移的知识，并在实践中平均分配转移量。

三、任务实施

不对称褶裥上衣款式纸样设计与立体造型通知单见表5-2-1。不对称褶裥上衣造型见图5-2-1。

表5-2-1　不对称褶裥上衣款式纸样设计与立体造型通知单

<table>
<tr><td>规格</td><td>160/84A</td><td>季节</td><td></td><td>作者</td><td colspan="4">参考规格与松量设计</td></tr>
<tr><td rowspan="2">款号</td><td rowspan="2">04-02</td><td rowspan="2">款式名称</td><td rowspan="2">不对称褶裥上衣</td><td rowspan="2">日期</td><td>部位
规格</td><td>后衣长</td><td>胸围</td><td>肩宽</td></tr>
<tr><td>160/84A</td><td>38cm</td><td>90cm</td><td>37cm</td></tr>
<tr><td colspan="5">款式图：
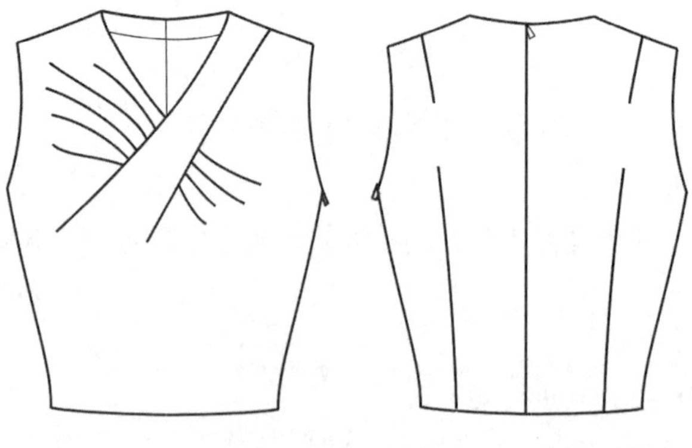
图5-2-1　不对称褶裥造型</td><td colspan="4">松量设计：
1. 与款式风格搭配。
2. 符合人体运动功能和舒适度要求。
3. 与面料性能搭配。</td></tr>
<tr><td colspan="5">款式特点与外观要求</td><td colspan="4" rowspan="2">技术要求
工艺要求：
1. 大头针针尖排列有序、间距均匀、针尖方向一致、针脚小。插针方法恰当，缝合线迹的技术处理合理，标记点交代清楚。
2. 缝份平整倒向合理，操作方法准确，无毛茬外露。
3. 布料纱向正确，符合结构和款式风格造型要求。
纸样设计要求：
1. 立体裁剪应与款式图的造型要求相符，拓纸样准确，缝份设计合理。
2. 制图符号标注准确，包括各部位对位记号、纱向标记、归拔符号等。
材料准备：
面料：白坯布。
成分：100%棉。
织物组织：平纹。</td></tr>
<tr><td colspan="3">款式特征描述：
1. 款式：不对称型褶裥的造型。
2. 分割：由肩颈点至胸高点进行省的斜向分割处理。
3. 省位：肩省位置和谐、准确。
4. 褶裥：前片肩省处进行省道转移，将余量集中，进行褶裥造型。</td><td colspan="2">外观造型要求：
1. 衣身外观评价：衣身正面干净、整洁，胸腰围松量分配适度，肩胛骨凸出适度，腰部合体袖窿无浮起或拉紧，无不良皱褶。
2. 褶裥外观评价：褶裥均匀、平衡、自然、美观。</td></tr>
</table>

（一）款式分析

（1）这是一款左右不对称的褶裥上衣款式，制作时要注意左右褶裥的比重和平衡，在操作中需要不断比较纠正褶裥的大小间距。

（2）要求立体造型过程中放松量自然，无拉紧、起涟现象，控制好褶裥的起止位，并做记号。

（二）实践准备

1. 布料的准备

（1）布样长度：从人台上的颈侧点量到前腰围线的长度+20cm。

（2）布样宽度：（人台1/2胸围大）+30cm。

2. 整理布纹

撕去布边，将布向反方向拉扯，并用熨斗将丝绺归直、熨平，布料垂直、平整、方正。

3. 标记基准线

用铅笔标记前片的前中线和胸围线，横向居中画出前中心线，在距横丝布边线28～30cm处画横向丝绺线即胸围线。

（三）实践实施

1. 技术要求与注意事项

在操作过程中注意面料方向和作品松量的控制，保持面料挺括，顺直流畅。

2. 操作步骤

①贴标识线：根据款式贴出褶裥位置，注意省道消失方向（图5–2–2）。

②铺布、第一省位剪口：把确定好前中心线和胸围线的布料覆于人台上，与人台的同名线条重合，双针固定BP点、前中腰点，右侧颈侧点，第一个省位预留缝头剪切至第一褶裥起点A点，以便于褶裥操作，腰部沿转省方向剪口推余布（图5–2–3）。

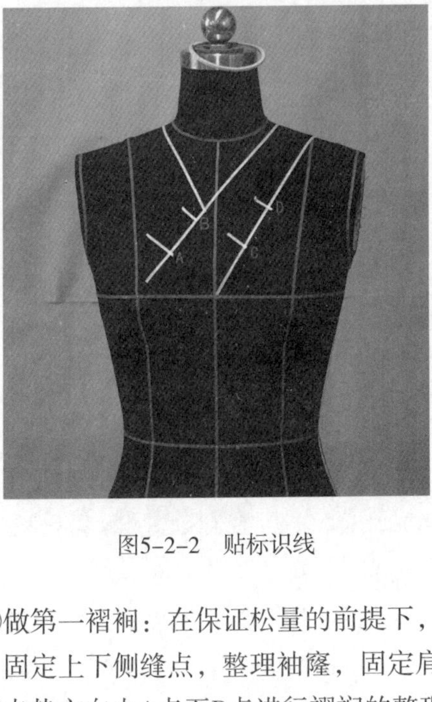

图5–2–2 贴标识线

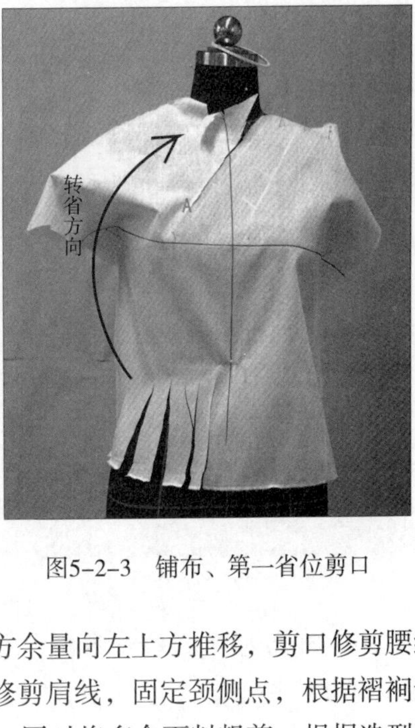

图5–2–3 铺布、第一省位剪口

③做第一褶裥：在保证松量的前提下，将左下方余量向左上方推移，剪口修剪腰线，侧缝线，固定上下侧缝点，整理袖窿，固定肩端点，修剪肩线，固定颈侧点，根据褶裥记号位与褶裥走势方向由A点至B点进行褶裥的整理与固定，同时将多余面料粗剪，根据造型线做好

标记，最后根据标示线预留缝份修剪左侧领口线（图5-2-4）。

④做第二个省位剪口：按照款式线修剪领口，抚平肩线，将第二个省位预留缝份剪切至褶裥点C点，双针固定领侧、肩部（图5-2-5）。

⑤做腰部剪口。把第二个褶裥右侧余量自下往上推移，注意控制腰部、胸部松量，定位后修剪出倾斜袖窿，抚平肩部。胸省余量在切点处往下，从D点到C点方向整理成褶裥。注意褶量的大小与消失方向。固定省形，修剪余布。（图5-2-6）。

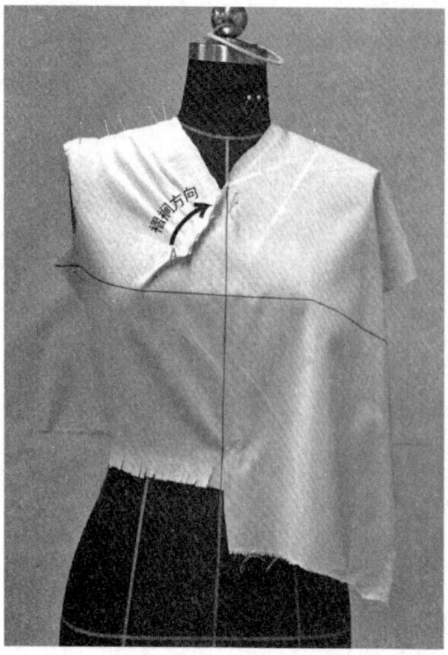

图5-2-4　第一个褶裥

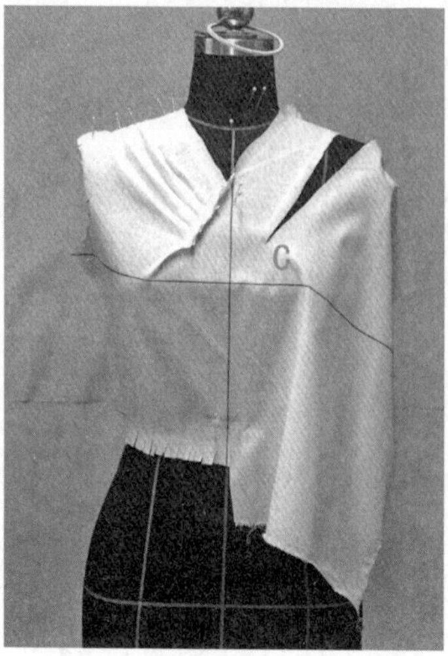

图5-2-5　第二个省位剪口

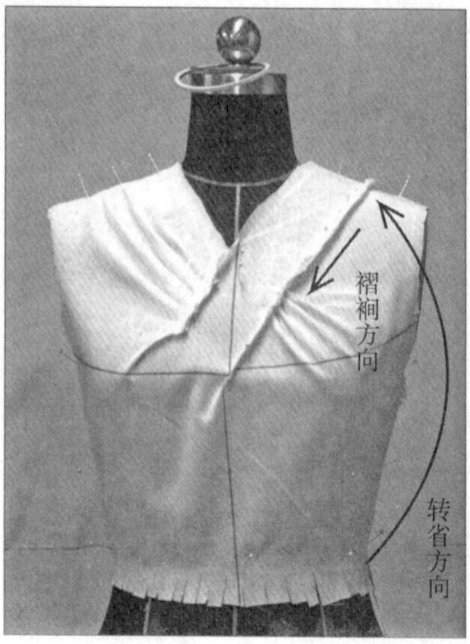

图5-2-6　第二个褶裥

⑥试样补正：假缝后穿在人台上，观察效果，调整不合适的部位进行调整标记，要求褶裥要自然而流畅，均匀且合理，直至满意为止（图5-2-7）。

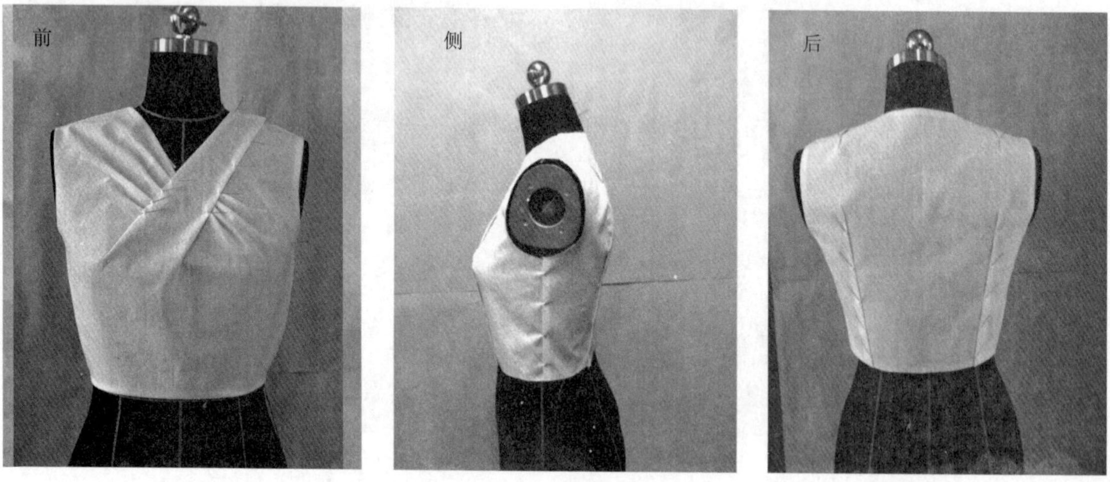

图5-2-7　试样补正

⑦拓印、样板标注：检查布样左右袖窿长度是否一致，腰部中点左右是否对称。用滚轮或其他方法将布样拓印到纸样上，并在纸样上标注对位剪口、对合点、纱向等（图5-2-8）。

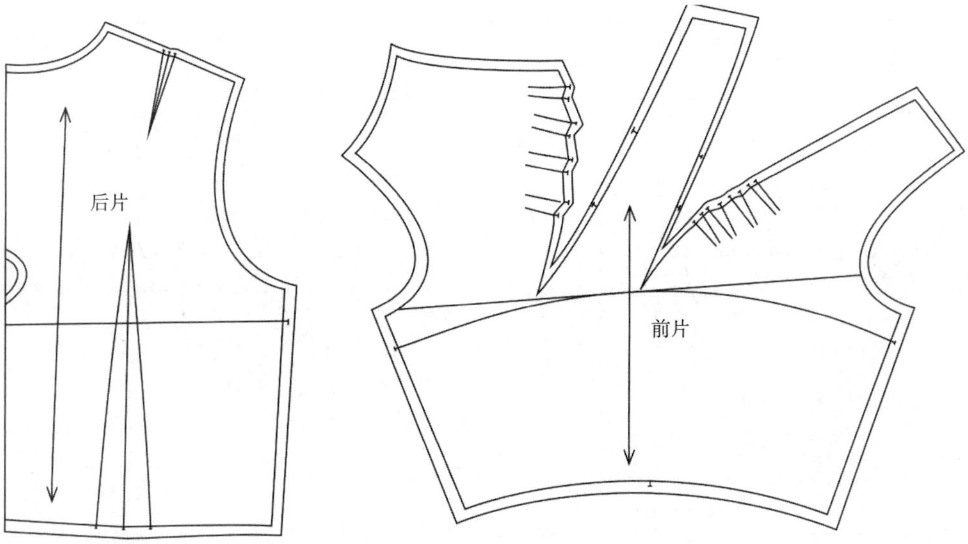

图5-2-8　确定板型

（四）特别提示

（1）不对称型上衣需要注意左、右褶裥的比重和平衡，在操作中需要不断比较纠正。

（2）要求立体造型过程中放松量自然，布丝顺直、平服。

（3）各个褶裥间距要相等，注意在进行成衣调整前做好记号。

（4）成品要求整洁，无拉紧。

四、学习思考与练习

1. 对称型褶裥上衣和不对称型褶裥上衣，哪一款更难，制作区别在哪里？

2. 与对称型褶裥上衣相比，不对称型褶裥上衣的裁剪、放缝和样衣制作工艺的操作方法，哪个地方难度最大？操作时要注意哪些问题？

3. 利用褶裥变化进行更多不对称款式的拓展（图5-2-9～图5-2-11）。

4. 请按表5-2-2所提供的产品尺寸完成图5-2-12所示的不对称褶裥上衣的立体造型。

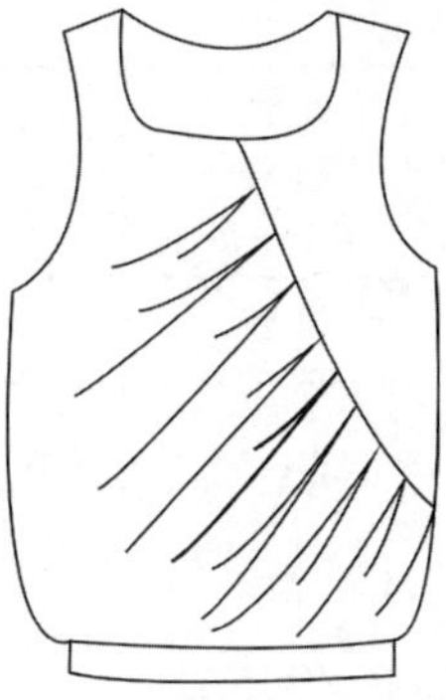

图5-2-9　不对称褶裥上衣1

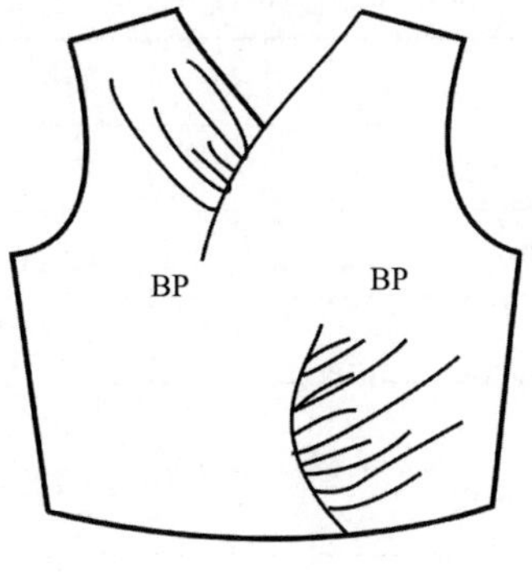

图5-2-10　不对称褶裥上衣2

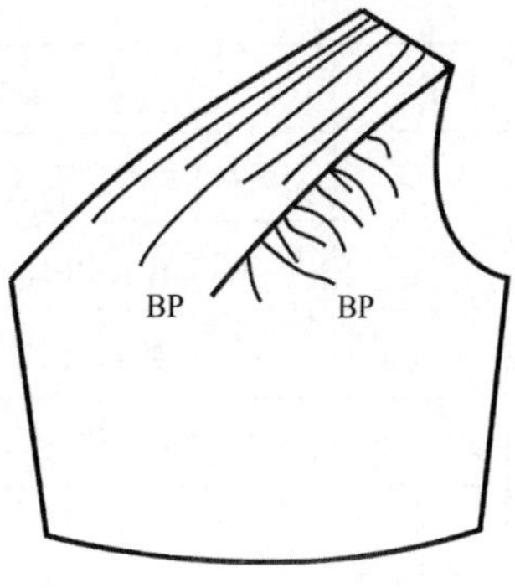

图5-2-11　不对称褶裥上衣3

表5-2-2 不对称褶裥通知单

<table>
<tr><td>规格</td><td>160/84A</td><td>款式名称</td><td>不对称褶裥上衣</td><td>工具</td><td>珠针、大剪刀、褪色笔、熨斗、168/84人台</td></tr>
<tr><td colspan="4"></td><td>日期</td><td></td></tr>
<tr><td colspan="4" rowspan="2">款式图：
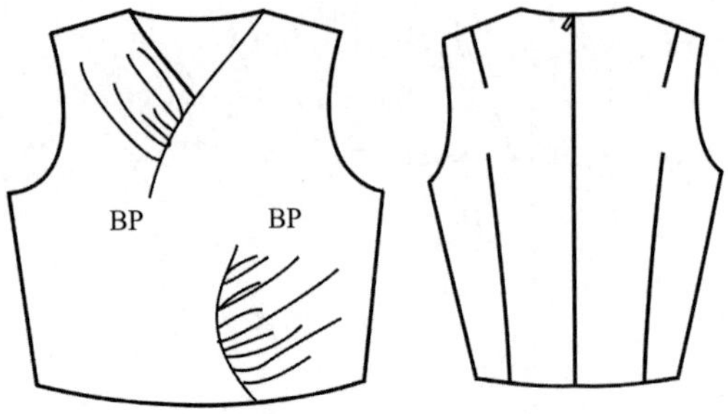

图5-2-12 不对称褶裥</td><td colspan="2">不对称褶裥上衣质量要求</td></tr>
<tr><td colspan="2" rowspan="3">注意事项：
1. 放松量自然，纱向顺直、平服。
2. 产品无起吊、拉紧、起涟现象。
3. 省道与褶裥：省道位置正确，省长位置正确，倒向对称。
4. 侧缝：左、右侧缝顺直，长短一致。
5. 前、后腰线自然顺畅。</td></tr>
<tr><td colspan="2">胸围</td><td colspan="2">90cm</td></tr>
<tr><td colspan="2">背长</td><td colspan="2">39cm</td></tr>
<tr><td>编制</td><td></td><td>审核</td><td></td><td colspan="2">审核日期</td></tr>
</table>

五、检查与评价

1. 检查要求

（1）放松量自然，纱向顺直、平服，产品无起吊、拉紧、起涟现象。

（2）褶裥：褶裥均匀美观。

（3）侧缝：左、右侧缝顺直，长短一致。

（4）前、后肩注意吃势。

（5）整烫：各部位熨烫到位、平服，无亮光、水花、污迹，底边平直。

（6）针距美观、对称。

（7）纸样拓样准确。

2. 评价表（表5-2-3）

表5-2-3 评价表

序号	具体指标	分值	自评	小组互评	教师评价	小计
1	面料经纬纱向整理正确，熨烫干净整洁	2				
2	褶裥位置、方向合理，褶裥匀称	2				
3	放松量合理，无拉紧	2				
4	裁片符合人体	2				
5	外观效果好，针距美观	2				
合计		10				

任务三　四开身公主线上衣立体造型及操作

技能目标

1. 分析变化上衣服装款式，与基础服装立体造型进行比较，并进行估料预算。
2. 掌握面料经纬纱向整理。
3. 能合理加放松量，检查整体尺寸和纱向。
4. 能根据造型的变化塑造分割公主线。
5. 学会使裁片符合人体结构特点的方法。
6. 从合体度、悬垂效果、纱向顺直、比例及修正等方法检查并分析立体裁剪的样衣。

知识目标

1. 了解公主线四开身款式结构特点，并能进行描述。
2. 了解面料的性能，能从合体度、悬垂效果、纱向顺直、比例及修正等方法检查并分析立体裁剪的样板。
3. 能根据公主线分割变化上衣造型样衣的质量要求，树立服装品质概念，掌握成品质量。
4. 能分析同类四开身上衣分割变化及省道转移处理办法。

一、任务描述

根据四开身公主线上衣款式通知单，分析款式特点，依据规格号型进行立体造型并完成前衣片样板，并根据样板完成假缝制作。

二、必备知识

（一）公主线的由来

公主线的出现缘起于连省道，连省道是将胸省、腰省、腹臀省相连接形成的。为了便于缝制，一般在设计好连道省之后将其彻底分解成两个部分，拼缝之后的线为公主线。

（二）公主线的概述

公主线是指前、后衣片从袖窿处起，过胸围、经腰围分割的曲线。又称“刀背线”，起到和收省一样作用，为了突出胸和腰的美感，公主线比收省更能顺应人体的曲线。

（三）公主线运用中的注意事项

公主线的弯势不可过大，后片公主线开到袖窿处无须收省，只需去适当的弯势画顺即可。

三、任务实施

公主线四开身上衣款式纸样设计与立体造型通知单见表5-3-1。

（一）款式分析

公主线四开身上衣由袖窿、胸高点至腰节进行分割处理。公主线位置对称、美观，衣身平衡（图5-3-1）。

表5-3-1　公主线四开身上衣款式纸样设计与立体造型通知单

<table>
<tr><td>规格</td><td>160/84A</td><td>季节</td><td>—</td><td>作者</td><td colspan="4">参考规格与松量设计</td></tr>
<tr><td rowspan="2">款号</td><td rowspan="2">04-01</td><td rowspan="2">款式名称</td><td rowspan="2">公主线
四开身上衣</td><td rowspan="2">日期</td><td>部位
规格</td><td>后衣长</td><td>胸围</td><td>肩宽</td></tr>
<tr><td>160/84A</td><td>38cm</td><td>90cm</td><td>37cm</td></tr>
<tr><td colspan="5">款式图：
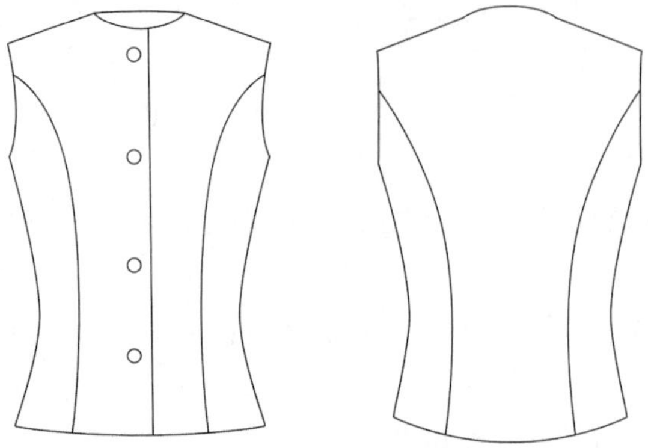
图5-3-1　公主线四开身女上衣</td><td colspan="4" rowspan="3">松量设计：
1. 与款式风格搭配。
2. 符合人体运动功能和舒适度要求。
3. 与面料性能搭配。
技术要求
工艺要求：
1. 大头针针尖排列有序间距均匀、针尖方向一致、针脚小。插针方法恰当，缝合线迹的技术处理合理，标记点交代清楚。
2. 缝份平整倒向合理，方法准确，无毛茬外露。
3. 布料纱向正确，符合结构和款式风格造型要求。
纸样设计要求：
1. 立体裁剪应与款式图的造型要求相符，拓纸样准确，缝份设计合理。
2. 制图符号标注准确，包括各部位对位记号、纱向标记、归拔符号等。
材料准备：
面料：白坯布。
成分：100%棉。
织物组织：平纹。</td></tr>
<tr><td colspan="5">款式特点与外观要求</td></tr>
<tr><td colspan="2">款式特征描述：
1. 款式：公主线四开身的造型。
2. 公主线：由袖窿、胸高点至腰节进行的分割处理。</td><td colspan="3">外观造型要求：
1. 衣身外观评价：衣身正面干净、整洁，胸腰围松量分配适度，胸立体肩胛骨凸出适度，腰部合体袖窿无浮起或拉紧，无不良皱褶。
2. 公主线评价：曲线优美、分割比例适中，整体和谐平衡。
3. 侧缝评价：侧缝线垂直，无偏斜。</td></tr>
</table>

（二）实践准备

1. **布料的准备**（图5-3-2）

（1）前中片：宽：从人台胸围线前中心到公主线的距离再加上10～15cm。长：颈侧点到前衣长下摆距离+5～10cm。

（2）前侧片：宽：从人台胸围线侧缝到公主线的距离再加上10～15cm。长：前袖窿公主线起点到前衣长下摆距离+5～10cm。

（3）后中片：宽：从人台胸围线后中心到公主线的距离再加上10～15cm。长：颈侧点到后衣长下摆距离+5～10cm。

（4）后侧片：宽：从人台胸围线侧缝到公主线的距离再加上10～15cm。长：从后袖窿公主线起点到后衣长下摆距离+5～10cm。

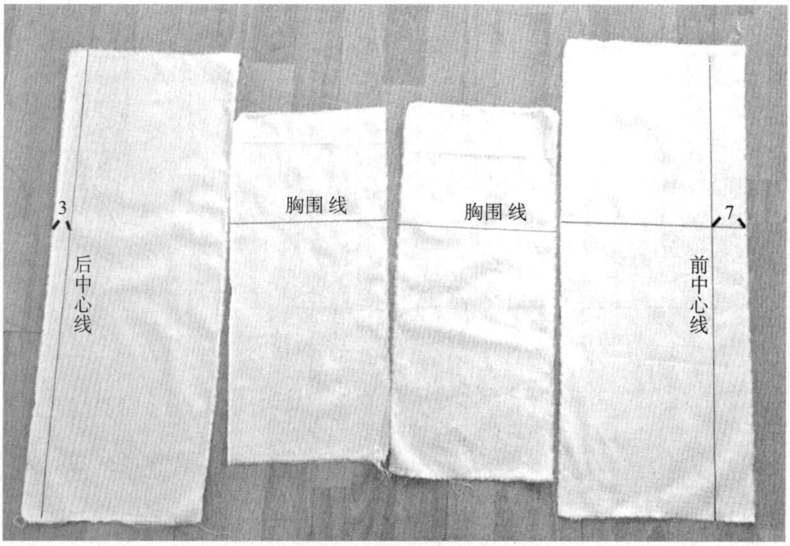

图5-3-2　布料准备

2. **整理布纹**

撕去布边，将布反方向拉扯，并用熨斗将丝缕归直、熨平，布料垂平方正。

3. **标记基准线**

①前中片、后中片距离布边3cm做一条垂直线为后中线。

②从人台侧颈点到胸围线的距离再加上5～8cm为前胸围线。

③侧片胸围线：从人台刀背分割点到胸围线的距离再加上5～8cm。

（三）实践实施

1. **技术要求与注意事项**

四开身女上衣在制取时要把握好松量的布局，注意公主线型的走势，自然顺畅。

（1）贴标识线。

根据款式特点在人台上贴出公主线的位置，注意袖窿处刀背缝的造型（图5-3-3）。

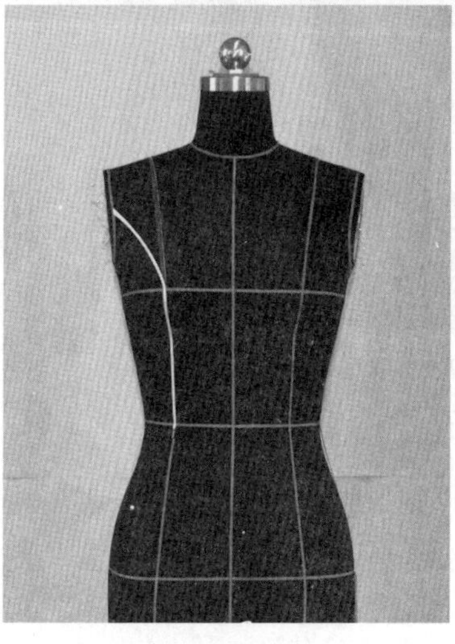

图5-3-3　贴标识线

（2）前片：

①前中片别样：把确定好前中心线和胸围线的布料覆于人台，与人台的同名线条重合，双针固定BP点、颈窝点、腰部前中心点（图5-3-4）。

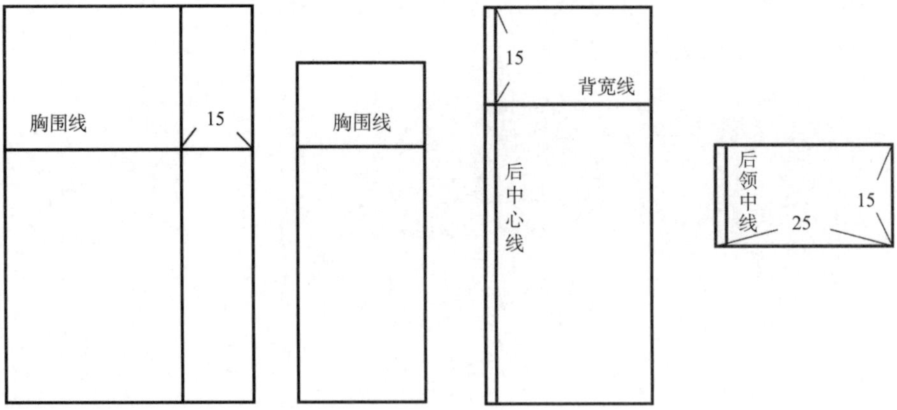

图5-3-4 前中片别样

②领口处理：沿领圈线修剪领圈，在领口处打剪口使领圈平服，固定颈窝点、颈侧点（图5-3-5）。

③整理肩部：领口平整后抚平肩部，将胸部浮余量推向袖窿、腰部，固定肩端点，修剪好肩线、袖窿（图5-3-6）。

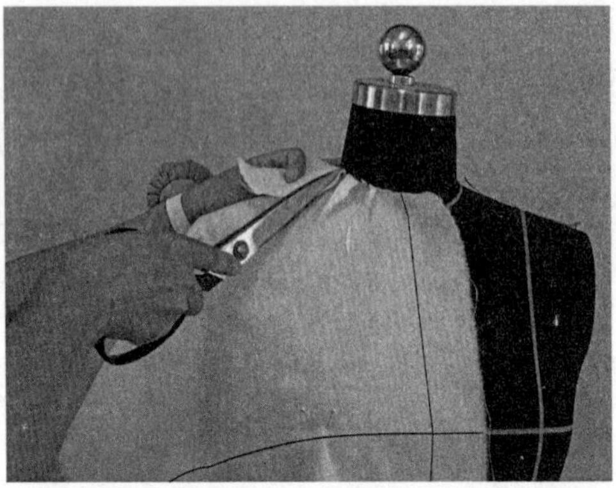

图5-3-5 领口处理

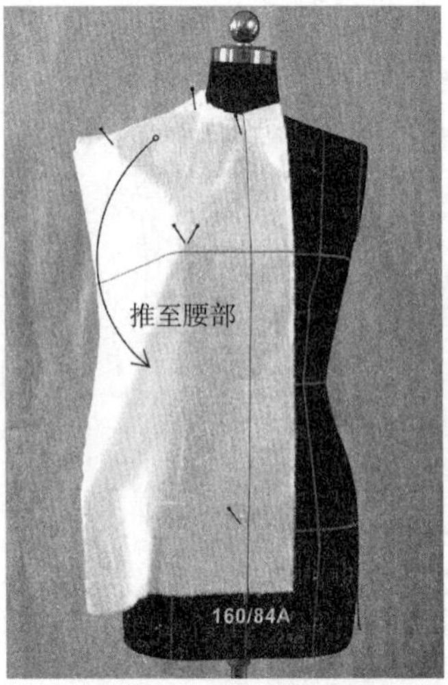

图5-3-6 整理肩部

④修剪公主线：预留足够缝份，剪出袖窿形状，在公主线胸围处将坯布轻轻捏起，往前中心线推移0.3cm，作为胸部松量。满意后，用大头针在胸侧点处固定。修剪公主线造型在腰部打剪口，腰部松量维持1cm左右，腰部适当拔开改善腰部合体度，理平腰部布样，用大头针悬空固定。公主线臀部放0.3cm左右松量（图5-3-7）。

⑤前侧片别样：将前侧片胸围线与人台上所标的胸围线对齐，固定BP点，胸围留出1cm松量，固定胸侧点，腰部剪开，适当拔开（如图5-3-8）。

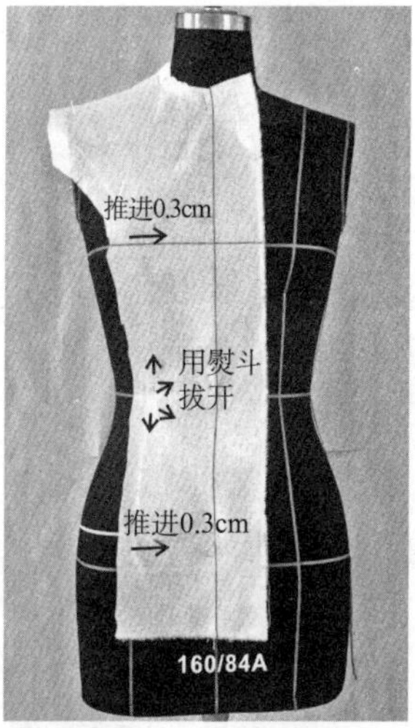

图5-3-7　修剪公主线

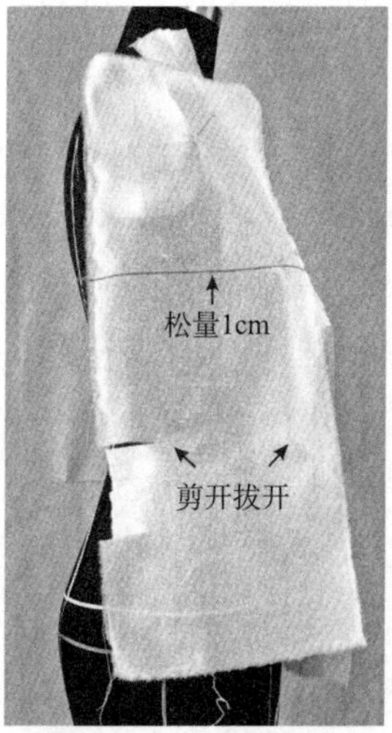

图5-3-8　前侧片别样

⑥前公主线抓和：沿前公主线将前侧片与前中片打剪口抓和，按箭头所示在侧缝处推进约1cm松量，前胸宽处推进0.5cm松量，注意调整廓型（图5-3-9）。

（3）后片：

①后中片别样1：把确定好后中线的布料覆于人台右后侧，与人台后中线重合，沿后中线固定颈椎点、背中部，为使后片收腰更加合体，沿后中线顺势在后腰节中点撇出1.2～1.5cm后固定，在肩胛处用大头针临时固定（图5-3-10）。

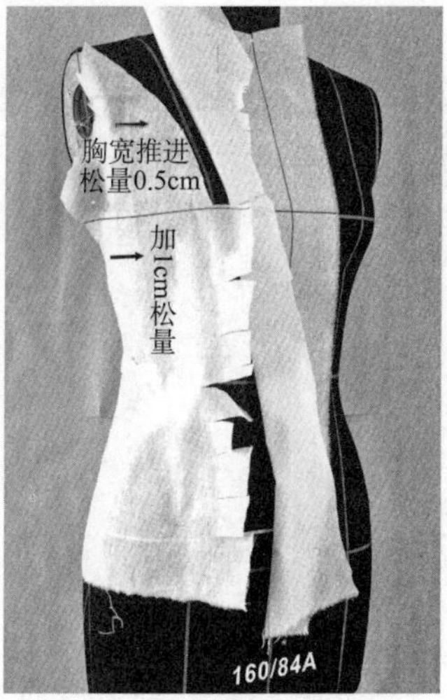

图5-3-9　前公主线抓和

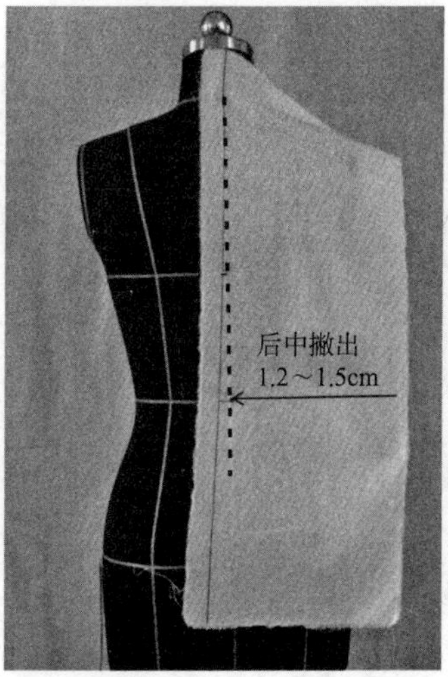

图5-3-10　后中片别样1

②后中片别样2：裁剪领口、肩缝，肩部留出0.5cm吃势，背宽线处放0.5cm的松量，剪出袖窿形状。在公主线胸围处将坯布轻轻捏起，往后中方向推移0.5cm，作为胸部松量，满意后，用大头针在胸侧点处固定，修剪公主线造型。在腰部打剪口，腰部松量维持0.5cm，腰部

适当拔开，改善腰部合体度，理平腰部布样，用大头针悬空固定。公主线臀部放0.5cm左右松量（图5-3-11）。

③后侧片别样及裁剪：将后侧片胸围线与人台上所标的胸围线对齐，用大头针在胸围留出1cm松量，上下端固定，腰部剪开，适当拔开（图5-3-12、图5-3-13）。

④前中片、后中片、前侧片、后侧片松量调整：去掉除中线以外固定样衣的大头针，使样衣呈现自然穿着状态，检查样衣的结构平衡状况与合体度，调整不合适之处。同时检查加放的放松量是否合理，臀围的基本空间量是8～10cm（图5-3-14）。

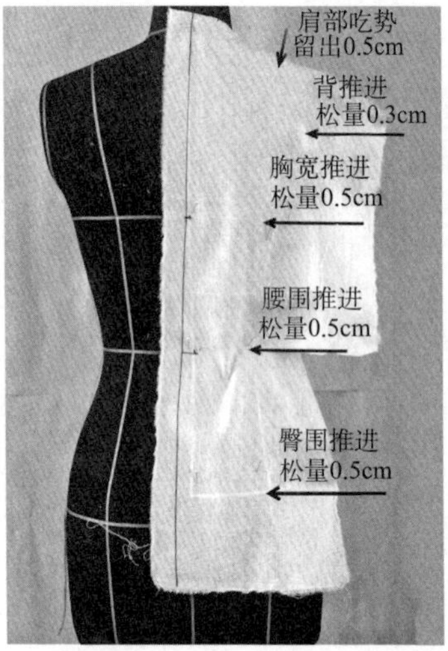

图5-3-11 后中片别样2

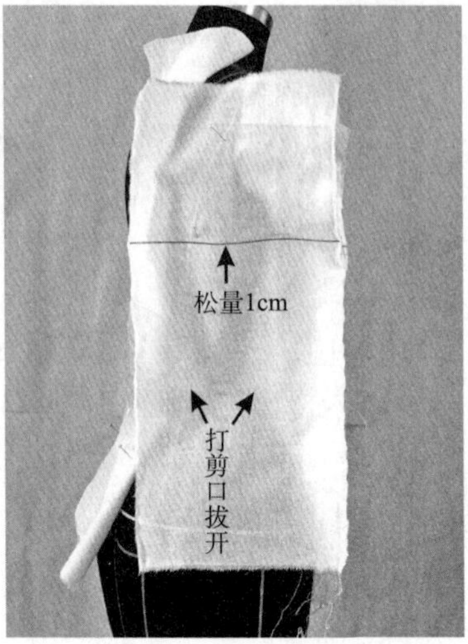

图5-3-12 后侧片别样

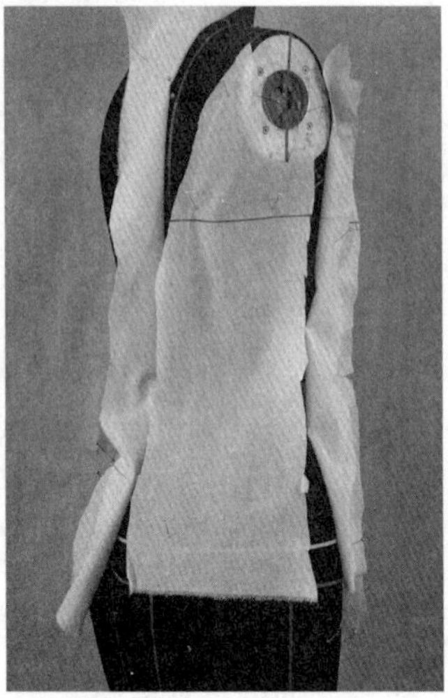

图5-3-13 后侧片裁剪

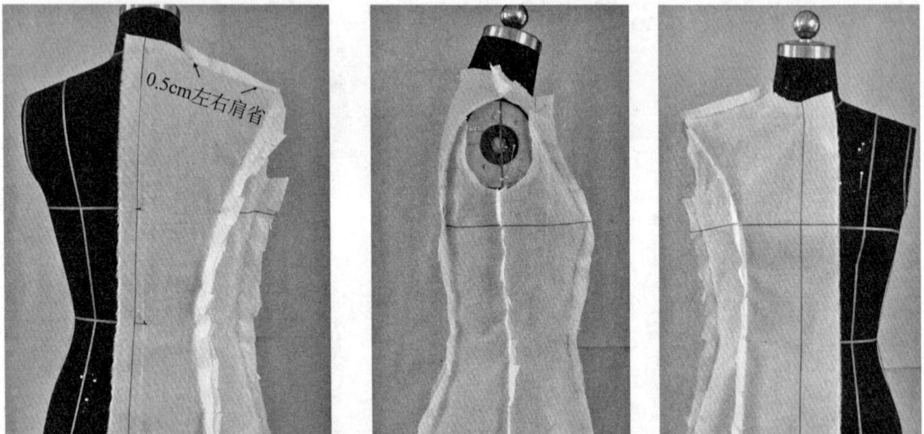

图5-3-14 前中片、后中片、前侧片、后侧片松量调整

⑤假缝后穿在人台上，观察前、后各部位效果，针对不合适的部位进行调整标记，最终达到外形状自然流畅，直至满意为止（图5-3-15）。

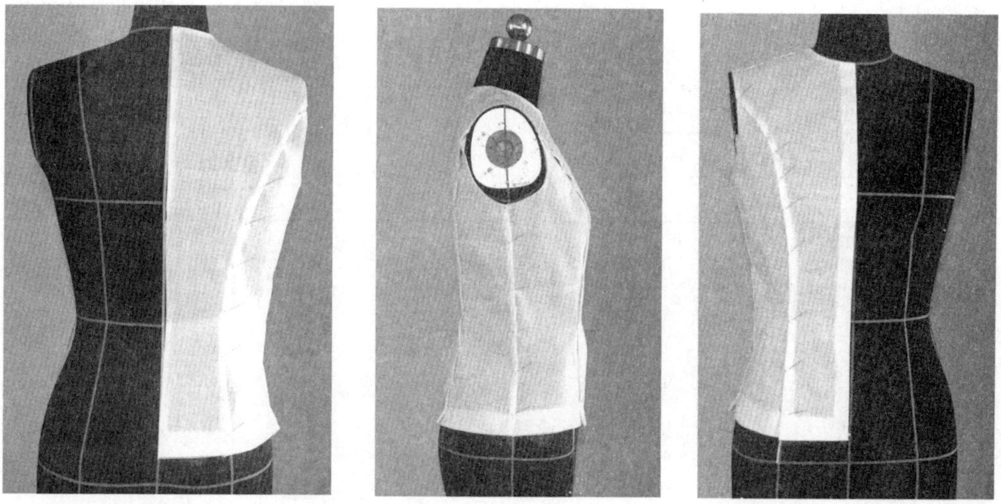

正面　　侧面　　背面

图5-3-15　假缝后成品展示

（四）特别提示

（1）在立体造型中如果遇到面料估计不足，操作时出现局部缺角、缺块的现象时，可以采用面料拼贴弥补的方式进行不足部分面料的增添，这样既可以提高操作效率，也可以减少浪费。

（2）布四开身公主线款式的操作中，在白坯布的选择上应尽量考虑与实际面料质地相同的坯布进行操作，可以避免因面料厚薄、质地差别所引起的不同效果。

四、学习思考与练习

1. 公主线分割的上衣省道转移的巧妙之处在哪？制作时遇到难解决的地方是什么？
2. 想一想能不能利用公主线进行另外一些款式操作？
3. 按表5-3-2所提供的产品尺寸完成图5-3-16所示四开身公主线上衣的立体造型。

表5-3-2　四开身公主线上衣通知单

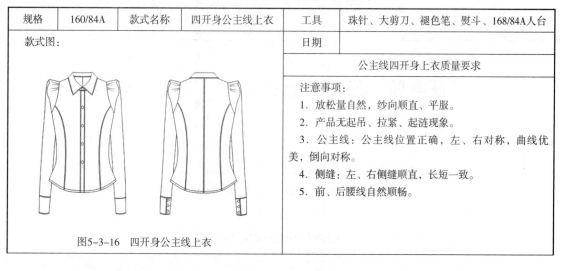

<table>
<tr><td>规格</td><td>160/84A</td><td>款式名称</td><td>四开身公主线上衣</td><td>工具</td><td>珠针、大剪刀、褪色笔、熨斗、168/84A人台</td></tr>
<tr><td colspan="4" rowspan="3">款式图：
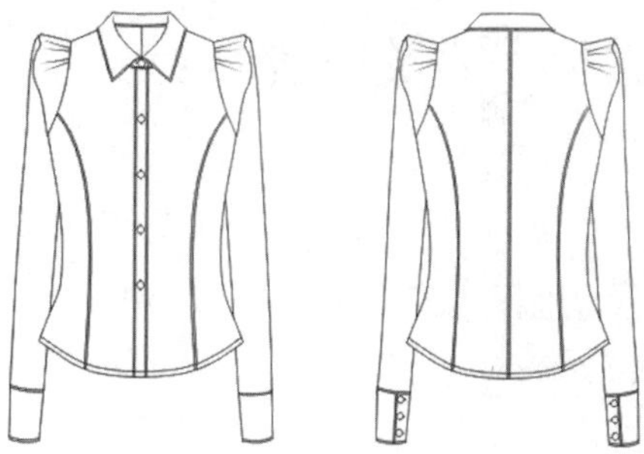
图5-3-16　四开身公主线上衣</td><td>日期</td><td></td></tr>
<tr><td colspan="2">公主线四开身上衣质量要求</td></tr>
<tr><td colspan="2">注意事项：
1. 放松量自然，纱向顺直、平服。
2. 产品无起吊、拉紧、起涟现象。
3. 公主线：公主线位置正确，左、右对称，曲线优美，倒向对称。
4. 侧缝：左、右侧缝顺直，长短一致。
5. 前、后腰线自然顺畅。</td></tr>
</table>

续表

规格	160/84A	款式名称	四开身公主线上衣	工具	珠针、大剪刀、褪色笔、熨斗、168/84A人台
胸围		90cm			
背长		39cm			
编制		审核		审核日期	

五、检查与评价

1. **检查要求**

（1）放松量自然，纱向顺直、平服、产品无起吊、拉紧、起涟现象。

（2）公主线：左、右公主线对称，曲线美观。

（3）侧缝：左、右侧缝顺直，长短一致。

（4）注意前、后肩吃势。

（5）整烫：各部位熨烫到位，平服，无亮光、水花、污迹，底边平直。

（6）针距美观、对称。

（7）纸样拓样准确。

2. **评价表**（表5-3-3）

表5-3-3 评价表

序号	具体指标	分值	自评	小组互评	教师评价	小计
1	面料经纬纱向整理正确，熨烫干净整洁	2				
2	公主线位置、方向合理，曲线优美，比例均衡	2				
3	放松量合理，无拉紧	2				
4	裁片符合人体	2				
5	外观效果好，针距美观	2				
合计		10				

任务四 三开身上衣立体造型及操作

技能目标

1. 分析三开身上衣服装款式，与基础服装立体造型进行比较，并进行估料预算。
2. 掌握面料经纬纱向整理。
3. 能合理加放松量，检查整体尺寸和纱向。
4. 能根据造型的变化塑造公主线分割，并合理进行省道转移。

5. 学会使裁片符合人体结构特点的方法。

6. 从合体度、悬垂效果、纱向顺直、比例及修正等方法检查并分析立体裁剪的样衣。

知识目标

1. 了解三开身款式结构特点，并能进行描述。

2. 了解面料的性能，能从合体度、悬垂效果、纱向顺直、比例及修正等方法检查并分析立体裁剪的样板。

3. 能根据造型的变化合理进行省道转移，塑造曲线分割造型。

4. 了解三开身上衣造型样衣的质量要求，树立服装品质概念，把控成品质量。

5. 能分析同类三开身上衣分割变化及省道转移处理办法。

一、任务描述

根据三开身公主线上衣款式通知单，分析款式特点，依据规格号型进行立体造型并完成前衣片样板，并根据样板完成假缝制作。

二、必备知识

1. 三开身、四开身概念

三开身、四开身实际就是以胸围周长分为三等分、四等分。

2. 三开身、四开身辨别方法

把衣服扣好摆平，前后片对折处有衣链的叫四开身，否则就是三开身。

3. 三开身、四开身区别

三开身适合塑造西服、中山装、学生装及各类制服等服装的造型结构，也就是说把一件衣服分为两个前片和一个后片（西装虽然后片有中缝，但也算一片），且每片宽度接近服装总宽度的1/3。

四开身指衣片宽度有胸围的1/4，常用于一些宽松感休闲的服装，如衬衣、夹克衫、外套等。

三、任务实施

三开身上衣款式纸样设计与立体造型通知单见表5–4–1。

（一）款式分析

这是一款收腰合体型的三开身女上衣，也是常见女西装基本款，分成前片、侧片和后片三大部分（图5–4–1）。

表5-4-1　三开身上衣款式纸样设计与立体造型通知单

<table>
<tr><td>规格</td><td>160/84A</td><td>季节</td><td></td><td>作者</td><td colspan="5">参考规格与松量设计</td></tr>
<tr><td rowspan="2">款号</td><td rowspan="2">04–04</td><td rowspan="2">款式名称</td><td rowspan="2">三开身上衣</td><td rowspan="2">日期</td><td>部位
规格</td><td>胸围</td><td>腰围</td><td>肩宽</td><td>后衣长</td></tr>
<tr><td>160/84</td><td>94cm</td><td>78cm</td><td>39cm</td><td>64cm</td></tr>
<tr><td colspan="5">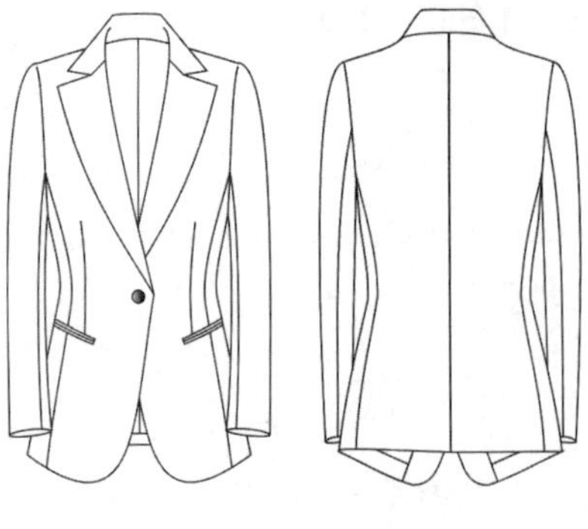
图5–4–1　三开身上衣</td><td colspan="5" rowspan="3">松量设计：
1. 与款式风格搭配。
2. 符合人体运动性能和舒适度要求。
3. 与面料性能搭配。
技术要求
工艺要求：
1. 大头针针尖排列有序，间距均匀、针尖方向一致、针脚小。手针方法恰当，缝合线迹的技术处理合理，标记点交代清楚。
2. 缝份倒向合理，缝份平整，方法准确，无毛露。
3. 布料纱向正确，符合结构和款式风格造型要求。
纸样设计要求：
1. 立体裁剪应与款式图的造型要求相符，拓纸样准确，缝份设计合理。
2. 制图符号标注准确，包括各部位对位标记、纱向标记、归拔符号。
材料准备：
面料：白坯布。
成分：100%棉。
织物组织：平纹。</td></tr>
<tr><td colspan="5">款式特点与外观要求</td></tr>
<tr><td colspan="3">款式特征描述：
1. 领子：平驳头西装领。
2. 前衣身：三开身结构，一粒扣，圆角倒V形下摆，前小刀背分割线自袖窿起通过双开线真口袋至底摆，前胸下省道止于袋牙。
3. 后衣身：后背中缝直缝直通底摆，后刀背缝自袖窿起顺下至底摆。
4. 袖片：合体两片袖结构。</td><td colspan="2">外观造型要求：
1. 领子：领面、领座光滑平顺，翻领线圆顺，外领口弧线长度合适。
2. 衣身：衣身正面干净、整洁，前后衣身平衡，胸腰围松量分配适度，胸立体肩胛骨适度，腰部合体，袖窿无浮起或拉紧，无不良皱褶。
3. 侧片：丝绺垂直，无倾斜，转折面明显挺括。
4. 袖子：（略）。</td></tr>
</table>

（二）实践准备

1. **标记款式线**（图5–4–2）

2. **布料的准备**

（1）前片布样：长：侧颈点到前衣长下摆距离+5～10cm；宽：从人台胸围线前中心到侧片与前片分割线的距离+15～20cm。

（2）后片布样：长：侧颈点到后衣长下摆距离+5～10cm；宽：从人台胸围线后中心到侧片与后片分割线的距离+10～15cm。

（3）侧片布样：长：最高点到下摆距离+5cm；宽：侧片与前片分割线到侧片与后片分割线的距离+10～15cm。

（4）领片布样：长：25cm，宽：15cm。

3. **整理布纹**

撕去布边，将布向反方向拉扯，并用熨斗将丝绺归直、熨平，布料垂直、平整、平方正

4. **标记基准线**（图5–4–3）

（1）前片：前中心线：距布边15cm做一条垂直线；胸围线：垂直与前中线的水平线，距布边上平线35cm。

（2）后片：后中心线：距布边2cm做一条垂直线；胸围线：垂直于后中线的水平线，距布边上平线35cm。

（3）侧片：胸围线：距布边上平线25cm做水平线。

（4）领片：做后中心线。

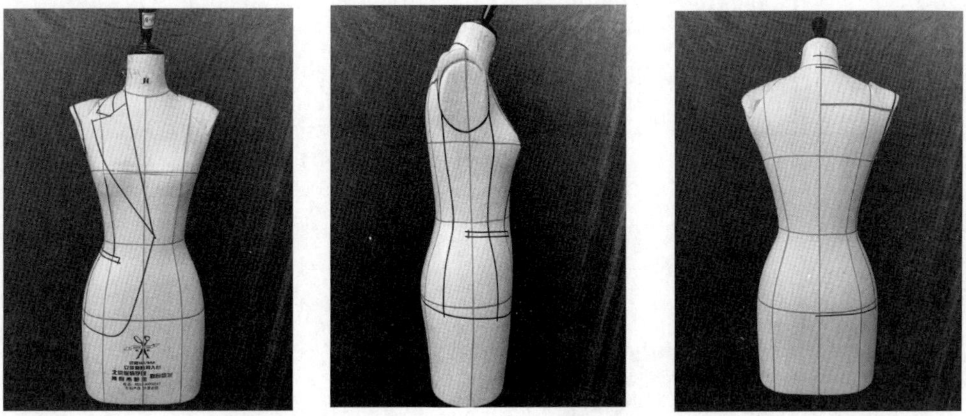

正面　　侧面　　背面

图5–4–2　标记款式线

（三）实践实施

1. **技术要求与注意事项**

在操作过程中注意面料的丝绺方向和作品松量的控制，保持面料的挺括、垂直、流畅，注意肩胛骨的吃势处理与人体造型的关系，注意腰节处面料的拔开处理。

2. **操作过程**

（1）前片操作步骤：

①前中片别样：将前片布样覆于人台右侧，将布样前中心线和胸围线与人台的前中心线、胸围线分别对齐，双针固定BP点、颈窝点，单针固定腰围线与前中线交点、臀围线与前中线交点（图5–4–4）。

②翻驳点剪口：沿翻驳点横向剪口，预留2cm的缝份（图5–4–5）。

③前下摆预剪：剪口下端沿着款式下摆线进行预剪，预留2～3cm的量（图5–4–6）。

④定驳头：将门襟上端按人台翻折线翻折，视款式领型要求用色带黏贴出驳头形状，确定装领点（图5–4–7）。

⑤确定前领圈：驳头形状确定后，将驳头翻回来，在反面透过布料按色带痕迹做驳头标记，将串口线延伸过翻折线2～3cm左右，与后领圈连接形成最终的前领圈形状。沿着领围线修剪领口，注意留一定的余量（图5–4–8）。

⑥做腰省。调整坯布肩部、袖窿合体后修剪，在前胸宽、胸围线处留出1cm左右松量，

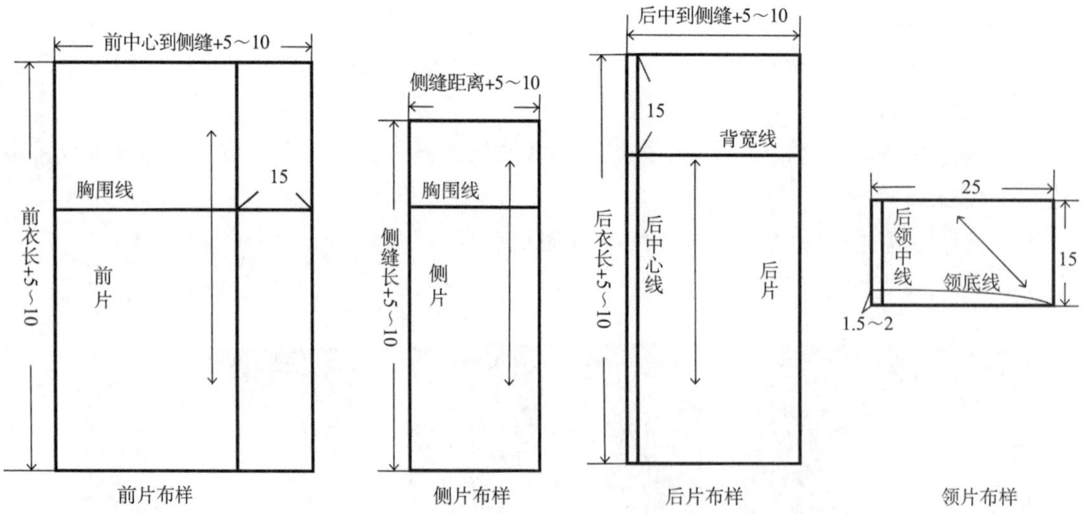

图5-4-3 标记标准线

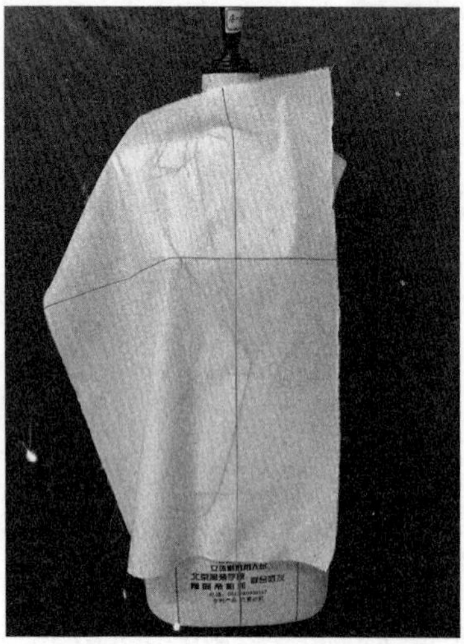

图5-4-4 前中片别样

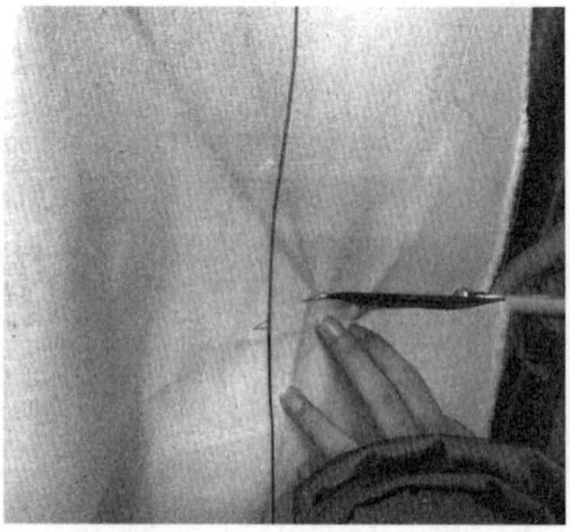

图5-4-5 翻驳点剪口

在胸点下方沿人台款式线做腰省至袋口位，侧缝与腰围线交点沿袋位水平剪至袋口止点，横向剪出袋口线，前片省道位置用大头针固定，别合省道量（图5-4-9）。

⑦前片下摆松量：前片下摆转向侧片处留2cm左右的松量，做出箱式造型，并在侧缝处用大头针固定，完成前片大身造型（图5-4-10）。

（2）后片操作步骤：

①定后片：将坯布背高线与人台背高线对齐，同时将坯布后中线在后颈处放出0.3cm，后片布样覆于人台右侧，布样颈椎点与人台的颈椎点对准，垂直向下抚平，在腰围处水平偏移

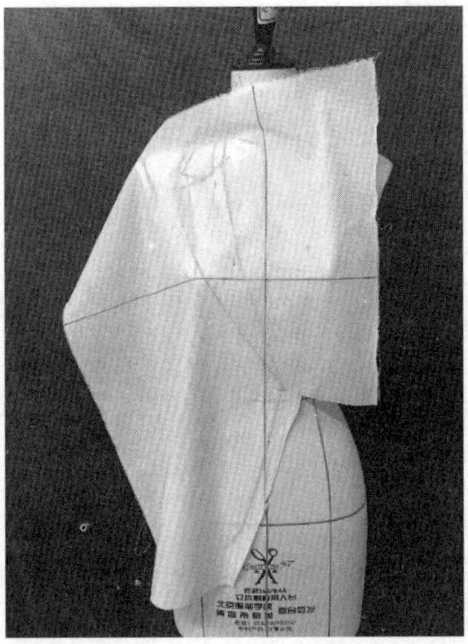

图5-4-6　前下摆预剪

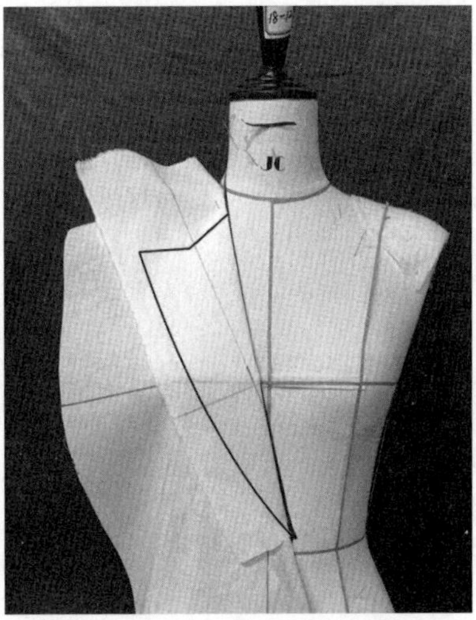

图5-4-7　定驳头

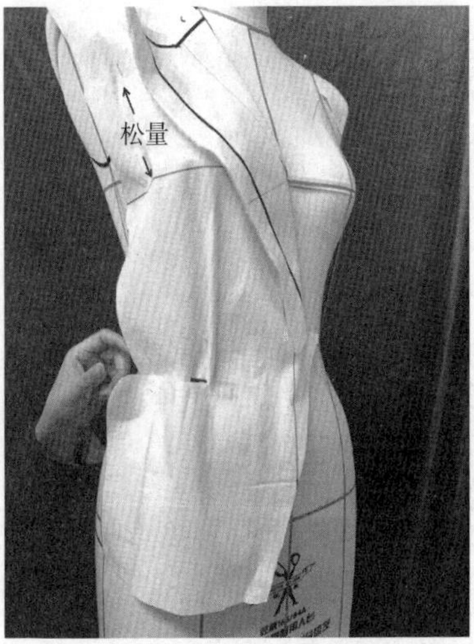

图5-4-8　确定前领圈

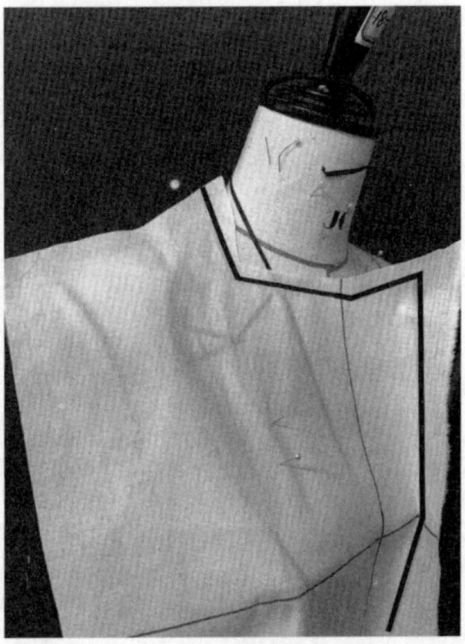

图5-4-9　做腰省

1.7cm作为收腰量（图5-4-11）。

②做后领圈：预留缝份约1.5cm，沿人台领圈线修剪后片领圈，打剪口使领圈平服，领圈形成后，在颈侧点处插针固定（图5-4-12）。

③做肩线、袖窿：裁剪好领围后，在后肩线处保留0.7cm吃势，在肩端点固定。沿着肩线留1.5cm余量进行肩线的修剪。采用抓合法与前片拼合，注意拼缝与人台肩线平行。在后背宽处留出一定松量，沿袖窿弧线保留袖窿线外1.5cm的余量进行袖窿的裁剪（图5-4-13）。

④做后侧缝线：在后侧缝的腰节处剪开并进行一定的拔开处理，使该处更贴合人体，根

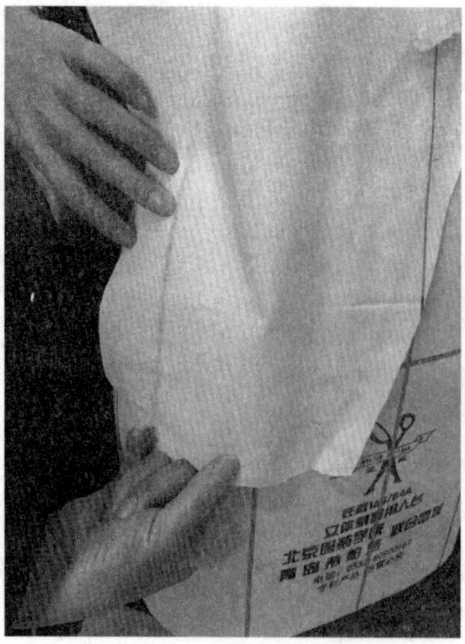

图5-4-10　前片下摆松量

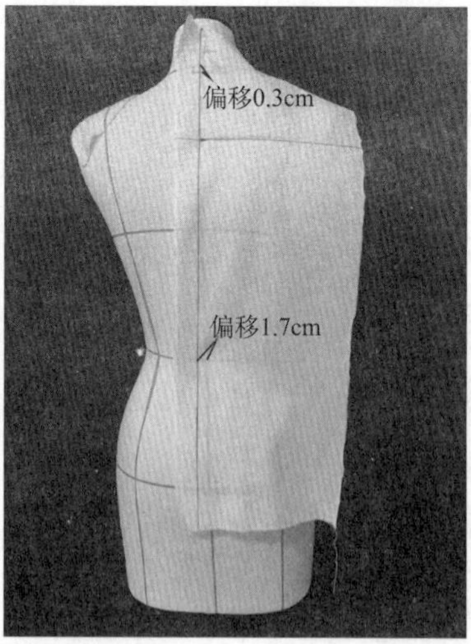

图5-4-11　定后片

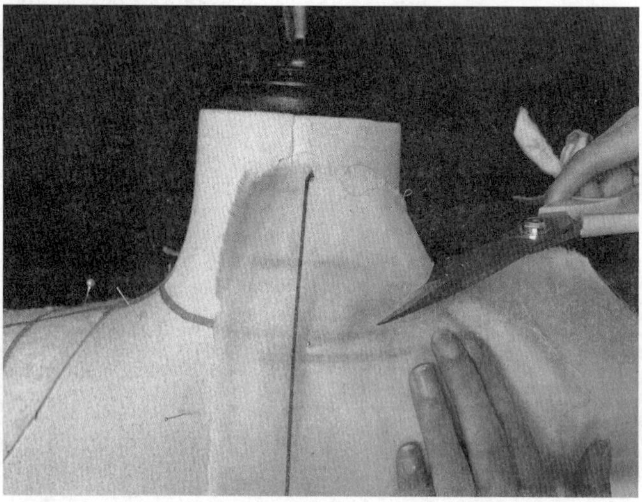

图5-4-12　做后领圈

据款式需要留出腰部松量沿着侧缝线捏出箱式结构，并在侧缝线处留1.5～2cm的余量，进行后片侧缝线的裁剪，剪掉多余的布料（图5-4-14）。

（3）侧片操作步骤：

①定侧片：胸围水平线与人台的胸围线对齐，垂直线与人台的侧缝线对齐，用大头针固定（图5-4-15）。

②侧片裁剪：在垂直线两侧分别捏合1cm左右的松量，用大头针在松量两侧固定，根据侧片的款式线，留出1.5～2cm的余量将侧片裁剪完成，并沿着款式线位置，将前片与侧片、

后片与侧片捏合，并用大头针别合（图5-4-16）。

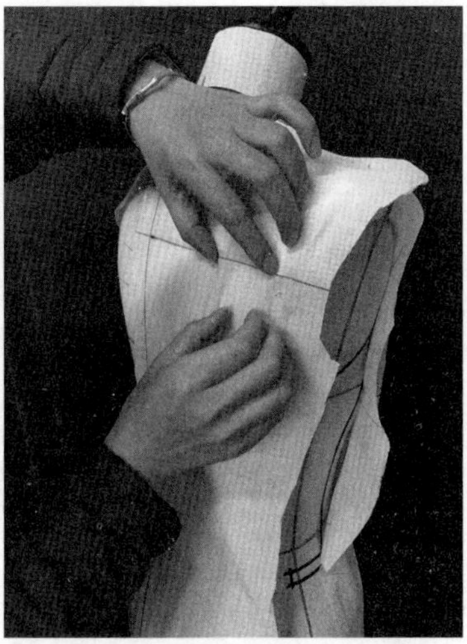

图5-4-13　做肩线、袖窿

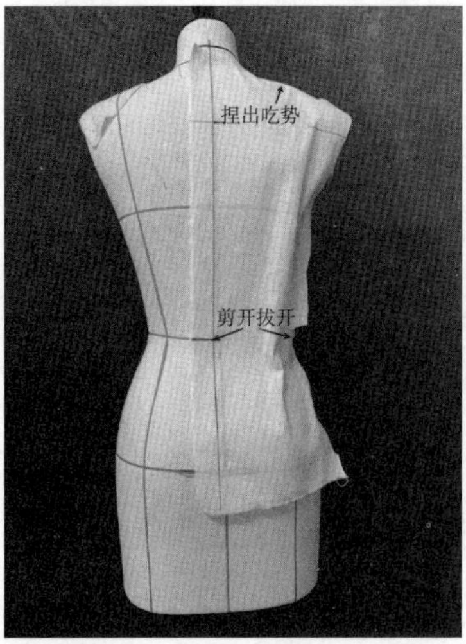

图5-4-14　做后侧缝线

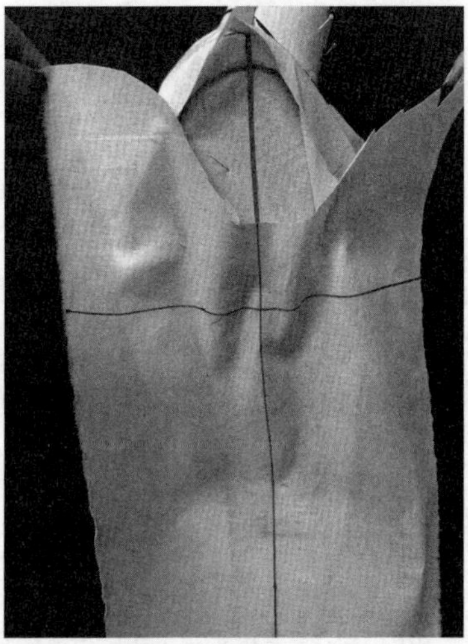

图5-4-15　定侧片

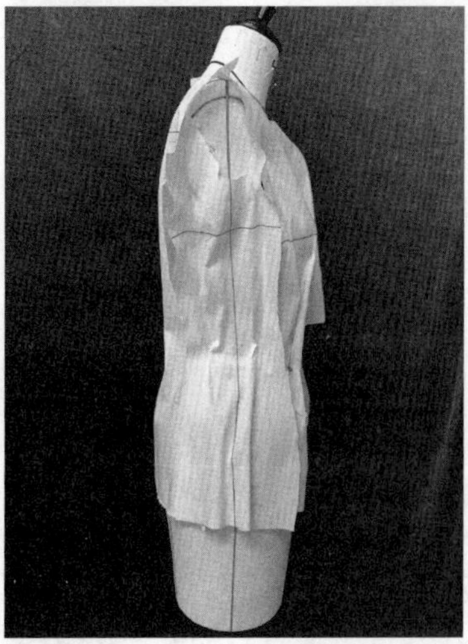

图5-4-16　侧片裁剪

（4）领子操作步骤：

①定领片：可以先粗剪出领底起翘形状，将弧线领底部布边平行放出1.5～2cm于衣身领圈线（见图5-4-3）。将后领中心线与人台后领中心处对齐，用针固定（图5-4-17）。

②定领底线：沿领圈线一边固定一边打剪口并适度拉伸领底线，从后颈中点沿领圈线用针固定至前领圈的装领点（图5-4-18）。

③定领子翻折线和领外口线：翻下领片，在领后中处按款式要求的领座高度用针固定，调整确定领子的翻折线和领外口线的状态，沿着领围线抚顺领片至前片，抚平的过程中在领外口线逐步修剪刀口，使领口线与衣身贴服（图5-4-19）。

④领子与驳头翻折线：领子的翻折线必须与驳头翻折线准确叠齐，且要求顺畅连接，不能出现相交角度，使翻折线与衣身驳领翻折线连接顺直，翻折线处松度适当，且合并领片与衣身的串口线，标示领外口线造型线（图5-4-20）。

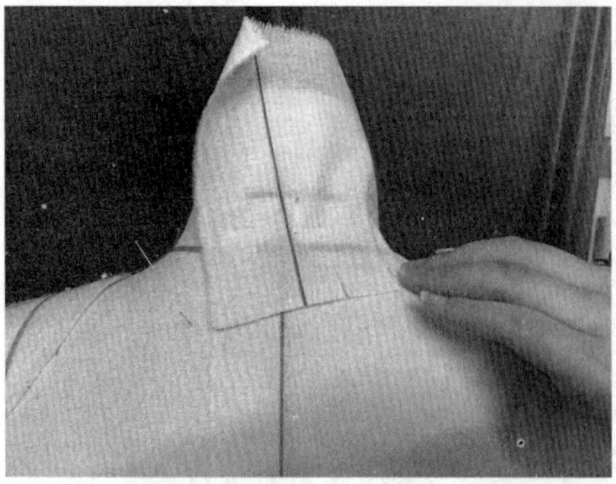

图5-4-17　定领片

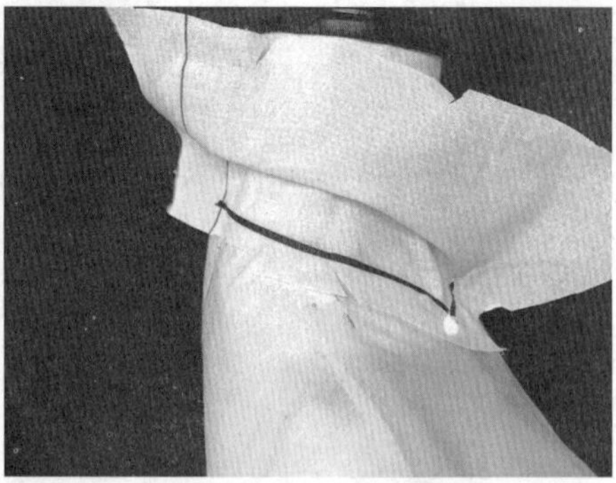

图5-4-18　定领底线

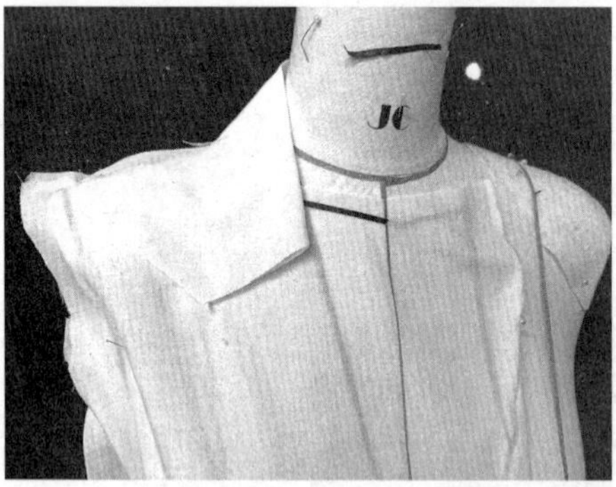

图5-4-19　定领子翻折线和领外口线

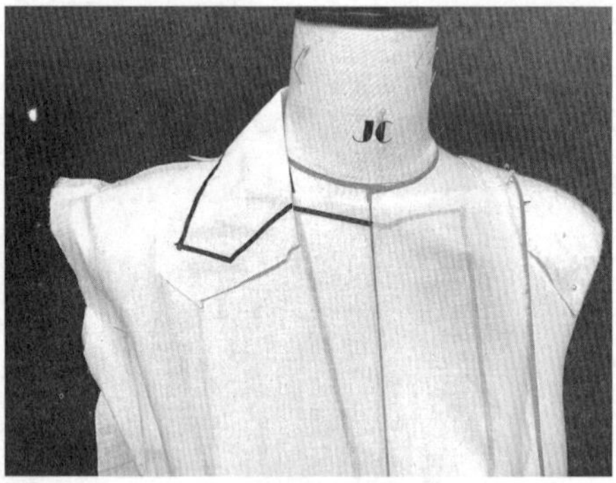

图5-4-20　领子与驳头翻折线

（5）补正与修整：衣身、衣领的试样补正和造型确认见图5-4-21。

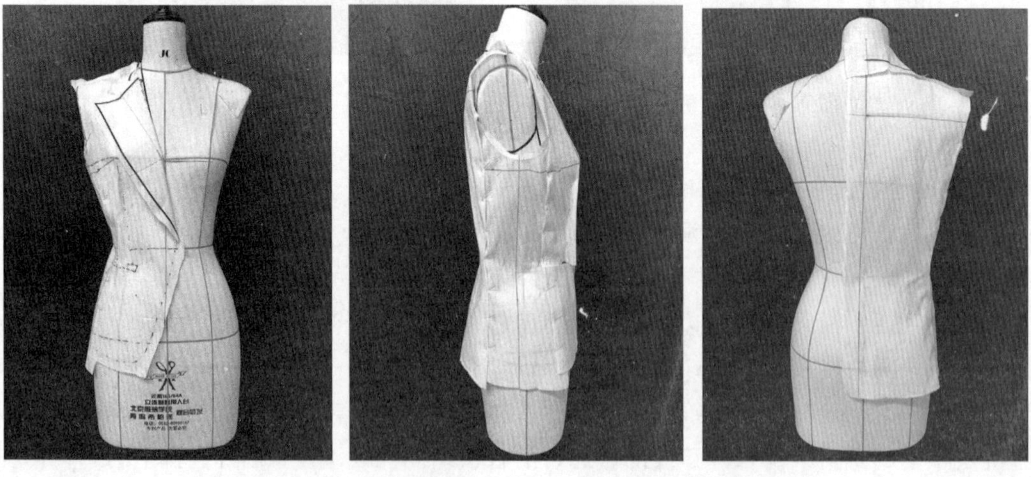

图5-4-21　补正与修整

（6）拓印样板：在人台上按照立体裁剪缝合位置描点，按照衣片和领片的描点进行画线修正（图5-4-22）。

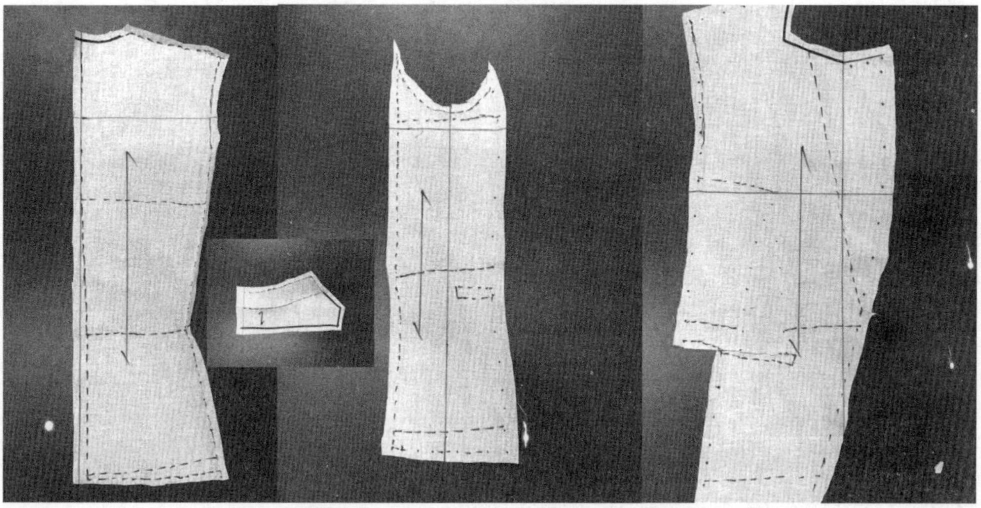

图5-4-22　描点

（7）画样：根据立体裁剪的衣片复制样板，并做好对位标记、归拔符号（图5-4-23）。

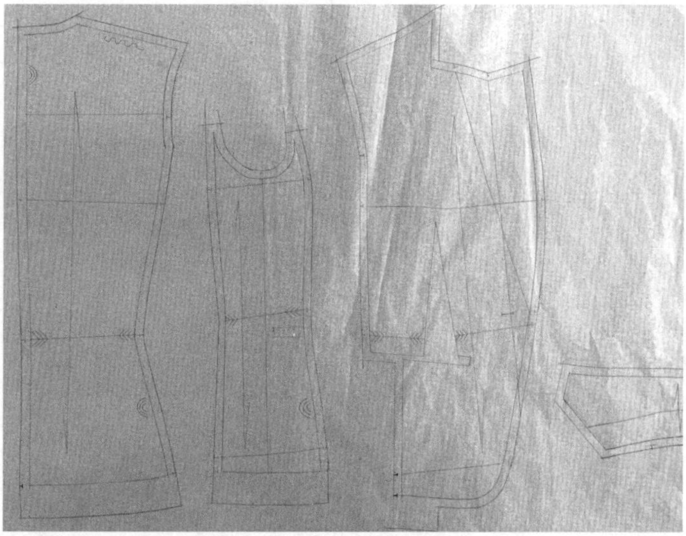

图5-4-23　画样

四、思考与练习

1．三开身西装与四开身西装在立体裁剪过程中有什么区别？

2．运用三开身立体裁剪的制作要点进行款式的制作，按照表5-4-2所提供的产品尺寸完成图5-4-24所示的三开身上衣的立体造型。

表5–4–2　三开身上衣通知单

<table>
<tr><td>规格</td><td>160/84A</td><td>款式名称</td><td>三开身上衣</td><td>工具</td><td>大头针、大剪刀、褪色笔、熨斗、168/84A人台</td></tr>
<tr><td colspan="4" rowspan="3">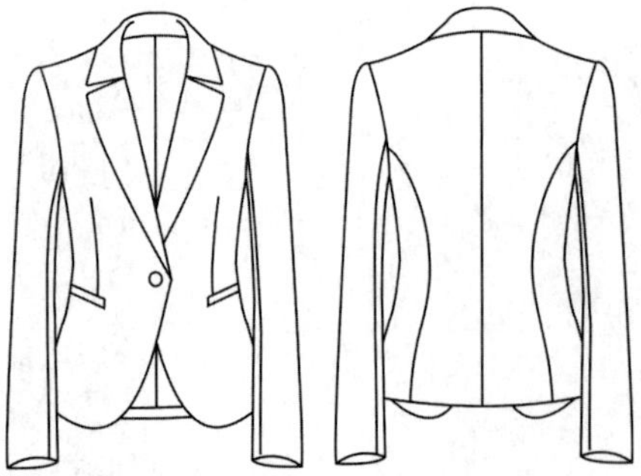
图5–4–24　三开身上衣</td><td>日期</td><td></td></tr>
<tr><td colspan="2">三开身上衣质量要求</td></tr>
<tr><td colspan="2" rowspan="3">注意事项：
1. 松量自然，纱向顺直、平服。
2. 产品无起吊、拉紧、起涟现象。
3. 侧缝顺直，左右侧缝长短一致。
4. 前后腰线自然顺畅。</td></tr>
<tr><td colspan="2">胸围</td><td colspan="2">90cm</td></tr>
<tr><td colspan="2">背长</td><td colspan="2">39cm</td></tr>
<tr><td colspan="4">注意事项：
1. 面料经纬整理正确，熨烫干净整洁。
2. 省道转移的方向与位置合理，纱向正确，褶裥匀称、自然。
3. 松量合理，无拉紧。
4. 裁片符合人体。
5. 纸样拓样准确。</td><td colspan="2">工艺要求：
1. 各部位熨烫到位，平服，无亮光、水花、污迹，底边平直。
2. 外观效果好，针距美观、对称。</td></tr>
</table>

五、检查与评价

1. 检查要求

①松量自然，纱向顺直、平服、产品无起吊、拉紧、起涟现象。

②侧缝顺直，左右侧缝长短一致。

③前后肩注意吃势。

④各部位熨烫到位，平服，无亮光、水花、污迹，底边平直。

⑤针距美观、对称。

⑥纸样拓样准确。

2. 评价表（表5–4–3）

表5–4–3　评价表

序号	具体指标	分值	自评	小组互评	教师评价	小计
1	面料经纬整理正确，熨烫干净整洁	2				
2	公主线位置、方向合理，曲线优美，比例均衡	2				
3	松量合理，无拉紧	2				
4	裁片符合人体	2				
5	外观效果好，针距漂亮	2				
合计		10				

模块六　服装立体造型综合运用

【技能目标】

通过本任务学习，应该：

1. 能分析服装款式，并进行估料预算。
2. 掌握面料经纬纱向整理能力。
3. 能注意控制放松量，检查整体尺寸和纱向。
4. 能根据造型塑造省道，合理进行省道转移。
5. 学会使裁片符合人体的方法。
6. 从合体度、悬垂效果、纱向顺直、比例及修正方法检查并分析立体裁剪的样衣。

【知识目标】

1. 能按照服装款式图进行款式分析。
2. 了解面料特点、款式规格。
3. 会运用正确方法进行面料估算，掌握面料整理能力，培养对于放松量的控制能力。
4. 了解服装立体造型样衣的质量要求，树立服装品质概念。
5. 能分析同类原型省道变化和省道转移。
6. 能根据裁片进行假缝和纸样取样。

【模块导读】

服装立体造型是从人体的结构出发，解析人与服装之间的关系。服装立体造型的综合运用练习，是根据款式要求，分析款式结构、分割线、省道转移等相关问题，适当结合平面裁剪，完成完善服装作品的过程。

本章主要分为适体型外套、松身型外套和紧身型女礼服三个工作任务，对于学习立体裁剪的综合运用篇，每个任务都极具代表性又各有不同。

特别说明的是，在紧身女礼服立体裁剪的操作过程中，考虑到多为不对称式礼服造型，在操作练习中，通常需要做出整条裙子的前、后片。

任务一　适体型外套造型及操作

技能目标

1. 能分析服装款式，并进行估料预算。
2. 掌握面料经纬纱向整理。

3. 了解布料的直纱及胸围与背宽位置的横纱以及省道的方向与位置。

4. 能合理加放松量，检查袖窿及腰围形状，检查整体尺寸和正确纱向。

5. 学会使裁片符合人体的方法。

6. 能根据造型塑造省道。

7. 从合体度、悬垂效果、纱向顺直、比例及修正方法检查并分析立体裁剪的样衣。

知识目标

1. 了解适体型外套造型的结构特点，并能描述其款式特点。

2. 了解面料的性能，能从合体度、悬垂效果、纱向顺直、比例及修正方法检查并分析立体裁剪的样板。

3. 能根据造型的变化合理进行省道转移、塑造褶裥。

4. 了解适体型外套造型样衣的质量要求，树立服装品质概念，把控成品质量。

5. 能分析同类变化款适体型外套分割变化及款式设计的特点。

一、任务描述

本节工作任务为制作适体型外套。根据通知单中的款式要求和特点，制作过程中着重注意领子的光滑平顺，袖子的圆度和角度以及衣身前后长的平衡。在别合、假缝的过程中，注意对松量的控制，及时调整和修改。

二、必备知识

（一）适体型女外套概念

适体型女外套的结构造型，设计要遵循人体规律，塑造符合人体形态的服装外观。其造型通常为X型，多采用腰节分段分割法和公主线分割法。衣长通常在臀围上下浮动，体现一种合体的着装形态。

（二）适体型女外套的操作重点

适体型女外套的前、后片立体裁剪取样重点在于衣身腰部和胸部的结构处理。本节所讲的适体型女外套款式结构为了更好地体现上衣的实用功能和简洁明快的服装外观，将过多的分割线进行了合并处理，将腰和背部的省量进行了转移，既包含了符合人体造型的尺寸，也包含了功能方面的因素。

三、任务实施

适体型女式外套纸样设计与立体造型通知单见表6–1–1。

（一）款式分析

该款款式为合体型平驳头女外套，两粒纽扣，三开身结构，驳头翻折线至腰部。衣片前中片有小刀背分割，呈L型；胸部有横向胸省；L型横线上为袋口，袋盖与侧片下端相交，与袋口重叠。后背开中缝，底部做开衩；后腰省至侧片袋盖处，与后刀背缝相交。袖子为合体两片袖结构，袖口开衩，钉三粒纽扣（图6–1–1）。

表6-1-1　适体型女式外套纸样设计与立体造型通知单

规格	160/84A	季节	春秋季	作者
款号	06-01	款式名称	适体型女式外套	日期

参考规格与松量设计

部位 规格	后衣长	胸围	腰围	肩宽	袖长	袖肥	袖口
160/84A	55cm	92cm	74cm	37cm	58cm	32cm	24 cm

款式图

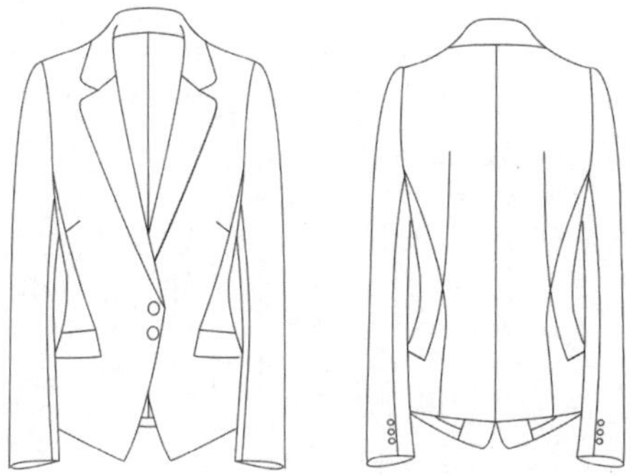

图6-1-1　适体型女式外套

松量设计：

1. 与款式风格搭配。
2. 符合人体运动功能和舒适度要求。
3. 与面料性能搭配。

款式特点与外观要求

款式特征描述：

1. 领子：驳领、平驳头，驳头部分为分体结构，驳头翻折线至腰部。
2. 前衣身：三开身结构；前中小刀背分割呈L型，胸部有省道，L型横线上为袋口，侧片下端为袋盖，与袋口重叠；两粒纽扣，倒V型下摆。
3. 后衣身：后背开中缝，底部做开衩；后腰省至侧片袋盖处，与后刀背缝相交。
4. 袖子：合体两片袖结构，袖口开衩，钉三粒纽扣。

外观造型要求：

1. 领子外观评价：领面、领座光滑平顺，翻领线圆顺，外领口弧线长度合适，驳头翻折线平服。
2. 袖子外观评价：袖山的圆度、袖子的角度、袖子的前倾斜，袖开衩结构合理，袖子分割线位置合适。
3. 衣身外观评价：衣身正面干净、整洁，前、后衣长平衡；胸围松量分配适度，胸立体和肩胛骨凸起适度；腰部合体；袖窿无浮起或紧箍；无不良褶皱。
4. 衣身下摆平顺，不起吊，不外翻。

技术要求

工艺要求：

1. 大头针针尖排列有序、间距均匀、针尖方向一致、针脚小。插针方法恰当，缝合线迹的技术处理合理，标记点交代清楚。
2. 缝份平整，倒向合理，操作方法准确，无毛茬外露。
3. 布料纱向正确，符合结构和款式风格造型要求。
4. 工艺细节处理得当，层次关系清晰。
5. 腰线位置正确，钉扣位置标示准确。

纸样设计要求：

1. 立体裁剪应与款式图的造型要求相符，拓纸样准确，缝份设计合理。
2. 制图符号标注准确，包括各部位对位记号、纱向标记、归拔符号等。

材料准备：

面料：白坯布。

成分：100%棉。

织物组织：平纹。

（二）实践准备

1. **布料的准备**（图6-1-2）。

（1）前片：长：颈侧点到前衣长下摆距离+10～15cm。宽：从人台胸围前中心线到袖窿的距离+10～15cm。

侧片：长：前袖窿分割线到袋位的距离+10～15cm。宽：前后侧胸围分割线的距离+10cm。

后片：长：后衣长+5～10cm。宽：人台胸围后中心到后侧袖窿的距离+10～15cm。

领：20cm（长）×30cm（宽）。

驳头：40cm（长）×20cm（宽）。

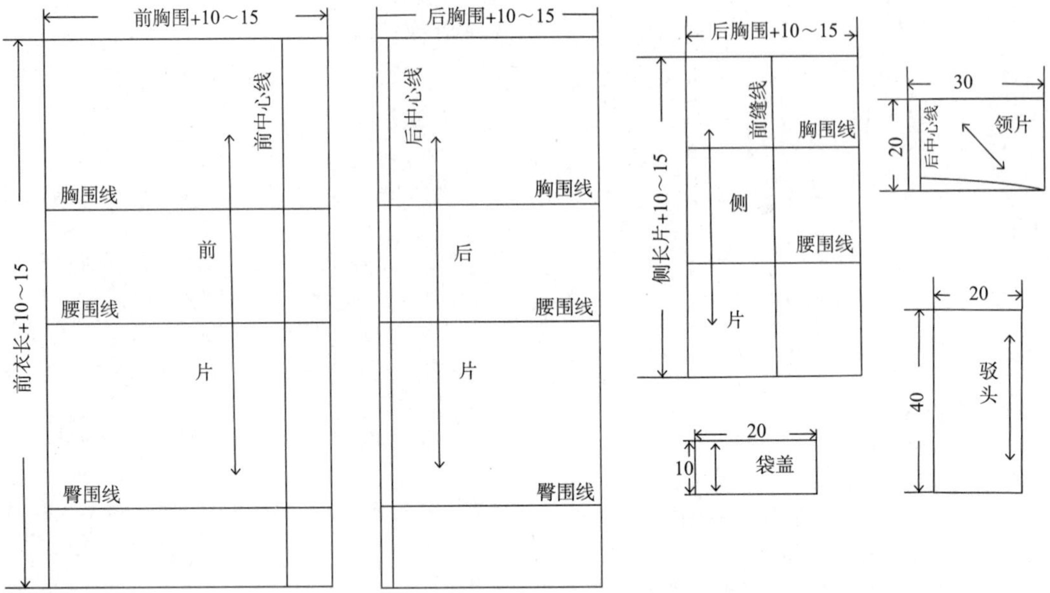

图6-1-2　布料的准备

（2）用铅笔在面料上标记前中线、胸围线、腰围线、臀围线、后中线。

（3）撕去布边，将布反方向拉扯，并用熨斗将丝缕归直、熨平，布料垂直方正。

2. **标记基准线**

用标记线在人台上贴出基准线和前片、后片的结构线（图6-1-3）。

（三）实践实施

1. **技术要求与注意事项**

在操作过程中注意领子制作的光滑、平顺、不起翘，注意保持衣身肩部的挺括，衣身线条顺直、流畅。

2. **操作步骤**

（1）衣身：

①前片披布：将熨烫好的布料的前中线、胸围线、腰围线与人台的前中线、胸围线、腰围线对齐（图6-1-4）。

②前片制取：根据款式要求，按照前片分割线位置划线，将多余的布料裁掉（图6-1-5）。

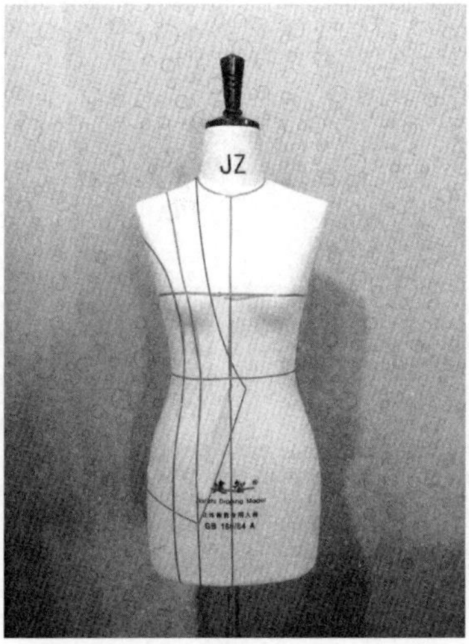

前面

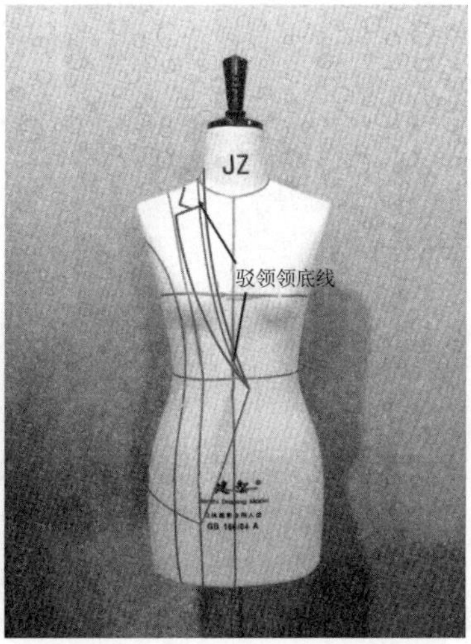

背面

图6-1-3　标记基准线、结构线

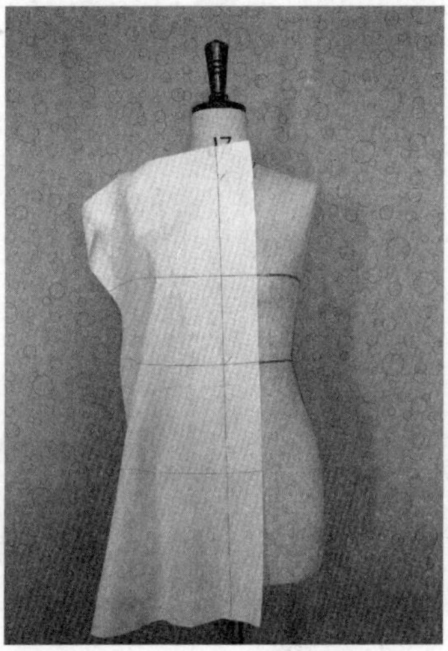

图6-1-4　前片披布

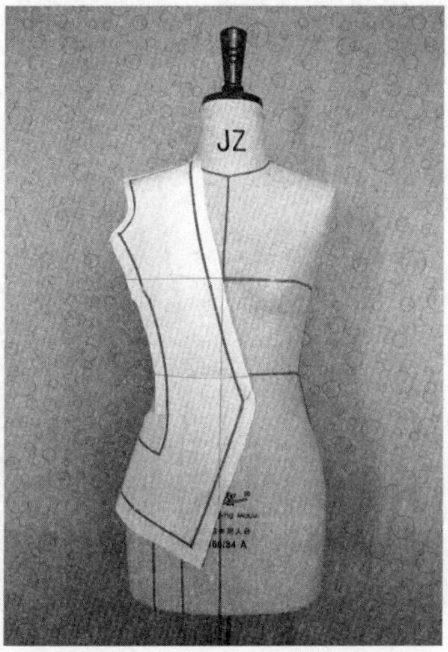

图6-1-5　前片制取

③后片披布：将熨烫好、画好标记线的另一片布料的后中线、胸围线、腰围线与人台的前中线、胸围线、腰围线对齐（图6-1-6）。

④后片制取：根据款式要求，按照后片分割线位置划线，将多余的布料裁掉（图6-1-7）。

⑤别合：将前片与后片别合，标记裁盖位（图6-1-8）。

⑥侧面披布：将第三片布料放置在侧缝处，将中线与人台的侧缝线对齐，并且对准胸围线和腰围线（图6-1-9）。

⑦侧片制取：根据分割线确定侧片轮廓，将多余面料剪掉（图6-1-10）。

⑧别合：将侧片与前、后片别合（图6-1-11）。

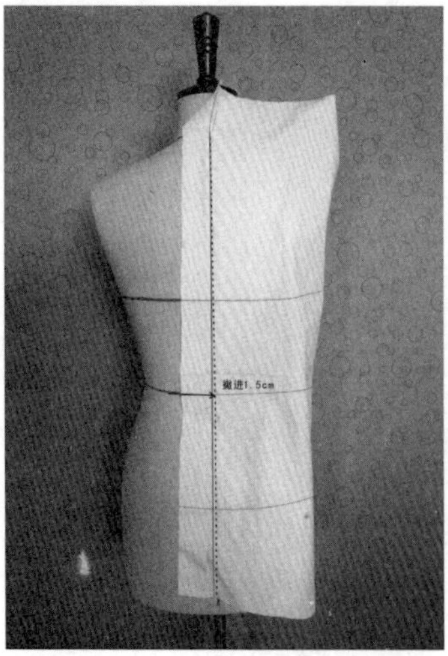

图6-1-6　后片披布

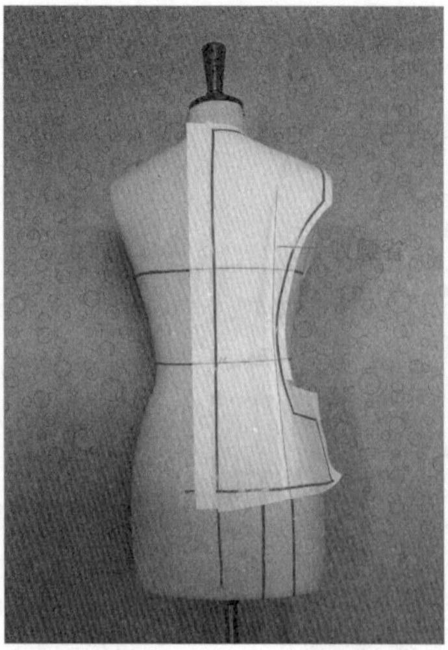

图6-1-7　后片制取

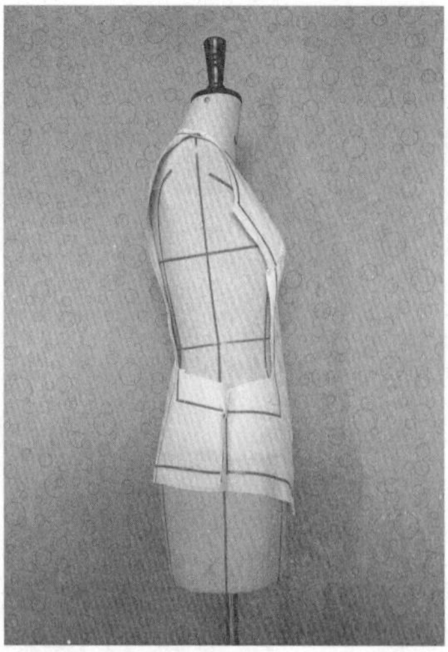

图6-1-8　别合

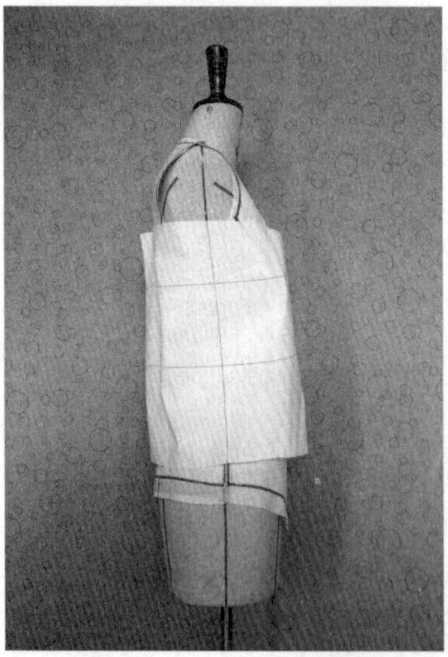

图6-1-9　侧面披布

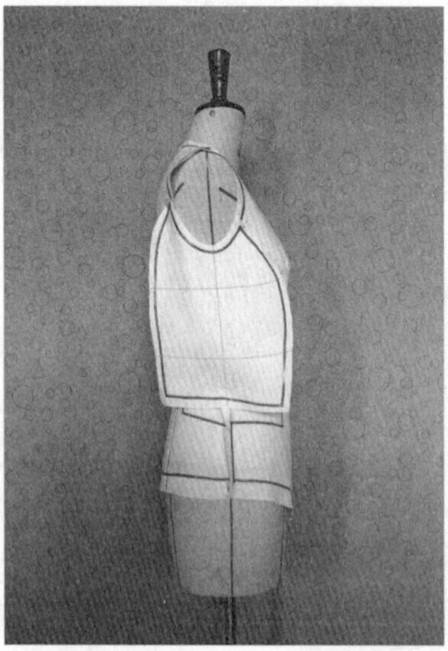

图6-1-10　侧片制取

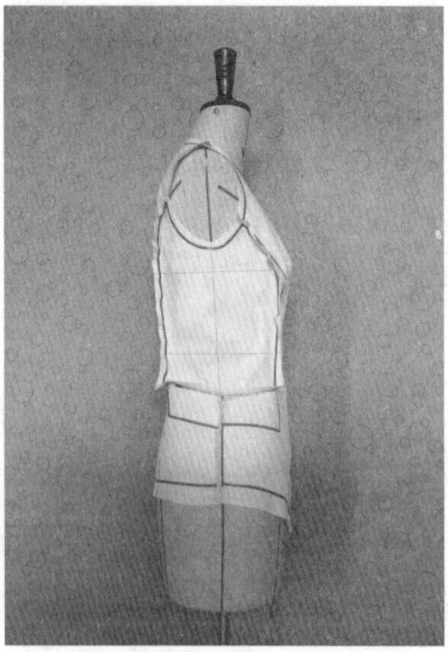

图6-1-11　别合

⑨做袋盖：另取一块与袋盖用布尺寸适当的布料，做出袋盖，剪去多余布料（图6-1-12）。

（2）衣领：

①制作驳领：取出驳领面料，沿驳领领底线定位驳领领底线（图6-1-13）。根据翻驳线确定了驳领翻折效果（6-1-14）。根据款式图确定驳领串口线与驳口线造型，贴出标记线，剪去多余面料（6-1-15）。

②制作翻领：将第二片领坯布料标记好后领中线，并对准人台后中线与领口交点，领片自然翻转至前身，再用大头针固定翻领位置，按款式的领型在布料上标记出翻领造型，剪去多余的布料（图6-1-16～图6-1-18）。

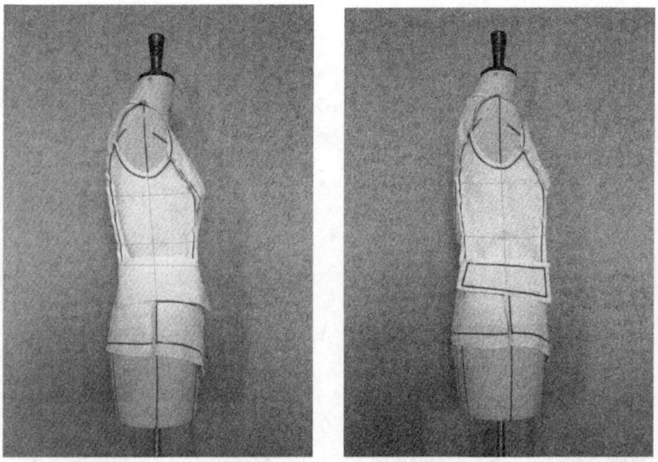

图6-1-12　做袋盖

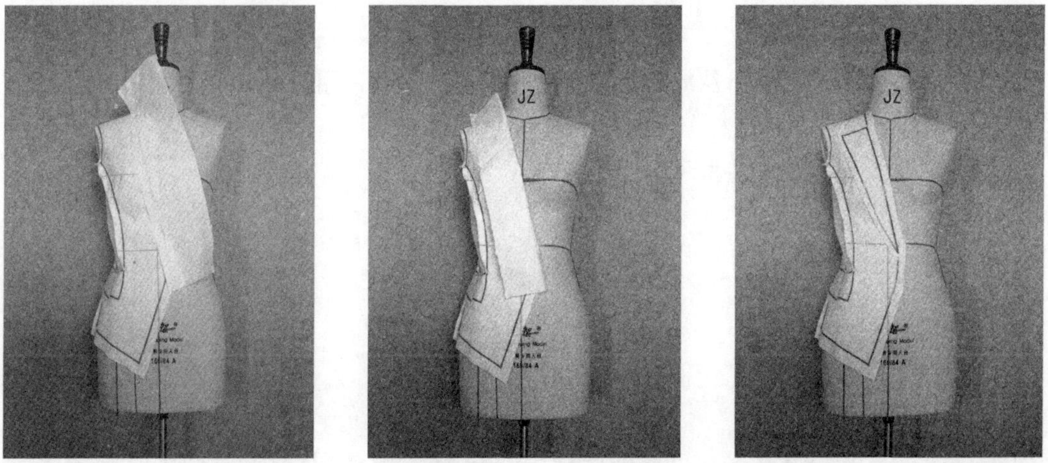

图6-1-13　制作领子

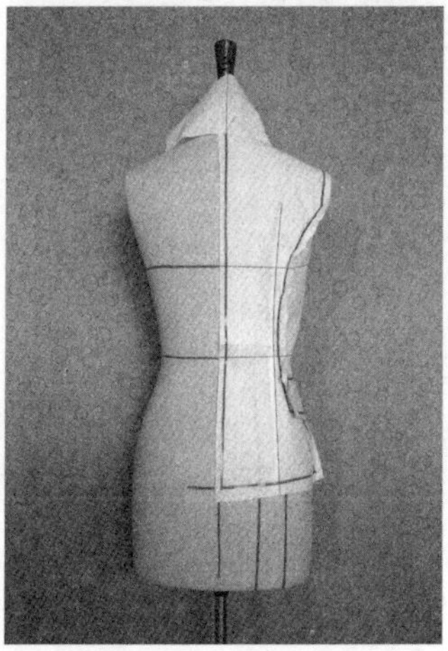

图6-1-14　固定领片

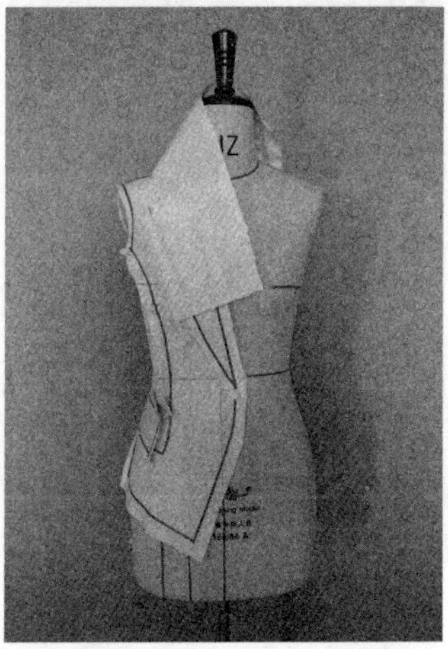

图6-1-15　对齐后中线

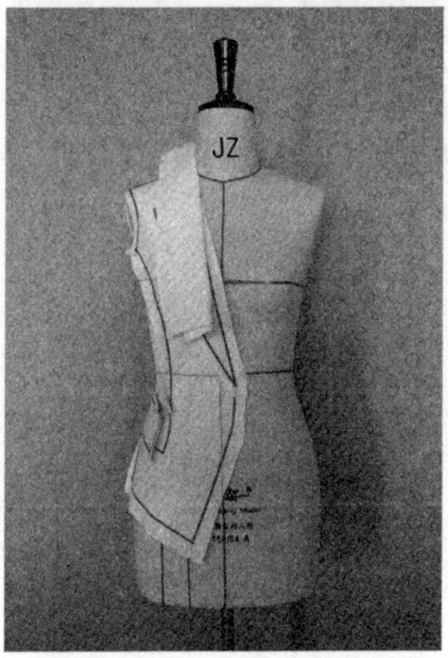

图6-1-16　翻折领片

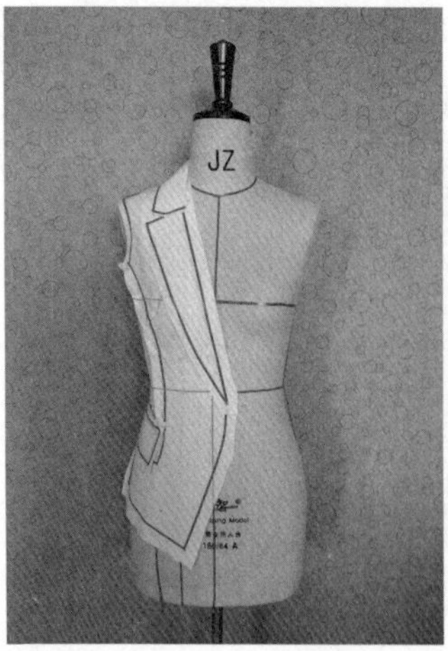

图6-1-17　贴好翻驳领

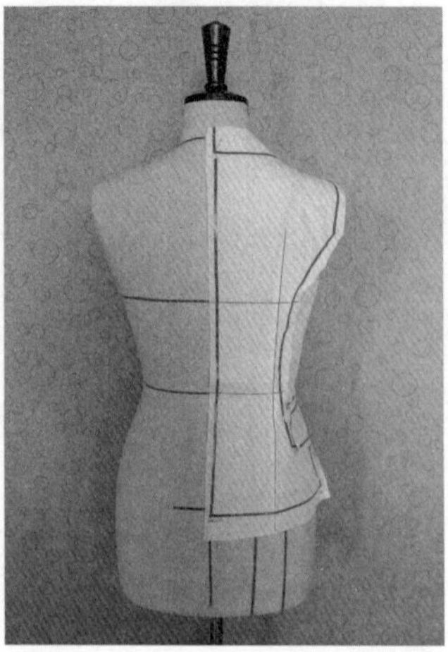

图6-1-18　裁剪多余布料并固定

（3）袖子：

①制作袖子：用皮尺测量从肩点至袖窿底点的垂直距离，用所得数据减去0.5cm左右作为袖山高，用袖山高加上1cm左右作为袖肥。用平面裁剪方式完成袖片制图。

②装袖，调整整体服装造型（图6-1-19）。

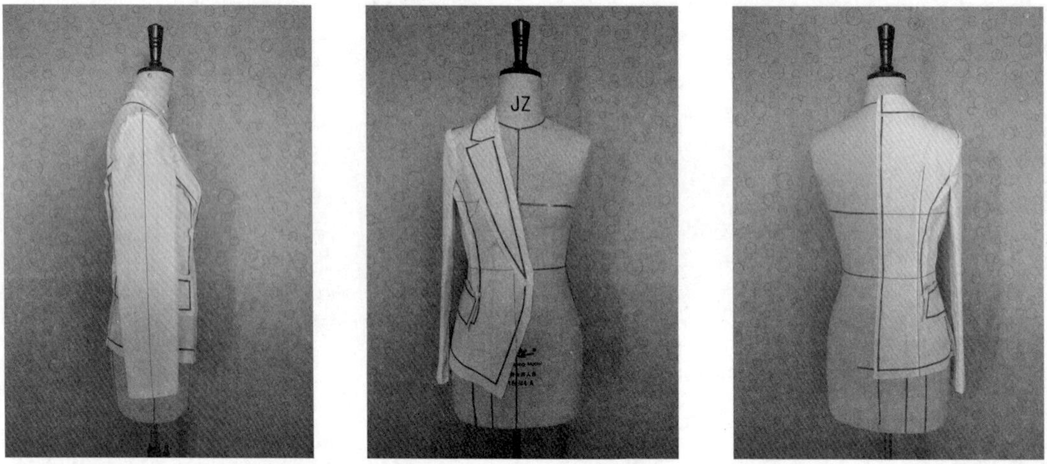

图6-1-19　制作袖子

（4）样板修正（图6-1-20）：将获取的布样，在平面上进行修正，将轮廓线条画顺。用滚轮将布样拓印在纸上，画出准确的结构线，并标记对位剪口和纱向。

（5）假缝、试样补正（图6-1-21）：用修正好的纸样裁出各部分裁片，手缝或用缝纫机将裁片缝合，完成上衣的假缝，并穿在人台上，做各部位和松量的修正，如发现问题应立即调整修改。

图6-1-20　样板修正

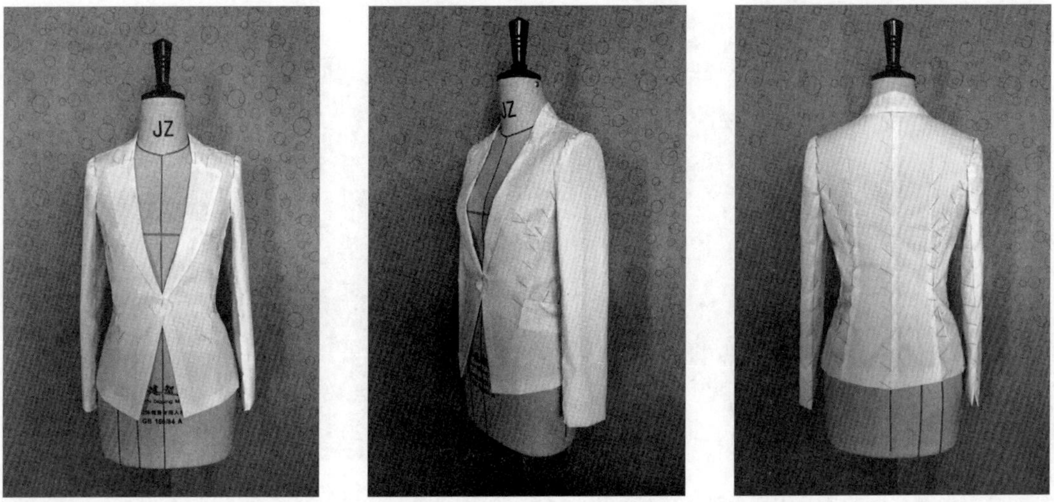

图6-1-21　假缝、试样补正

（四）特别提示

（1）放松量自然，布丝顺直、平服是立体造型至关重要的外观效果。

（2）成品要求整洁，无拉紧。

四、思考与练习

1．请按表6-1-2所提供的产品尺寸完成图6-1-22所示的适体型女式外套的立体造型。

2．利用适体型女式外套的特点变化进行如图6-1-23、图6-1-24所示款式的拓展设计，并进行立体裁剪造型制作。

表6-1-2　适合体型女式外套通知单

<table>
<tr><td>规格</td><td>160/84A</td><td>款式名称</td><td>适体型女式外套</td><td>工具</td><td>珠针、大剪刀、褪色笔、熨斗、168/84A人台</td></tr>
<tr><td>姓名</td><td colspan="3"></td><td>日期</td><td></td></tr>
<tr><td colspan="4" rowspan="2">款式图：
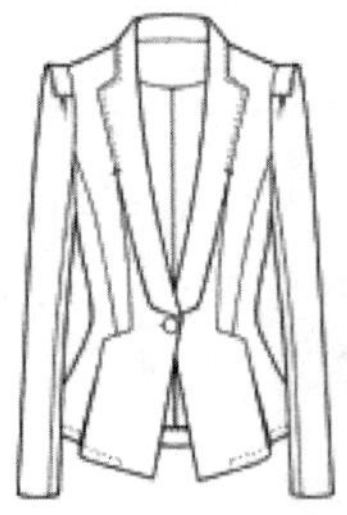
图6-1-22　适体型女式外套</td><td colspan="2">适体型女式外套质量要求</td></tr>
<tr><td colspan="2">注意事项：
1. 放松量自然，纱向顺直、平服。
2. 产品无起吊、拉紧、起涟现象。
3. 分割线位置正确，省长位置正确，倒向对称。
4. 侧缝：左、右侧缝顺直，长短一致。
5. 前后腰线自然顺畅。</td></tr>
<tr><td>编制</td><td></td><td>审核</td><td></td><td>审核日期</td><td></td></tr>
</table>

图6-1-23　适体型女式外套拓展款1

图6-1-24　适体型女式外套拓展款2

五、检查与评价

1. 检查要求

①放松量自然，纱向顺直、平服，产品无起吊、拉紧、起涟现象。

②省缝：前、后省道位置正确，省长正确，倒向对称，省尖处平顺，符合人体。

③侧缝：左、右侧缝顺直，长短一致。

④前、后肩注意吃势。

⑤整烫：各部位熨烫到位、平服，无亮光、水花、污迹，底边平直。

⑥针距美观、对称。

⑦纸样拓样准确。

2. 评价表（表6-1-3）

表6-1-3　评价表

序号	具体指标	分值	自评	小组互评	教师评价	小计
1	面料经纬纱向整理正确，熨烫干净整洁	2				
2	省道的方向与位置合理，纱向正确	2				
3	放松量合理，无拉紧	2				
4	裁片符合人体	2				
5	外观效果好，针距美观	2				
合计		10				

任务二　宽松型外套造型及操作

技能目标

1. 分析服装款式，并进行估料预算。
2. 掌握面料经纬纱向整理。
3. 了解布料的直纱及胸围线与背宽线位置的横纱以及省道的方向与位置。
4. 能合理加放松量，检查袖窿及腰围形状，检查整体尺寸和纱向。
5. 学会使裁片符合人体的方法。
6. 能根据造型塑造分割线。
7. 从合体度、悬垂效果、纱向顺直、比例及修正等检查并分析立体裁剪的样衣。

知识目标

1. 了解松身型外套造型的结构特点，并能进行描述。
2. 了解面料的性能，能从合体度、悬垂效果、纱向顺直、比例及修正方法检查并分析立体裁剪的样板。
3. 能根据造型的变化合理进行省道转移、分割线塑造。
4. 了解松身型外套造型样衣的质量要求，树立服装品质概念，把控成品质量。
5. 能分析同类变化款松身型外套分割变化及款式设计的特点。

一、任务描述

本节工作任务为制作宽松型外套。根据通知单中的款式要求和特点，制作过程中着重注意公主线的位置。在贴分割线时，一定要准确表现出该款式的形态特征。假缝后，整体衣身平顺、不起吊。如发现问题，应立即调整修改。

二、必备知识

（一）宽松型女外套廓型

宽松型女外套廓型多为H型、T型和O型，其立体裁剪除了满足外轮廓造型的需要外，也要符合人体体型的结构要求，体现宽松、合体的着装形态。

（二）松身型女外套造型

宽松型女外套的前、后片立体裁剪取样重点在于结构线造型、分割线处理。本节所讲的宽松型女外套，其款式结构为了更好地体现上衣的实用功能和简洁明快的服装外观，采用了公主线分割法，将省量进行了合并，将腰部和背部的分割线进行了设计和梳理，既包含了符合服装造型的外轮廓，也包含了功能方面的因素。

三、任务实施

宽松型女式外套纸样设计与立体造型通知单见表6-2-1。

（一）款式分析

这是一款四开身结构宽松女外套。衣身较长，前衣片呈公主线分割，后中缝直通底摆，公主线分割自袖窿通向底摆；合体两片袖结构，袖口开衩，钉三粒纽扣（图6-2-1）。

表6-2-1 宽松型女式外套纸样设计与立体造型通知单

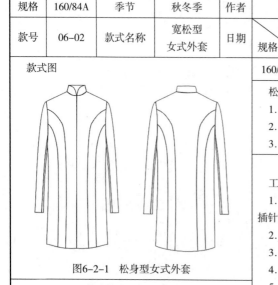

<table>
<tr><td>规格</td><td>160/84A</td><td>季节</td><td>秋冬季</td><td>作者</td><td colspan="8">参考规格与松量设计</td></tr>
<tr><td>款号</td><td>06-02</td><td>款式名称</td><td>宽松型
女式外套</td><td>日期</td><td>部位
规格</td><td>后衣长</td><td>胸围</td><td>腰围</td><td>肩宽</td><td>袖长</td><td>袖肥</td><td>袖口</td></tr>
<tr><td colspan="5" rowspan="3">款式图
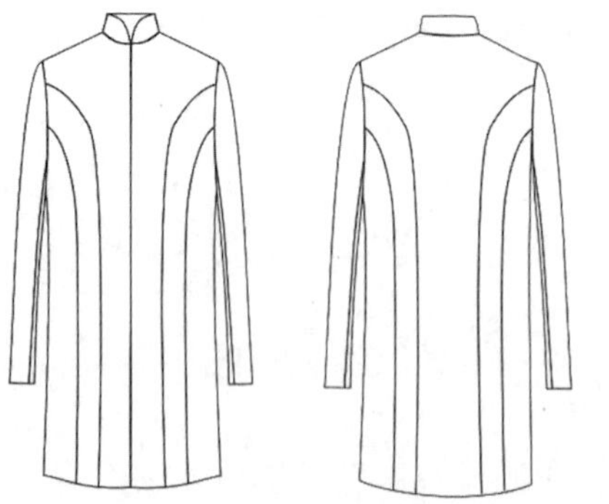
图6-2-1 松身型女式外套</td><td>160/84A</td><td>80cm</td><td>93cm</td><td>84cm</td><td>38cm</td><td>58cm</td><td>32cm</td><td>24cm</td></tr>
<tr><td colspan="8">松量设计：
1. 与款式风格搭配。
2. 符合人体运动功能和舒适度要求。
3. 与面料性能搭配。</td></tr>
<tr><td colspan="8" rowspan="3">技术要求
工艺要求：
1. 大头针针尖排列有序、间距均匀、针尖方向一致、针脚小。插针方法恰当，缝合线迹的技术处理合理，标记点交代清楚。
2. 缝份平整，倒向合理，操作方法准确，无毛茬外露。
3. 布料纱向正确，符合结构和款式风格造型要求。
4. 工艺细节处理得当，层次关系清晰。
5. 分割线和折边设计构思巧妙。
纸样设计要求：
1. 立体裁剪应与款式图的造型要求相符，拓纸样准确，缝份设计合理。
2. 制图符号标注准确，包括各部位对位记号、纱向标记、归拔符号等。
材料准备：
面料：白坯布。
成分：100%棉。
织物组织：平纹。</td></tr>
<tr><td colspan="5">款式特点与外观要求</td></tr>
<tr><td colspan="3">款式特征描述：
1. 领子：立领。
2. 前衣身：前中设公主线分割，胸部省转移到公主线内。
3. 后衣身：后背公主线分割自袖窿通向底摆。
4. 袖子：合体两片袖结构，袖口开衩，钉三粒纽扣。</td><td colspan="2">外观造型要求：
1. 领子外观评价：领面光滑平顺，领线圆顺，领口弧线长度合适。
2. 袖子外观评价：袖子的圆度、袖子的角度、袖子分隔线位置合适。
3. 衣身外观评价：衣身正面干净、整洁，前、后衣长平衡；胸围松量分配适度，胸立体和肩胛骨凸起适度；腰部合体；袖窿无浮起或紧箍；无不良褶皱。
4. 衣下摆平顺，不起吊，不外翻。</td></tr>
</table>

（二）实践准备

1. 贴标识线

根据款式特征，在人台的正面、背面贴出分割线的位置（图6-2-2）。

正面

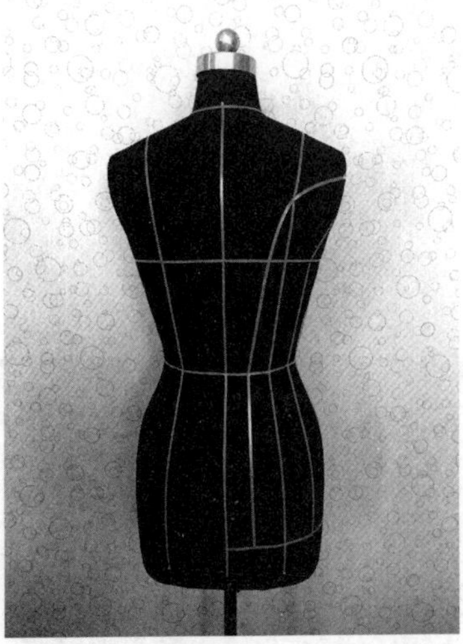

背面

图6-2-2　贴标识线

2. 准备布料（图6-2-3）

①准备6块30cm × 60cm的布料，撕去布边，用熨斗将丝缕归直、烫平，布料垂直方正。

②将布料分成3块一组，分别备用于前后片的制作。

③分别将两组布料置于人台正、北面之上，用铅笔标出每块布料的前、后中心线、胸围线、腰围线和臀围线。

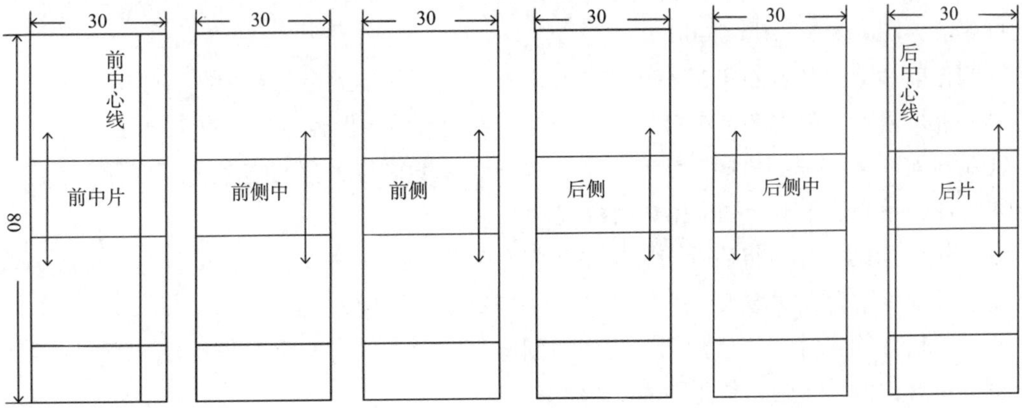

图6-2-3　整理面料

（三）实践实施

1. 技术要求与注意事项

在操作过程中，注意公主线的走向，衣身平顺、不起吊，准确地表现出该款式的形态特征。

2. 操作步骤

（1）衣身：

①拔布：将熨烫好的布料的前中线、胸围线、腰围线与人台的前中线、胸围线、腰围线重合（图6–2–4）。

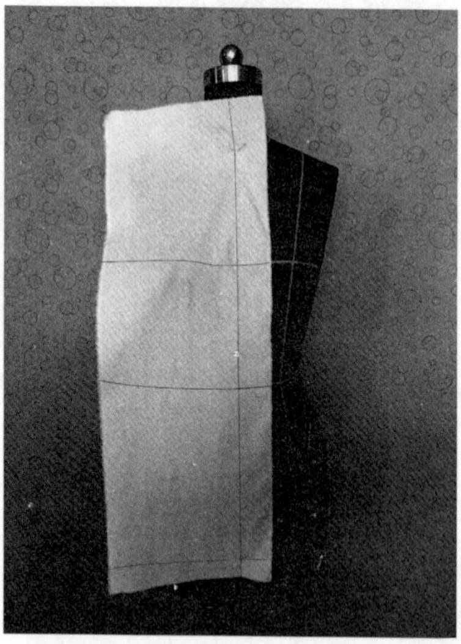

正面

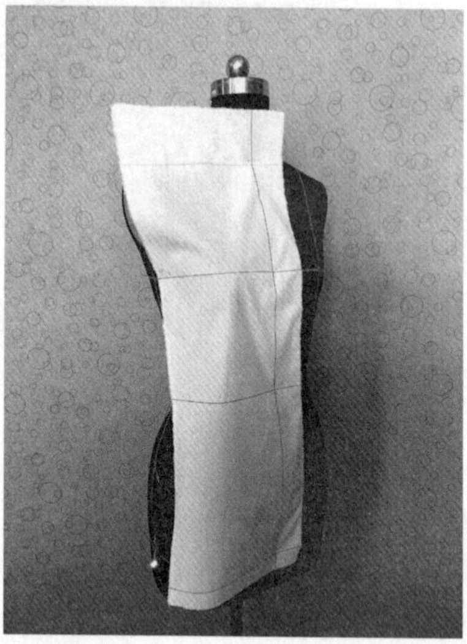

侧面

图6–2–4　拔布

②制作前片第一片：按照人台分割线的位置，将布料进行粗裁，剪去多余布料，并在领口处打剪口（图6–2–5、图6–2–6）。

③制作前片第二片：将第二块布料的胸围线、腰围线与人台的胸围线、腰围线重合，按照分割线进行粗裁，剪去多余布料，注意BP点的省道转移（图6–2–7、图6–2–8）。

④制作前片第三片：将第三块布料的胸围线、腰围线与人台的胸围线、腰围线重合，注意布料纱向的垂直和平顺（图6–2–9 ~ 图6–2–11）。

⑤制作后片第一片：将后片布料烫平，将布片后中线、胸围线、腰围线与人台后中线、胸围线、腰围线重合，对准人台的分割线，剪去多余布料（图6–2–12）。

⑥制作后片第二片：将后片第二片布料固定在人台上，对准胸围线和腰围线，按照人台的分割线位置，剪去多余布料（图6–2–13）。

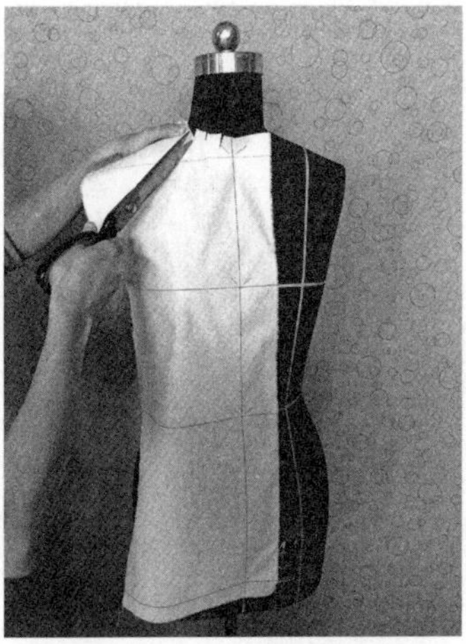

图6-2-5　打剪口

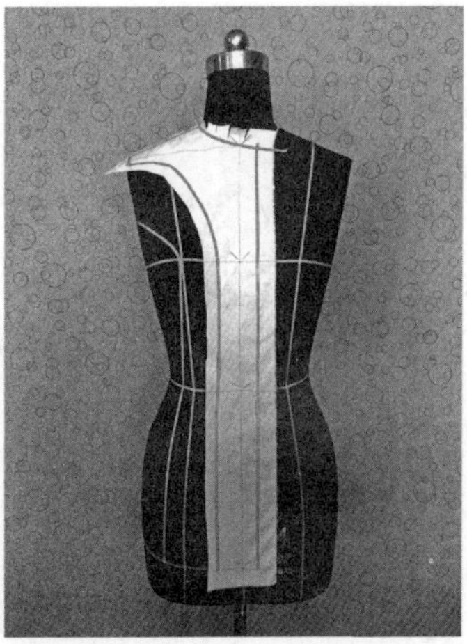

图6-2-6　剪去多余布料

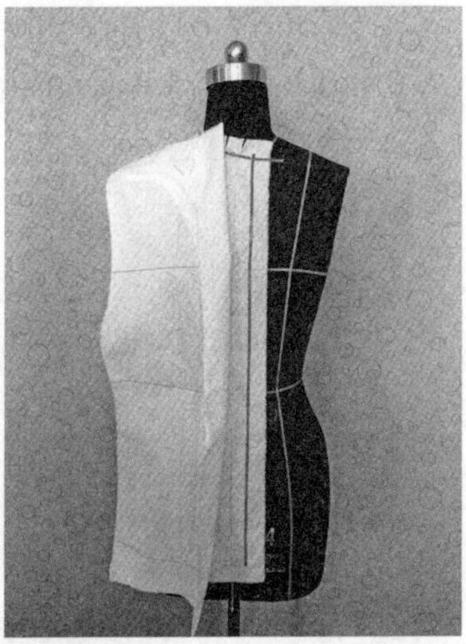

图6-2-7　固定第二片布

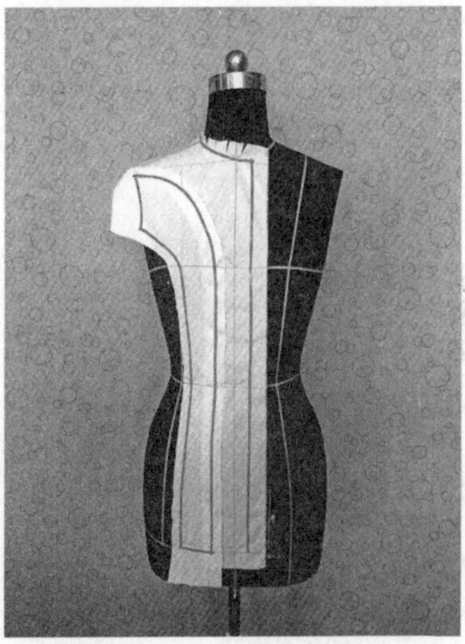

图6-2-8　剪去多余面料

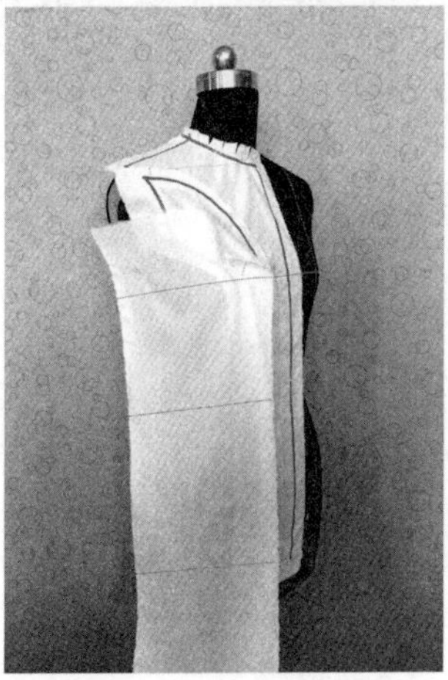

图6-2-9　固定第三片

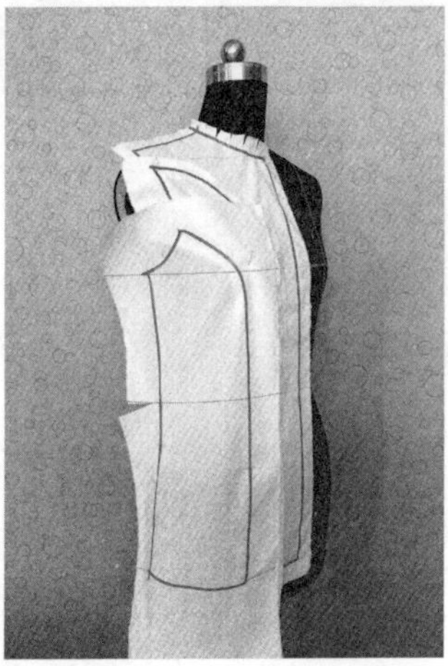

图6-2-10　做标记线

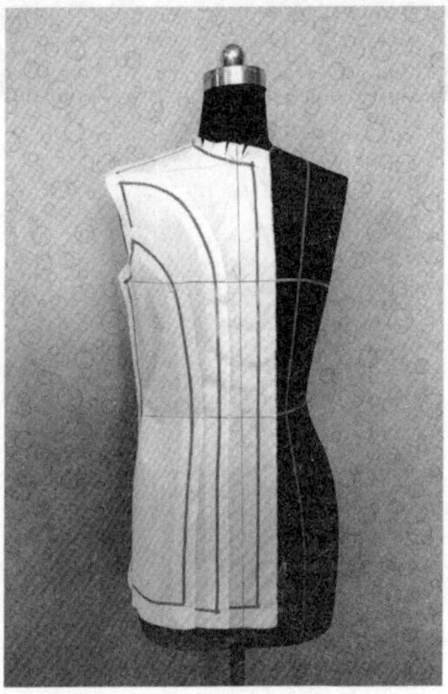

图6-2-11　剪去多余布料

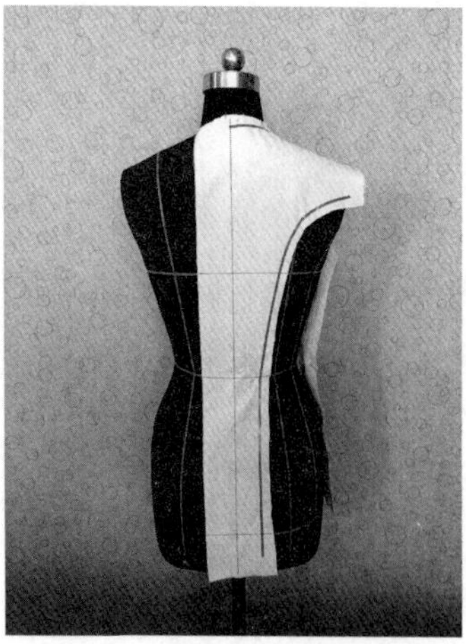

图6-2-12　制作后片第一片

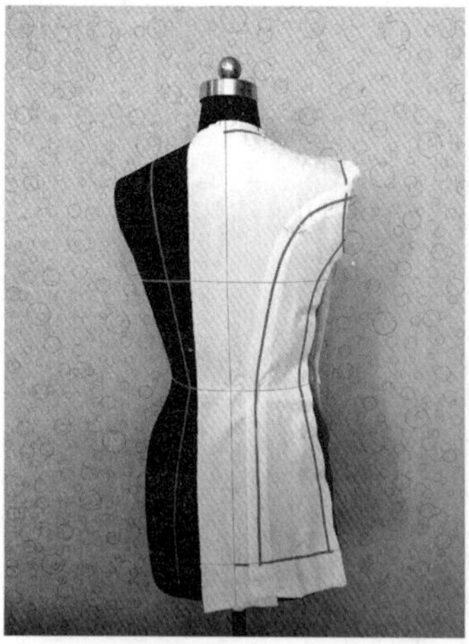

图6-2-13　制作后片第二片

⑦制作后片第三片：将后片第三片布料固定在人台上，将布料胸围线和腰围线与人台的胸围线、腰围线重合，按照人台分割线的位置，剪去多余布料，注意加放适当的放松量（图6-2-14～图6-2-16）。

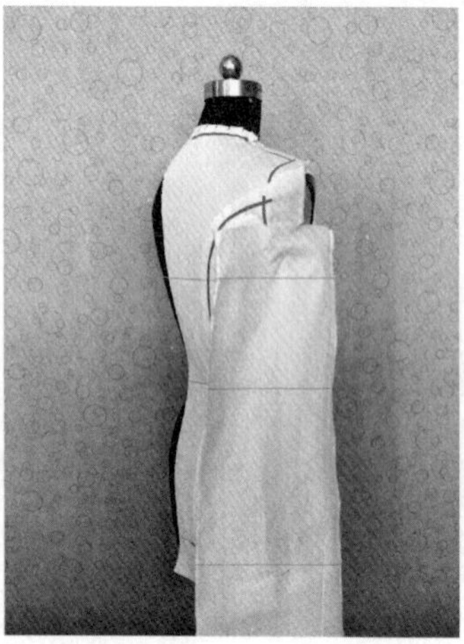

图6-2-14　固定第三片

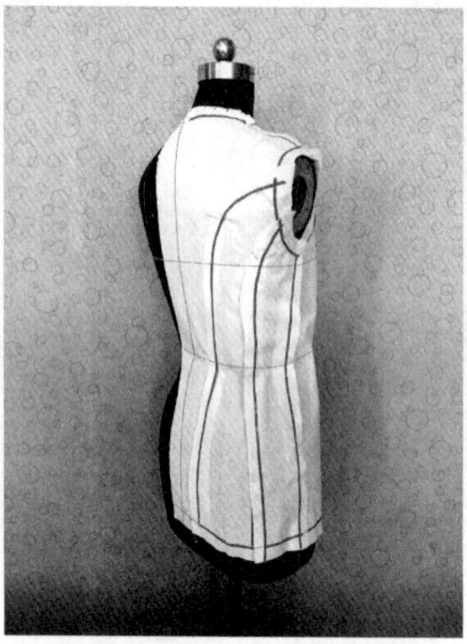

图6-2-15　剪去多余布料

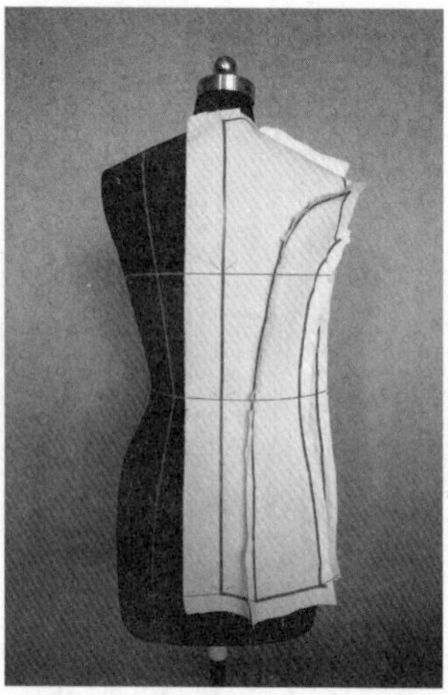

图6-2-16　调整放松量

⑧别合前、后片：将前、后片所有衣片按照分割线都裁剪好之后，在侧缝处缝合，各裁片加放1.5～2cm的放松量（图6-2-17）。

（2）袖片：

①袖子面料的准备：

准备2块2cm×80cm的布料，撕去布边，用熨斗将丝缕归直、烫平，布料垂直方正。

将2块布料依次置于人台侧面之上，用铅笔标记好胸围线和腰围线。

②袖子的制作：

a．固定小袖片：对准胸围线和腰围线，将小袖片布料固定在人台上（图6-2-18）。

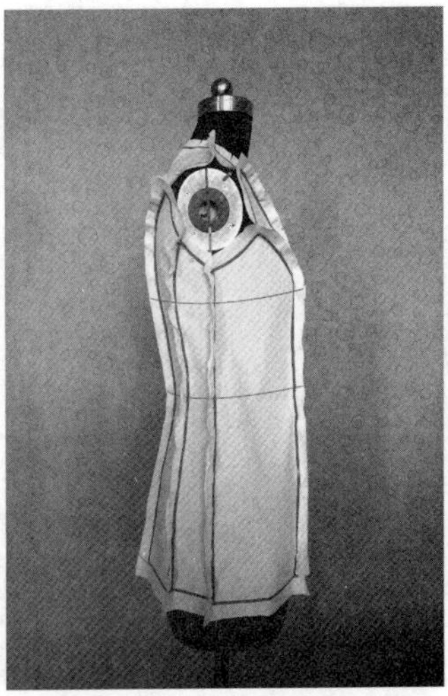

图6-2-17　别合前后片

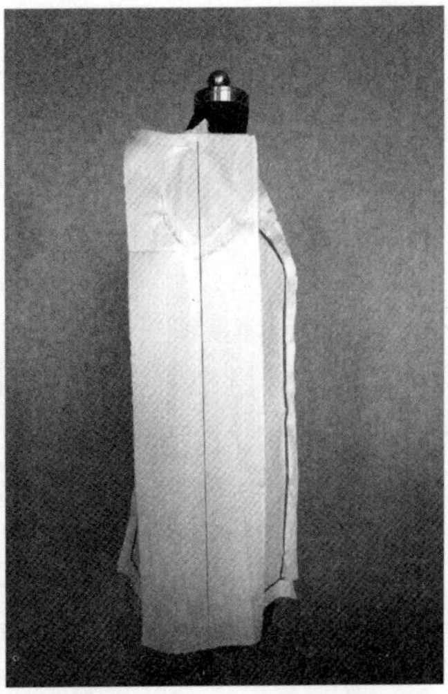

图6-2-18　固定小袖片

b. 固定假手臂：将假手臂固定在人台上，用大头针加固（图6-2-19）。

c. 固定大袖片：将大袖片布料的中线、袖肘线与假手臂的袖中线、袖肘线重合（图6-2-20）。

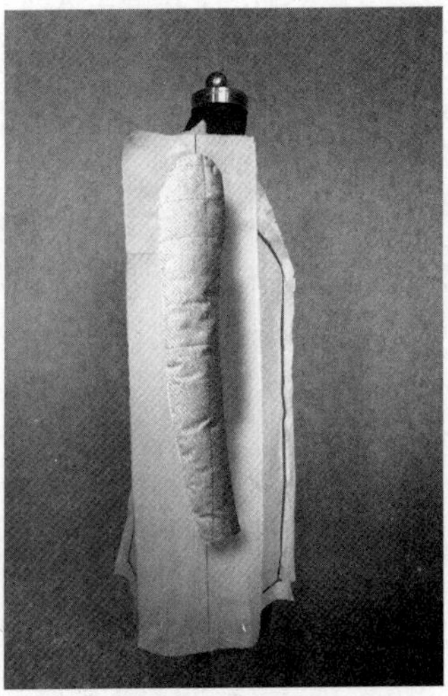

图6-2-19　固定假手臂

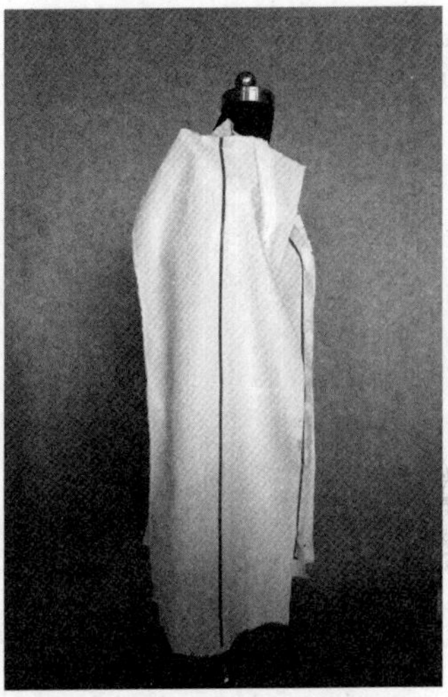

图6-2-20　固定大袖片

d. 合拢大、小袖片：依据假手臂的轮廓，将大、小袖片合拢，按款式图要求，定出袖肥量（图6-2-21）。

e. 确定袖山高度：将假手臂插在腰间呈直角，以确定袖山的高度（图6-2-22）。

f. 制作袖山弧线：用大头针将袖山弧线别住，给出袖山吃量（图6-2-23）。

（3）样板修正（图6-2-24、图6-2-25）：将获取的布样在平面上进行修正，将结构线画顺，修剪多余缝量。用滚轮将布样拓印到纸上，画出准确的结构线，注意线条流畅。标记分割线、袖窿等对位剪口，注意纱向一致。

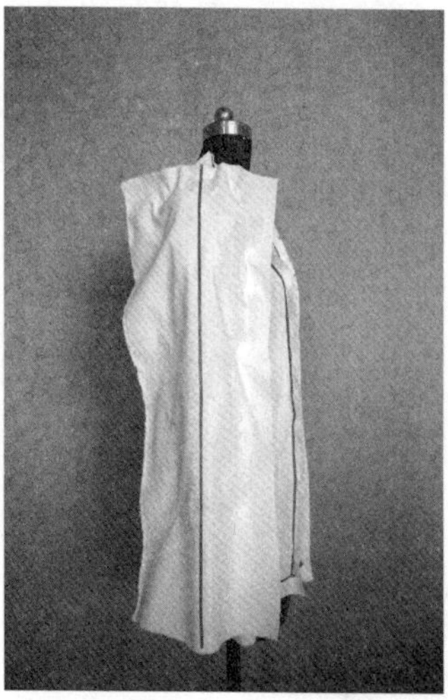

图6-2-21　合拢大、小袖片

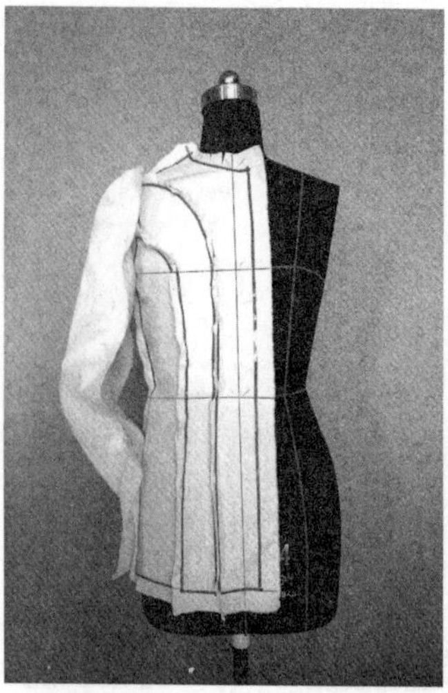

图6-2-22　确定袖山高度

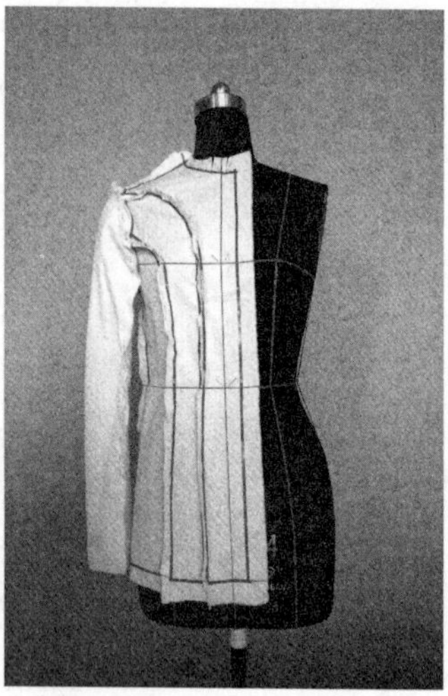

图6-2-23　制作袖山弧线

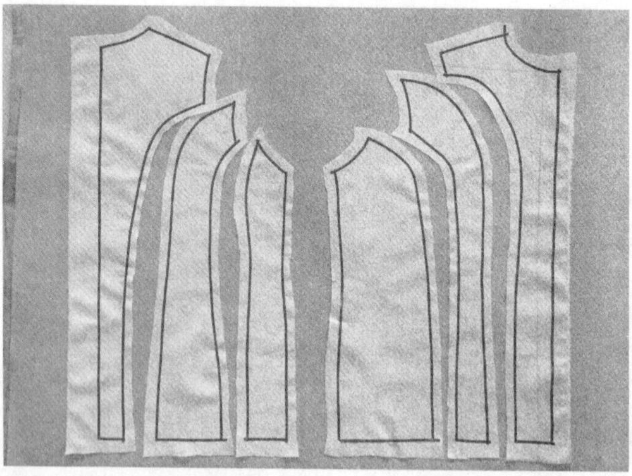

图6-2-24　样板修正1

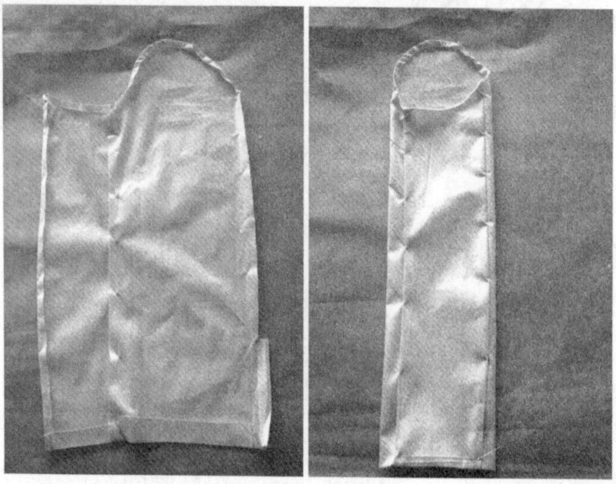

图6-2-25　样板修正2

（4）假缝、试样补正（图6-2-26）：用大头针将上衣别和，完成假缝，并穿在人台上，做各部位和松量的修正。注意分割线的圆顺，整体衣身保持平顺，无扭扯。如发现问题，应立即调整修正。

正面

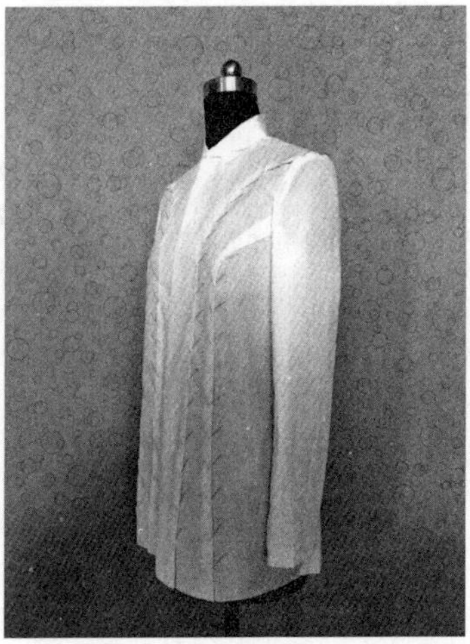

侧面

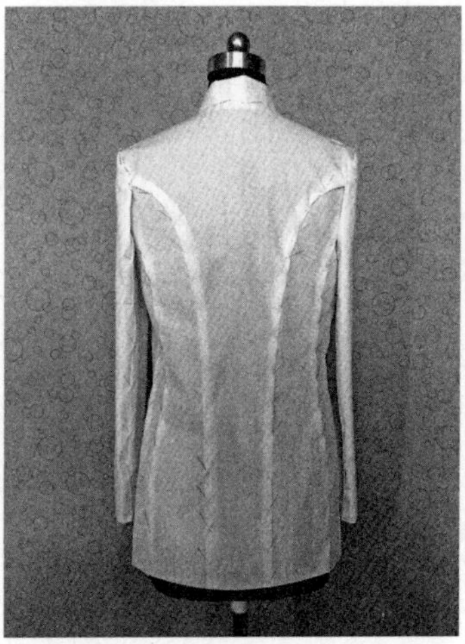

背面

图6-2-26 假缝、试样补正

（四）特别提示

分割线在衣身的立体造型中是很重要的，它主要是利用衣身上的省道组合形成分割线，它能使服装造型千变万化、丰富多彩。分割线的变化可以是横向、斜向、纵向或相互交错。分割线的立体造型方法有两种：分片裁剪法和连片裁剪法。

1. **分片裁剪法**

是将分割线两侧的衣片分开裁剪的一种方法。该方法主要用于分割线呈弧线、曲线的裁剪，如刀背线、公主线等。

2. **连片裁剪法**

通常采用横向、斜向分割线法。横、斜向分割线的特点是分割线的横向位置刚好在BP点上面3cm左右，斜向从腋下一直到BP点，并将省道通过分割转移到分割线中。

四、学习拓展

1. 请你按表6-2-2所提供的产品尺寸完成图6-2-27所示的宽松型女式外套的立体造型。

2. 利用宽松型女式外套的特点变化进行如图6-2-28所示款式的拓展设计，并进行立体裁剪造型制作。

表6-2-2　宽松型女式外套通知单

<table>
<tr><td>规格</td><td>160/84A</td><td>款式名称</td><td>宽松型女式外套</td><td>工具</td><td>珠针、大剪刀、褪色笔、熨斗、160/84A人台</td></tr>
<tr><td>姓名</td><td colspan="3"></td><td>日期</td><td></td></tr>
<tr><td colspan="4">款式图：

图6-2-27　宽松型女式外套</td><td colspan="2">松身型女式外套质量要求
注意事项：
1. 放松量自然，纱向顺直、平服。
2. 产品无起吊、拉紧、起涟现象。
3. 省道：省道位置正确，省长倒向对称。
4. 侧缝：左、右侧缝顺直，长短一致。
5. 前、后腰线自然顺畅。</td></tr>
<tr><td colspan="2">背长</td><td colspan="2">胸围</td><td colspan="2" rowspan="2"></td></tr>
<tr><td colspan="2">39cm</td><td colspan="2">90 cm</td></tr>
<tr><td>编制</td><td></td><td>审核</td><td></td><td>审核日期</td><td></td></tr>
</table>

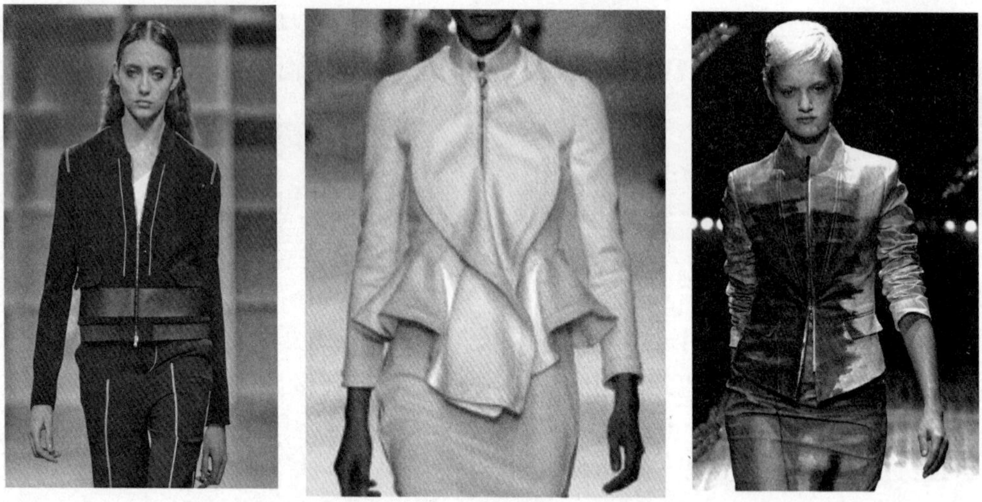

图6-2-28　松身型女式外套拓展款

五、检查与评价

1. **检查要求**

（1）放松量自然，纱向顺直、平服，产品无起吊、拉紧、起涟现象。

（2）分割线：符合人体。

（3）侧缝：左、右侧缝顺直，长短一致。

（4）前、后肩注意吃势。

（5）整烫：各部位熨烫到位、平服，无亮光、水花、污迹，底边平直。

（6）针距美观、对称。

（7）纸样拓样准确。

2. **评价表**（表6-2-3）

表6-2-3　评价表

序号	具体指标	分值	自评	小组互评	教师评价	小计
1	面料经纬纱向整理正确，熨烫干净整洁	2				
2	分割线的方向与位置合理，纱向正确	2				
3	放松量合理，无拉紧	2				
4	裁片符合人体	2				
5	外观效果好，针距美观	2				
合计		10				

任务三　紧身型礼服造型及操作

技能目标

1. 分析服装款式，并进行估料预算。
2. 掌握面料经纬纱向整理。
3. 了解布料的直纱及胸围线与背宽线位置的横纱以及省道的方向与位置。
4. 能合理加放松量，检查袖窿及腰围形状，检查整体尺寸和正确纱向。
5. 学会使裁片符合人体的方法。
6. 能根据款式图塑造礼服整体造型。
7. 从合体度、悬垂效果、纱向顺直、比例及修正方法检查并分析立体裁剪的样衣。

知识目标

1. 了解紧身型礼服造型的结构特点，并能进行描述。
2. 了解面料的性能，能从合体度、悬垂效果、纱向顺直、比例及修正方法检查并分析立体裁剪的样板。
3. 能根据造型的变化合理进行省道转移、塑造褶裥。
4. 了解紧身型礼服造型样衣的质量要求，树立服装品质概念，把控成品质量。
5. 能分析同类变化款紧身型礼服分割变化及款式设计的特点。

一、任务描述

本节工作任务为制作紧身型礼服。根据通知单中礼服裙的款式要求和特点，制作过程中着重注意裙身松量和面料之间的调节。对面料垂性的掌控、松量和精准的裁剪是决定板型的关键。

二、必备知识

（一）紧身型礼服的廓形

紧身型礼服紧贴人体体型，一般为S型、X型外轮廓结构设计，造型多为不对称款式，但遵循人体形态规律，符合人体形态的服装外观。

（二）礼服的立体造型

在使用立体裁剪基本方法的同时，多采用抽褶、堆积、缠绕等操作手法，体现一种艺术情趣与实用价值共存的着装形态。面料多选择轻薄的纱织机织面料或针织面料，也可选择悬垂质感的绸类面料。

本节所讲的紧身型女礼服为不对称式，款式结构简洁。为了更好地体现晚礼服贴身、随体的视觉效果，面料采用富有光泽的弹力灯芯绒面料。通过抽褶、堆积的手法，巧妙地将胸部、腰部过多的省量进行转移和处理，极富艺术设计感、美观大方。

三、任务实施

紧身型礼服纸样设计与立体造型通知单见表6-3-1。

（一）款式分析

此款式衣身修长、高腰节，设计的重点在胸部。胸部采用左、右不对称结构，利用面料的弹性与胸部的褶裥相结合，塑造出修身的高贵礼服效果（图6-3-1）。

（二）实践准备

1. **布料的准备**（图6-3-2）

有垂感的面料，前裙片尺寸为80cm × 120cm，注意面料的纱向。后裙片尺寸为80cm × 140cm。前胸尺寸为60cm × 120cm2块。

2. **标记人台基准线**（图6-3-3）。

（三）实践实施

1. **技术要求与注意事项**

在操作过程中注意裙身松量与面料之间的调节，切勿过分拉扯面料，保持面料的平顺。

2. **操作步骤**

（1）裙身：

①披布：选择有垂感的针织面料，根据款式特点取适当大小的布料，参照前中线、胸围线、腰围线，在腰线上部固定，注意纱向顺直（图6-3-4）。

②做腰部褶皱：在右侧腰部位置做出褶皱，褶量自然、适当，用大头针固定（图6-3-5）。

表6-3-1　紧身型礼服纸样设计与立体造型通知单

<table>
<tr><td>规格</td><td>160/84A</td><td>季节</td><td>无特使要求</td><td>作者</td><td colspan="8">参考规格与松量设计</td></tr>
<tr><td>款号</td><td>06-03</td><td>款式名称</td><td>紧身型
女礼服</td><td>日期</td><td>部位
规格</td><td>裙长</td><td>胸围</td><td>腰围</td><td>肩宽</td><td>袖长</td><td>袖肥</td><td>袖口</td></tr>
<tr><td colspan="5" rowspan="2">款式图：
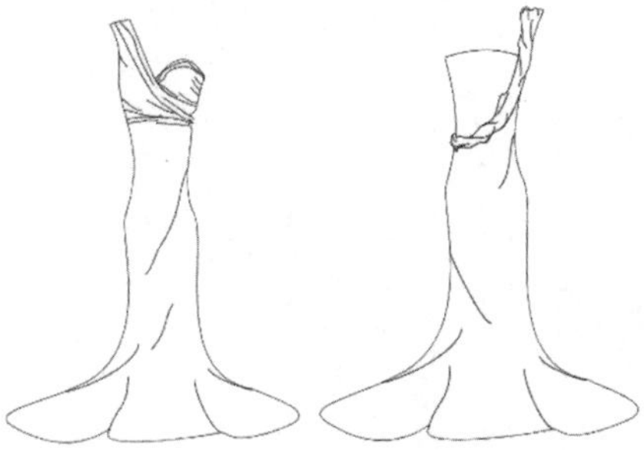
图6-3-1　紧身型礼服</td><td>160/84A</td><td>140～160cm</td><td>92cm</td><td>74cm</td><td>37cm</td><td>58cm</td><td>32cm</td><td>24cm</td></tr>
<tr><td colspan="8">松量设计：
1．与款式风格搭配。
2．符合人体运动功能和舒适度要求。
3．与面料性能搭配。</td></tr>
<tr><td colspan="5">款式特点与外观要求</td><td colspan="8" rowspan="2">技术要求
工艺要求：
1．大头针针尖排列有序、间距均匀、针尖方向一致、针脚小。插针方法恰当，缝合线迹的技术处理合理，标记点交代清楚。
2．缝份平整，倒向合理，方法准确，无毛茬外露。
3．布料纱向正确，符合结构和款式风格造型要求。
4．工艺细节处理得当，层次关系清晰，造型手法新颖。
5．衣裥和边折的设计运用构思巧妙。
纸样设计要求：
1．立体裁剪应与款式图的造型要求相符，拓纸样准确，缝份设计合理。
2．制图符号标注准确，包括各部位对位记号、纱向标记、归拔符号等。
材料准备：
面料：白坯布。
成分：100%棉。
织物组织：平纹。</td></tr>
<tr><td colspan="3">款式特征描述：
1．廓型：此款式衣身修长。
2．胸：设计的重点在于胸部。胸部采用左右不对称结构，利用面料的弹性与胸部的褶裥相结合，塑造修身的礼服效果。
3．腰：高腰节。</td><td colspan="2">外观造型要求：
1．胸部褶量恰当，多而不乱，与人体型贴合。
2．裙身修长，长度适量、美观。
3．衣身外观评价：裙身正面干净、整洁，前后衣长平衡；胸围松量分配适度，胸立体适度；腰部合体，无浮起或紧箍；无不良褶皱。
4．裙下摆平顺，不起吊，不外翻。</td></tr>
</table>

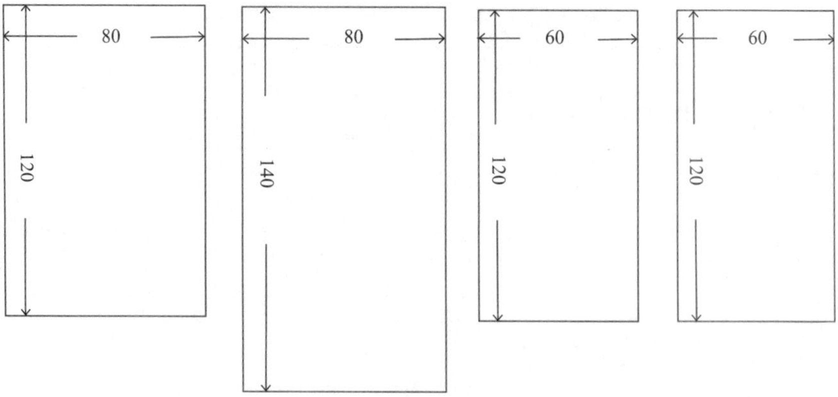

图6–3–2　布料的准备

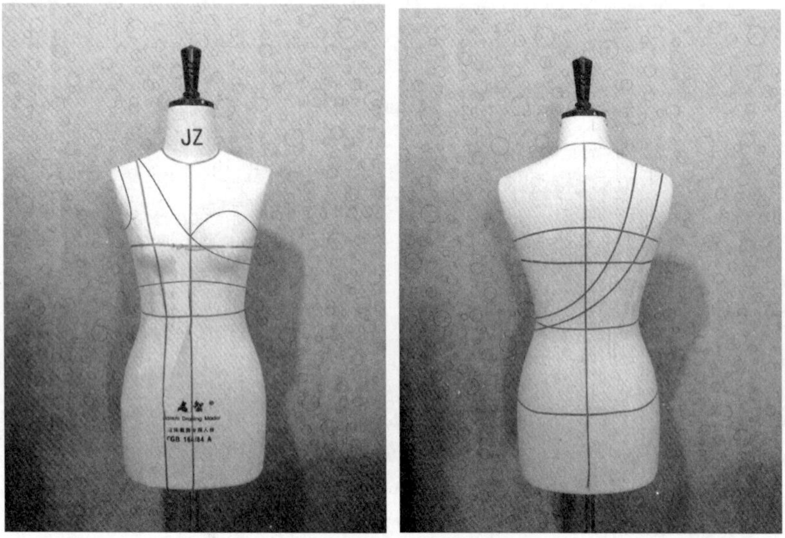

图6–3–3　标记人台基准线

③修剪长度：根据款式要求，修剪礼服前片长度（图6–3–6）。

④修剪侧缝：修剪裙身侧缝，留出适量缝份（图6–3–7）。

（2）上衣身：

①制作左边胸部造型：取另一块60cm×120cm针织面料，如图所示，沿着左胸上围弧度，做出左胸部分环形褶皱（图6–3–8～图6–3–10）。

图6-3-4　披布

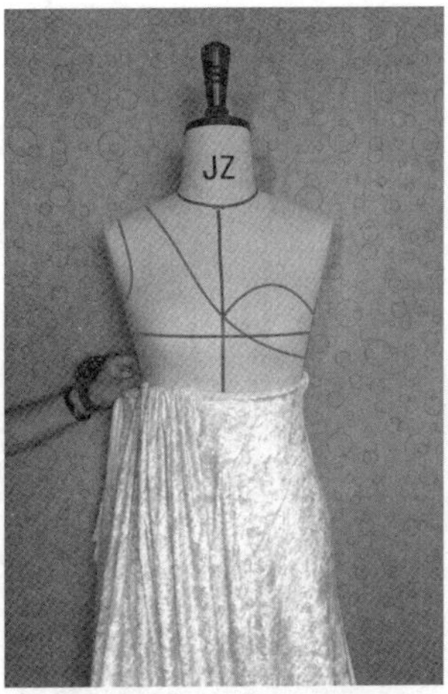

图6-3-5　做腰部褶皱

图6-3-6　修剪裙身长度

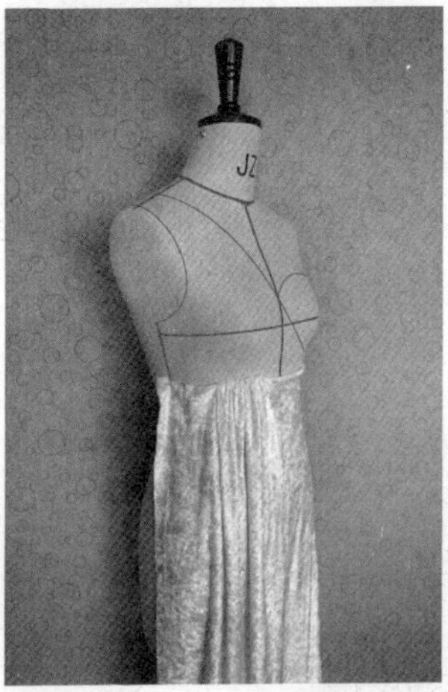

图6-3-7　修剪侧缝

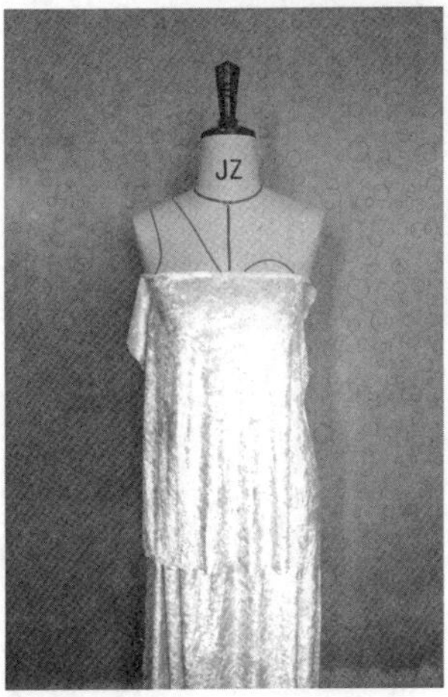

图6-3-8　披布

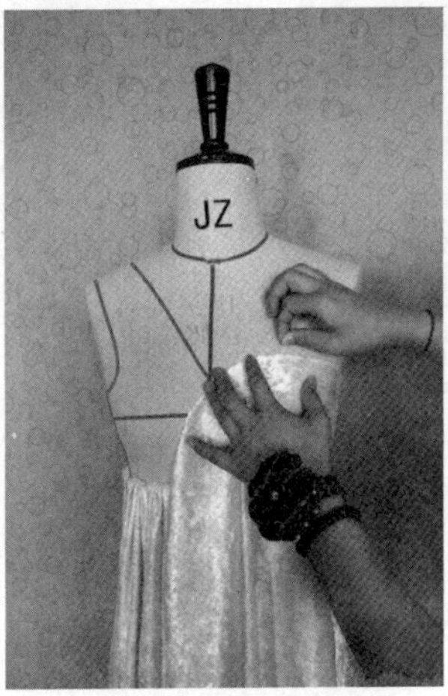

图6-3-9　制作褶皱

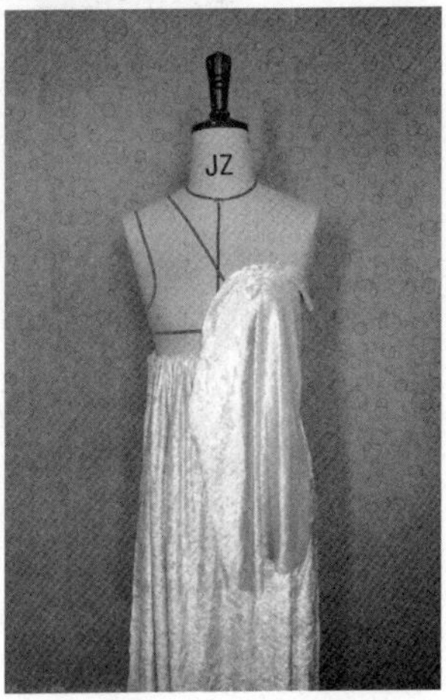

图6-3-10　调整褶皱

②修剪侧缝：做出侧缝褶皱，如图所示调整褶皱形状，沿腋下至腰节并修剪掉多余的量（图6-3-11～图6-3-13）。

③做后片：另取一块80cm×120cm大小面料，布料的后中线、胸围线对准人台的后中线、胸围线、整理纱向，做后片，前后片侧缝别合，剪掉多余的量（图6-3-14）。

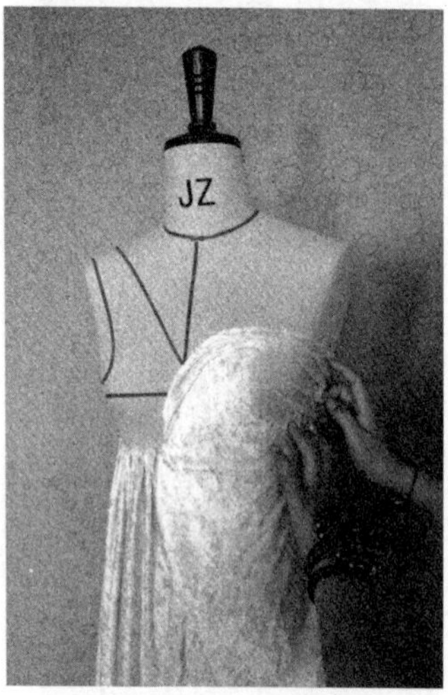

图6-3-11　做出侧缝褶皱

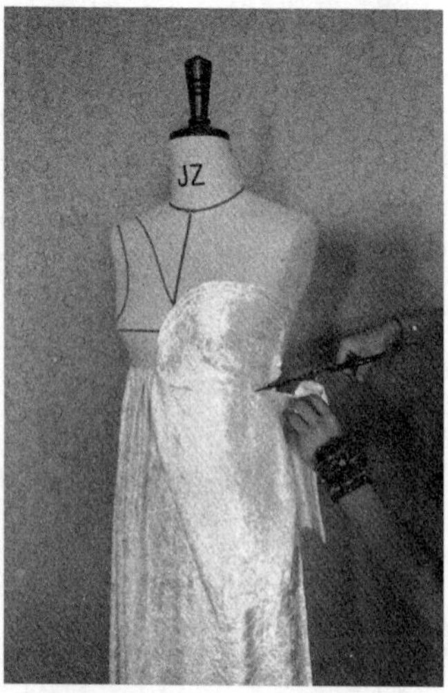

图6-3-12　剪去余布

图6-3-13　完成后效果

图6-3-14　做后片

④制作前右胸：另取60cm×120cm大小面料，从右肩至前胸再至左侧腰最后转回到右肩，做前右胸结构，并用大头针固定（图6-3-15～图6-3-17）。

图6-3-15　披布

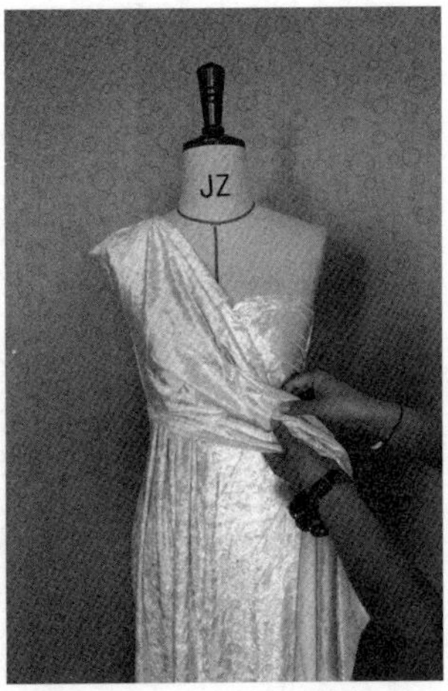

图6-3-16　制作前右胸造型

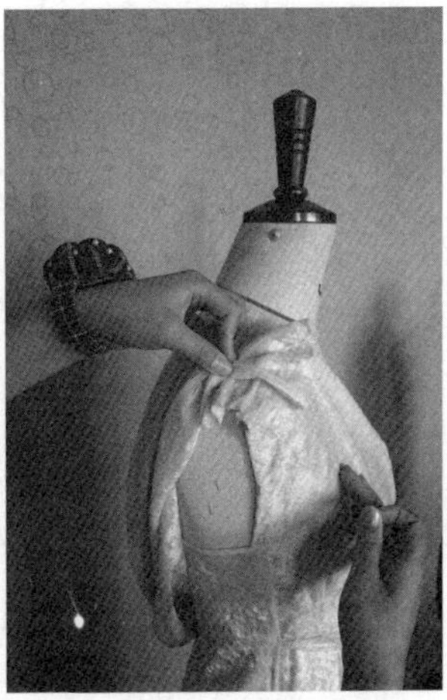

图6-3-17　大头针固定

⑤整理、别合：整理裙身，修剪长短，将侧缝别合（图6-3-18、图6-3-19）。

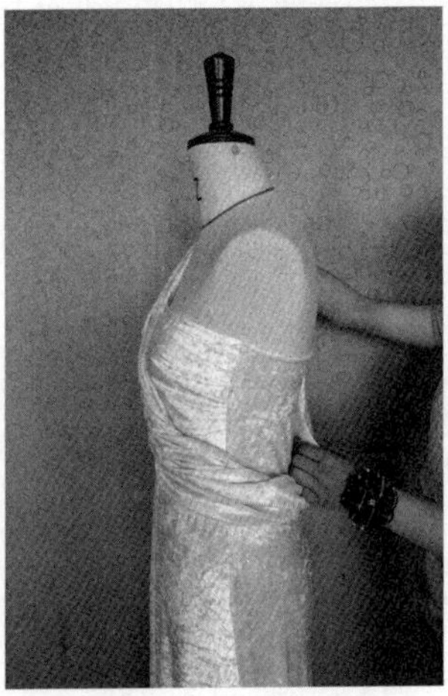

图6-3-18　整理

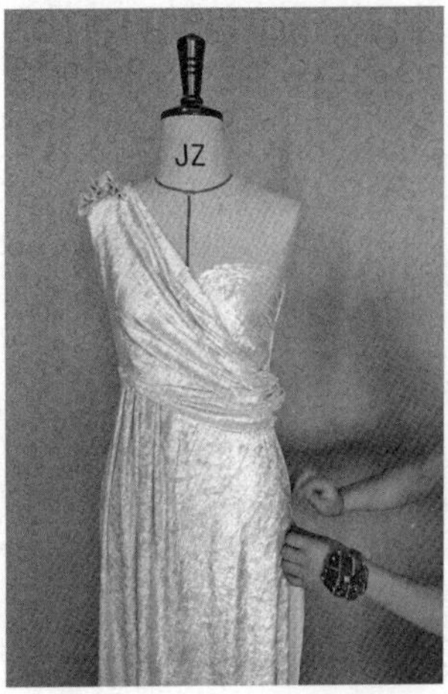

图6-3-19　别合

⑥整理裙摆，调整成品（图6-3-20～图6-3-22）。

整理裙摆，使裙摆平顺垂直于地面，裙片无扭扯，将裙底边修剪整齐。

（四）特别提示

礼服立体造型取样中常用的方法有如下5种。

1. **抽褶法**

抽褶法是将布料的某一部分用线缝合，然后对布料进行抽缩使之形成褶皱的造型方法。根据造型的需要，抽缩的部位可以是横向、纵向或者斜向，缝线的轨迹可以是弧线，也可以是直线。褶皱的大小视抽缩的松紧而定。

图6-3-20　成品效果

2. **垂褶法**

垂褶法是根据布料的垂坠感，将布料的某一部分拉出垂量和褶量来，使之形成自然、轻松的衣褶的方法。此方法在时装、礼服的肩、腰、臀的设计中使用非常普遍。

3. **编织法**

编织法是使用绳带编织或布带缝制，以实现各种美观、实用的衣身造型方法。编织用的部位可以是胸、腰、领、袖、裙等。编织的方法可以是平纹式、菱形式或多边形式。

4. **堆积法**

堆积法是将布料通过推压、堆挤而形成不规则的、自然的、立体感强的造型手法。该方法常常用于礼服和时装细节的设计。

5. **缠绕法**

缠绕法是将布料随意或有规则地缠绕在人台的头、胸、腰、臀等部位，利用布料的折边形成强烈的立体感和造型感的方法。此方法还可广泛用于橱窗陈设、促销展示中。

四、思考与练习

1. 请按表6-3-2所提供的产品尺寸完成图6-3-21所示紧身型女礼服的立体造型。

2. 利用紧身型女礼服的特点变化进行如图6-3-22所示款式的拓展设计，并进行立体裁剪造型制作。

表6-3-2　紧身型女礼服立体裁剪通知单

<table>
<tr><td>规格</td><td>160/84A</td><td>款式名称</td><td>紧身型女礼服</td><td>工具</td><td>珠针、大剪刀、褪色笔、熨斗、168/84人台</td></tr>
<tr><td>姓名</td><td colspan="3"></td><td>日期</td><td></td></tr>
<tr><td colspan="4" rowspan="2">款式图：

图6-3-21　紧身型女礼服</td><td colspan="2">紧身型女礼服质量要求</td></tr>
<tr><td colspan="2" rowspan="3">注意事项：
1. 放松量自然，纱向顺直、平服。
2. 产品无起吊、拉紧、起涟现象。
3. 省道：省道省长、位置正确，倒向对称。
4. 侧缝：左、右侧缝顺直，长短一致。
5. 前、后腰线自然顺畅。</td></tr>
<tr><td colspan="2">背长</td><td colspan="2">胸围</td></tr>
<tr><td colspan="2">39cm</td><td colspan="2">90 cm</td></tr>
<tr><td>编制</td><td></td><td>审核</td><td></td><td colspan="2">审核日期</td></tr>
</table>

图6-3-22　紧身型女礼服拓展款

五、检查与评价

1. 检查要求

（1）放松量自然，纱向顺直、平服，产品无起吊、拉紧、起涟现象。

（2）省缝：前、后省道位置正确，省长一致，倒向对称，省尖处平顺，符合人体。

（3）侧缝：左、右侧缝顺直，长短一致。

（4）前、后肩注意吃势。

（5）整烫：各部位熨烫到位，平服，无亮光、水花、污迹，底边平直。

（6）针距美观、对称。

（7）纸样拓样准确。

2. **评价表**（表6–3–3）

表6–3–3 评价表

序号	具体指标	分值	自评	小组互评	教师评价	小计
1	面料经纬纱向整理正确，熨烫干净整洁	2				
2	省道的方向与位置合理，纱向正确	2				
3	放松量合理，无拉紧	2				
4	裁片符合人体	2				
5	外观效果好，针距美观	2				
合计		10				

六、职业技能鉴定指导

（一）选择题

序号	题目	参考答案
1	在人台上作基准线，基准线的设置分为（　　）。 A. 直向　B. 纵向　C. 曲向　D. 横线　E. 斜向	B、D、E
2	制作布手臂的材料有（　　）之分。 A. 面布　B. 里布　C. 衬布　D. 坯布　E. 纸板	A、B
3	大头针固定的形式有（　　）。 A. 纵向针法　B. 横向针法　C. 斜向针法 D. 单针垂直针法E. 双针斜插针法	A、B、C、D、E
4	衣领按其结构分为哪几类（　　）。 A. 无领　B. 立翻领　C. 波浪领　D. 立领　E. 翻折领	A、D、E
5	服装立体构成的技术手法主要有抽褶法、（　　）等。 A. 折叠法　B. 堆积法　C. 绣缀法　D. 编织法　E. 缠绕法	A、B、C、D、E
6	立领的变化主要有（　　）。 A. 领口变化　B. 领座变化　C. 开门变化 D. 关门变化　E. 装饰变化	A、B、C、E
7	立体裁剪使用的黏合带有哪几种用途？（　　）。 A. 作标识线　B. 两片衣片之间的定位　C. 固定板 D. 固定坯布　E. 固定衣片	A、B

续表

序号	题目	参考答案
8	服装款式构成有三个要素，分别是（　　）。 A．点　B．线　C．面 D．色彩　E．人体	A、B、C
9	在服装款式构成中，分割线的形式有以下几种：（　　）。 A．竖线分割　B．横线分割 C．斜线分割　D．曲线分割	B、C、D

（二）判断题

序号	题目	参考答案
1	省道是使衣身符合人体胸部、背部等隆起部位而设计的重要结构形式。（　　）	√
2	在面料上作省道，可根据人体结构的需要从各个方向进行。（　　）	√
3	具有装饰功能的分割线，同时也一定具有实用功能。(　　)	√
4	上衣的分割线是为了省去省量，从而达到合体的效果。(　　)	√
5	收省量的设计不可超过全省，否则设计就违背了“穿用方便、舒适”的要求。（　）	√
6	剪省道时不可剪到省尖头，要距离省尖1～2cm，防止脱毛。（　　）	√
7	一般与布边平行的是经向，与布边垂直的是纬向。(　　)	√
8	成衣规格设计必须依据具体产品的款式和风格造型等特点要求。（　　）	√
9	裥的形状可分为碎裥、折裥、扑裥、阴裥等。(　　)	√
10	斜裙制图时应在侧缝腰口处劈去一定的量，量的大小应视面料质地性能而定，还可采取将腰围规格减小的方法，以使成品后的腰围符合原定的规格。（　　）	√

（三）实践操作

1．请你根据表6-3-4所示的女士春秋时尚合体上衣款式通知单中图6-3-23中的造型需要进行立体裁剪，完成样板及假缝操作。

表6-3-4　任务拓展（一）女士春秋时尚合体上衣的立体裁剪

款式名称	女士春秋时尚合体上衣	规格	160/84A	工具	大头针、白坯布、剪刀
季节	春秋季	考生姓名		完成时间	

款式图：

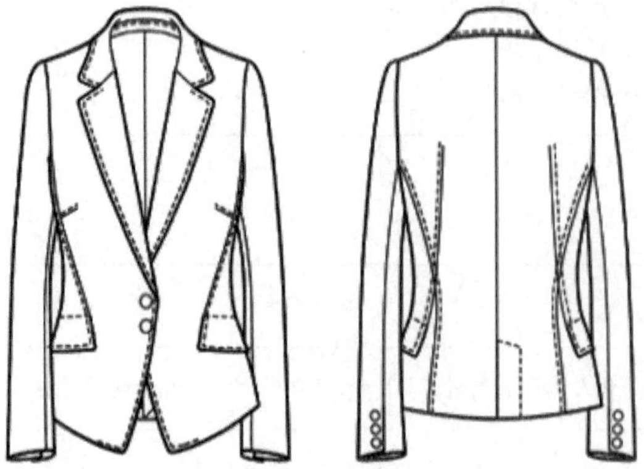

图6-3-23　女士春秋时尚合体上衣

款式特点与外观要求

款式特征描述：

1．领子：驳领、平驳头，翻领部分为分体结构，驳头翻折线至腰部。

2．前衣身：三开身结构；前中小刀背分割线呈L型，胸部有省道，L型横线上为袋口，侧片下端为袋盖，与袋口重叠；两粒纽扣；倒V型下摆。

3．后衣身：后背开中缝，底部做开衩；后腰省至侧片袋盖处，与后刀背缝相交。

4．袖子：合体两片袖结构，袖口开衩，钉三粒纽扣。

外观造型要求：

1．领子外观评价：领面、领座光滑平顺，翻领线圆顺，外领口弧线长度合适，驳头翻领线平服。

2．袖子外观评价：袖子的圆度、袖子的角度合适，大小袖袖线对应位置正确，袖开衩结构合理，袖口位置得当。

3．衣身外观评价：衣身正面干净、整洁，前、后衣长平衡；胸围松量分配适度，胸立体和肩胛骨凸出适度；腰部合体；袖窿无浮起或紧控；无不良褶皱。

4．衣下摆平顺，不起吊，不外翻。

参考规格与松量设计

部位 号型	后衣长	胸围	腰围	摆围	肩宽	袖长	袖肥	袖口
160/84A	55cm	92cm	74cm	96cm	37cm	58cm	32cm	24cm

松量设计：

1．与款式风格匹配。

2．符合人体运动功能性与舒适度要求。

3．与面料性能匹配。

备注：未标注尺寸的部位，需根据款式图进行设计。

技术要求

工艺要求：

1．大头针针尖排列有序、间距均匀，针尖方向一致，入针、出针距离适宜。手针缝制针距均匀，插针方法恰当，缝合线迹的技术处理合理，标记点交代清楚。

2．缝份平顺，倒向合理，毛边处理光净整齐、方法准确，无毛茬外露。

3．布料纱向正确，符合结构款式风格造型要求。

4．工艺细节处理得当，层次关系清晰。

5．衣裥和折边的设计运用构思巧妙。

6．腰线位置正确，钉扣位置准确。

2．请根据表6-3-5所示的女士春夏时尚合体上衣款式通知单中图6-3-24中的造型需要进行立体裁剪，完成样板及假缝操作。

表6-3-5　任务拓展（二）女士春夏时尚合体上衣的立体裁剪

款式名称	女士春夏时尚合体上衣	规格	160/84A	工具	大头针、白坯布、剪刀
季节	春夏季	考生姓名	—	完成时间	—

款式图：

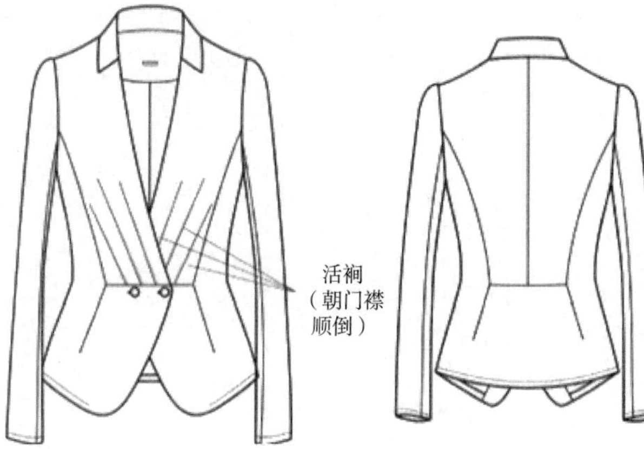

图6-3-24　女士春夏时尚合体上衣

款式特点与外观要求	
款式特征描述： 1．领子：立领顺接V型领口。 2．前衣身：四开身结构；前侧片刀背分割至腰线形成L型分割，转折处做省道；前中片在腰部断缝处向上做三个褶；双排两粒扣，扣位位于腰线下；圆摆。 3．后衣身：后衣身自袖窿处做刀背分割，腰线以下收省；腰围自刀背分割至后中线水平做断缝，后下片无中缝，左右形成U型分割。 4．袖子：圆装袖，合体两片袖结构。	外观造型要求： 1．领子外观评价：领面、领座光滑平顺，翻领线圆顺，外领口弧线长度合适，驳头翻领线平服。 2．袖子外观评价：袖子的圆度，袖子的角度合适，大、小袖袖线对应位置正确，袖开衩结构合理，袖口位置得当。 3．衣身外观评价：衣身正面干净、整洁，前后衣长平衡；胸围松量分配适度，胸立体和肩胛骨凸出适度；腰部合体；袖窿无浮起或紧控；无不良褶皱。 4．衣下摆平顺，不起吊，不外翻。

参考规格与松量设计

部位 号型	后衣长	胸围	腰围	摆围	肩宽	袖长	袖肥	袖口
160/84A	56	92	74	96	38	58	32	26

技术要求

工艺要求：
1．大头针针尖排列有序、间距均匀，针尖方向一致，入针、出针距离适宜；手针缝制针距均匀，插针方法恰当，缝合线迹的技术处理合理，标记点交代清楚。
2．缝份平顺，倒向合理，毛边处理光净整齐、方法准确，无毛茬外露。
3．布料纱向正确，符合结构款式风格造型要求。
4．工艺细节处理得当，层次关系清晰。
5．衣裥和折边的设计运用构思巧妙。
6．腰线位置正确，钉扣位置准确。

七、模块小结

采用立体造型进行成衣的款式制作，是这几年全国技能竞赛中常用的操作项目，通过本章节的学习，应该学会如何进行合体型、宽松型以及一些礼服款式的操作，希望能更多地尝试应用立体造型技能，选择一些适合的款式进行操作训练，在专业学习的路程中有更大的进步！

参考文献

[1] 张祖芳. 服装立体裁剪 [M]. 上海：人民美术出版社，2007.
[2] 陶辉. 服装立体裁剪基础 [M]. 上海：东华大学出版社，2013.
[3] 浙江省教育厅职成教教研室组编. 立体裁剪基础 [M]. 北京：高等教育出版社，2009.
[4] 日本文化服装学院编. 立体裁剪·基础篇 [M]. 张祖芳译. 上海：东华大学出版社，2008.
[5] 职业技能鉴定指导编审委员会. 服装设计定制工 [M]. 北京：中国劳动社会保障出版社，2012.